工业和信息化高职高专
"十二五"规划教材立项项目

高等职业院校
机电类"十二五"规划教材

电工技术

（第2版）

Electrotechnics (2nd Edition)

◎ 王金花 主编
◎ 陈乾辉 郭永欣 赵利平 吴德刚 副主编
◎ 孟凡军 田明光 主审

人民邮电出版社
北 京

精品系列

图书在版编目（CIP）数据

电工技术 / 王金花主编. -- 2版. -- 北京：人民
邮电出版社，2013.5（2016.1 重印）
高等职业院校机电类"十二五"规划教材　工业和信
息化高职高专"十二五"规划教材立项项目
ISBN 978-7-115-30038-6

Ⅰ. ①电… Ⅱ. ①王… Ⅲ. ①电工技术－高等职业教
育－教材 Ⅳ. ①TM

中国版本图书馆CIP数据核字(2012)第305012号

内　容　提　要

本书共 10 章，主要内容包括电路的基本知识、直流电路的分析方法、正弦交流电路、三相交流电路、磁路与变压器、常用电工工具、常用电工材料、常用电工测量仪器仪表及测量技术、照明电路配线及安装和安全用电常识。前 5 章属基础理论部分，其教学重点、难点以及与实际应用相关的章节均配有仿真实验，相关内容设置有多个实验与技能训练；后 5 章属基本功训练部分，重点内容以及与企业生产实际密切相关的部分配有专门的技能训练。

本书可作为高职高专、技工院校的机电类相关专业的教材，也可作为相关工程技术人员的参考书。

工业和信息化高职高专"十二五"规划教材立项项目
高等职业院校机电类"十二五"规划教材

电工技术（第 2 版）

◆ 主　　编　王金花
　　副 主 编　陈乾辉　郭永欣　赵利平　吴德刚
　　主　　审　孟凡军　田明光
　　责任编辑　刘盛平

◆ 人民邮电出版社出版发行　　北京市丰台区成寿寺路 11 号
　　邮编　100164　电子邮件　315@ptpress.com.cn
　　网址　http://www.ptpress.com.cn
　　北京昌平百善印刷厂印刷

◆ 开本：787×1092　1/16
　　印张：18.75　　　　　　　　2013 年 5 月第 2 版
　　字数：452 千字　　　　　　2016 年 1 月北京第 6 次印刷

ISBN 978-7-115-30038-6

定价：38.00 元

读者服务热线：**(010) 81055256**　印装质量热线：**(010) 81055316**
反盗版热线：**(010) 81055315**

Forward

第 2 版前言

"电工技术"是电类专业必修的一门技术基础课,也是高职高专院校机电类相关专业的一门主干技术基础课程。"电工技术"课程的特点是理论性、实践性强,概念抽象,且涉及的基础知识较广。它对后续课程的学习以及培养学生的科学思维能力、工程能力,提高学生分析问题和解决问题的能力起着至关重要的作用。

本书在第 1 版得到广泛使用的基础上,充分征求相关教师和专家的意见,结合最新的职业教育教学改革要求和国家示范院校建设项目成果进行编写。这次修订对原有内容进行了重新整合与增减,更注重课程内容与岗位技能的结合。本书包括两大部分:前 5 章属基础理论部分,其与实际应用相关的章节均配有仿真实验,部分内容还设置有多个电工实验与技能训练;后 5 章属基本功训练部分,重点内容以及与企业生产实际密切相关的部分配有专门的技能训练。

全书包括电路的基本知识、直流电路的分析方法、正弦交流电路、三相交流电路、磁路与变压器、常用电工工具、常用电工材料、常用电工测量仪器仪表及测量技术、照明电路配线及安装和安全用电常识。每章包含的相关知识、任务要求、实验与技能训练,每节后面配的思考与练习,每章后面配的习题,有利于学生较好地掌握电工知识与技能。

本书配有免费的电子教学课件、习题参考答案及仿真实验等。

本书的编写特点如下。

(1)从职业(岗位)需求分析入手,参照国家职业标准《维修电工》等的要求精心安排教材内容,力求做到选材适当。教材内容力求涵盖国家标准的新知识和技能要求,由浅入深,循序渐进。在理论与概念的阐述方面力求准确详尽,便于自学。

(2)确定学生应具备的知识结构与能力结构,突出职业教育特色。采用理论知识与技能训练一体化的教学模式,体现以技能训练为主线,相关知识为支撑的编写思路,正确处理理论教学与技能训练的关系。切实落实"管用、够用、适用"的教学指导思想,在保证必要专业基础的同时,加强实践性教学环节,重视学生实际工作能力的培养。

(3)按照教学规律和学生的认知规律,广泛吸收和借鉴各地教学的成功经验,合理编排教学内容,基础理论以够用为度,尽量以(实物)图片、图形替代文字说明,以降低学习难度,提高学生的学习兴趣。在应用技术方面紧密结合工程实际需要,突出实用性。

（4）突出教材的先进性，较多地编入新技术、新设备、新材料以及新工艺的内容，以缩短学校教育和企业需要的距离，更好地满足企业用人的需求。

本书各部分内容参考学时如下表，学校可以根据实际情况灵活安排教学。

课程内容	学 时 数				
	电工技术			基本功训练	
	理论授课	仿真实验	实验与技能训练	操作授课	技能训练
第1章　电路的基本知识	10		4		
第2章　直流电路的分析方法	12	4	4		
第3章　正弦交流电路	20	4	4		4
第4章　三相交流电路	14	2	2		
*第5章　磁路与变压器	10				
第6章　常用电工工具				2	4
第7章　常用电工材料				2	4
第8章　常用电工测量仪器仪表及测量技术				8	6
第9章　照明电路配线及安装				8	8
第10章　安全用电常识				4	6
合　计	66	10	14	24	32

书中*部分为选学内容，学校可根据实际情况安排教学。

本书由王金花任主编，陈乾辉、郭永欣、赵利平和吴德刚任副主编，孟凡军、田明光任主审。参加本书编写的还有田同国、于冠军等。

本书在编写过程中得到了李秀忠、张伟林、孙桐传等的大力支持与帮助，在此表示衷心的感谢！

由于编者水平有限，书中难免存在不妥和错误之处，恳请读者批评指正。

编者

2013 年 1 月

Content

目　录

Chapter 1

第1章

| 电路的基本知识 |

认识电路

在日常生活和生产中，人们要用电就离不开电路。要使电灯发光照明、电炉发热、电动机转动等都必须用导线将电源和负载（用电设备）连接起来，组成电路。电路其实就是电流流经的路径。随着科学技术的发展，电的应用也越来越广泛，电路的形式也是多种多样的，如电力系统供电电路、照明电路、通信电路、仪表电路、机床电路、电子电路等。这些电路的形式和功能各不相同，但都是由一些最基本的部件组成的。

1.1.1 电路的组成及各部分的作用

下面以图 1-1（a）所示的手电筒电路为例说明电路的组成及其各部分的作用。构成手电筒电路的实际元件有干电池、小电珠、开关及筒体。干电池属于电源设备，小电珠是用电器（负载），开关及筒体是把电源与负载连接起来的中间环节。它的组成体现了所有电路的共性。因此，电路由电源、负载和中间环节 3 部分组成。

电路各部分的作用如下。

① 电源：是将其他形式的能转换成电能的装置。它是电路中能量的提供者，如干电池、蓄电池、发电机或信号源等。

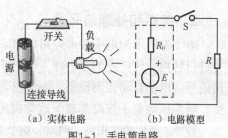

（a）实体电路　　　（b）电路模型

图1-1　手电筒电路

② 负载：是将电能转换成其他形式能的器件或设备，是电路中能量的消耗者，如电灯、电炉、电动机等。负载是各类用电器的统称。

③ 中间环节：包括连接导线、控制及保护装置。连接导线的作用是输送、分配电能；控制、保护装置的作用是控制电路的通断、保护、检测电路等，如开关电器、熔断器、仪器仪表等。

1.1.2　电路的作用

电路的基本作用是进行电能与其他形式能量之间的转换。根据其侧重点的不同，主要有以下两方面的具体功能。

1. 电能的传送、分配与转换

图 1-2 所示为电力系统供电电路。发电厂中发电机发出的电能通过变压器、输电线等送到用电单位，并通过负载将电能转换成其他形式的能量（如热能、机械能等）。

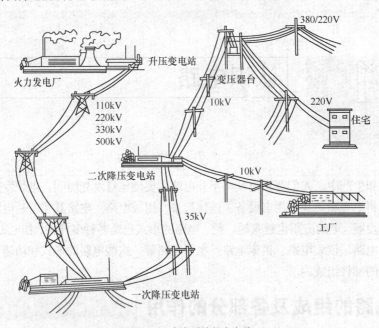

图1-2　电力系统供电电路

2. 传递和处理信号

图 1-3 所示为电子技术应用电路。通过电路将输入的信号进行转换、传送或加工处理，使之成为满足一定要求的输出信号。电子自动控制设备、测量仪表、电子计算机及收音机、电视机等电子线路都属于这类应用电路。

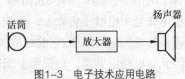

图1-3　电子技术应用电路

另外，我们经常用到"网络"这个名词，它和"电路"既通用又有区别，网络是电路的泛称。当讨论普遍规律及复杂电路的问题时，常常把电路称为网络，讨论比较简单或者是某一具体电路时，通常不用"网络"，而用"电路"。

思考与练习

（1）简述电路的组成及各元件的作用。

（2）简述电路的分类及各自的作用。

1.2　电路元件及电路模型

1.2.1　电路元件

实际电路由起不同作用的电路元件组成，它们所表征的电磁现象和能量转换特征一般都比较复杂，为便于分析和计算实际电路，引入理想电路元件的概念。每一个理想电路元件只反映一种电磁特性，如用"电阻"反映电阻器消耗电能的性质，用"电容"反映电容器储存电场能量的性质，用"电感"反映电感线圈储存磁场能量的性质等。理想电路元件简称电路元件，它有两个与外部电路相连的端钮，因此也称为二端元件。二端元件分为无源二端元件和有源二端元件两类。

常见的无源二端元件有电阻元件 R、电感元件 L 和电容元件 C，它们的图形符号如图 1-4 所示。有源二端元件分为电压源元件和电流源元件，它们的图形符号如图 1-5 所示。

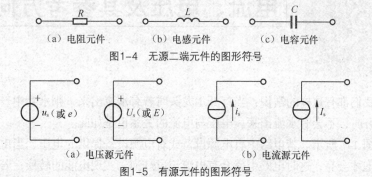

（a）电阻元件　　　　　（b）电感元件　　　　　（c）电容元件

图1-4　无源二端元件的图形符号

（a）电压源元件　　　　　　　　（b）电流源元件

图1-5　有源元件的图形符号

没有说明具体性质的二端元件通常用具有两个引出端的方框符号来表示，如图 1-6 所示。当这些电路元件的参数为常数时就称为线性元件。由线性元件组成的电路称为线性电路。

图1-6　二端元件

1.2.2　电路模型

用理想电路元件组成的电路称为理想电路模型（简称电路模型），也称电路原理图（简称电路图）。手电筒实体电路的电路模型如图 1-1（b）所示。其中，电阻 R 是小电珠的电路抽象，电压源 E 与

内阻 R_0 的串联组合是干电池的电路抽象，导线和开关这些中间环节是筒体的电路抽象。

具体说明如下。

小电珠是利用电流的热效应原理制成的，主要表现为电阻性，故可以把小电珠看成是一个理想化的电阻器，在电路图中用一个电阻元件代替。

干电池在输出电能的同时要发热，说明内部有电阻在消耗能量。假设电源的内阻 R_0 和小电珠的电阻 R 相比不能忽略，则它消耗的能量也不能忽略，因此在电路中可以用输出电压恒定的电压源元件 E 和内阻元件 R_0 串联的电路模型来表示。

手电筒的金属外壳在电流通过时会发热，呈现出电阻性，但因耗电量很小可以忽略不计，故手电筒的筒体可用理想导体（导线）与开关这些中间环节表示。

在图 1-1（b）中，电压源 E 和内阻 R_0 的串联组合既可以表示干电池，也可以表示任何直流电压源；电阻元件 R 既可以表示白炽灯，也可以表示电炉、电烙铁等电热器，只是它们的参数（电阻值）不一样。

电路模型的构建过程就是用电路元件及其组合来表示实体电路的过程。例如，工频交流电路中的电感线圈，在低频交流的情况下的电路模型，可用理想电阻元件和理想电感元件的串联组合表示；在直流电路中可看成是一个小电阻；在高频交流电路中还需要考虑线圈的匝间分布电容等。

思考与练习

（1）什么是电路元件？常见的电路元件有哪些？哪些是无源元件？哪些是有源元件？

（2）什么是电路模型？如何根据一个实体电路构建它的电路模型？

（3）电感线圈在不同条件下的电路模型有何不同？

1.3　电流、电压及其参考方向

日常生活中我们都有这样的常识：当打开水龙头时若有水流出来，则水管中一定有水压；有水压但水龙头未打开时，不会有水流出来。电压与电流的关系也是如此。

照明电路如图 1-7 所示。若电路中有电源设备或有电源设备提供的电压，当电路中控制灯泡的开关闭合时，灯泡才会亮，这时电路中就会有电流流过灯泡，实现电能的转换；若开关断开，电路中虽然有电压，灯泡也不会亮。若电路中没有电源或没有电源提供的电压，只用导线把开关和灯泡

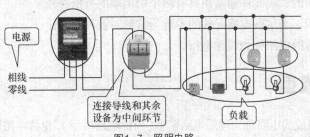

图1-7　照明电路

连接起来，开关闭合时灯泡也不会亮。可见电路中存在电压是电路中形成电流的必要条件。照明电路中的插座可提供电源电压，当用电器（如电视机）通过插座接通电源时，电视机才会工作，将电能转变为声音或图像信号输出；若电源停电，即使将电视机接通电源，它也不会工作。

用电器工作时能量转换的能力与电压、电流都有关系，电压、电流的方向还影响到旋转电器的转动方向。下面讨论电流、电压及其参考方向。

1.3.1　电流及其参考方向

1. 电流的定义

电荷的定向移动形成电流。单位时间内通过导体某一横截面的电量称为电流强度（电流的大小），用小写字母 i 表示，即

$$i = \frac{\mathrm{d}q}{\mathrm{d}t}$$

电流的大小和方向均不随时间变化称为稳恒直流电流，简称直流（DC），用大写字母 I 表示，即

$$I = \frac{Q}{t}$$

2. 电流的单位

国际单位制（SI）中，电量的单位是库仑（C），时间的单位是秒（s），电流的单位是安培（A）。较小的电流单位有毫安（mA）、微安（μA）、纳安（nA）。它们之间的换算关系是

$$1\,\mathrm{A} = 10^3\,\mathrm{mA} = 10^6\,\mathrm{\mu A} = 10^9\,\mathrm{nA}$$

3. 电流的方向

电流的实际方向规定为正电荷运动的方向。为了分析、计算电路方便，预先假定的电流方向称为电流的参考方向（或正方向）。电流的方向在连接导线上用箭头或用双下标表示，如图 1-8 所示。当参考方向与实际方向一致时，$i > 0$；当参考方向与实际方向相反时，$i < 0$。在图 1-8 中，$i_{ab} = -i_{ba}$，$i_1 = -i_2$。

图1-8　电流方向的表示方法

4. 电流的分类

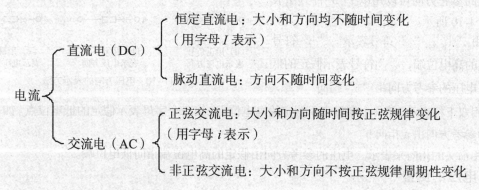

各种电流的波形图如图 1-9 所示。

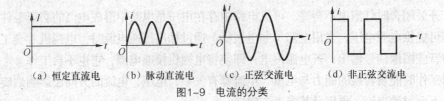

| (a) 恒定直流电 | (b) 脉动直流电 | (c) 正弦交流电 | (d) 非正弦交流电 |

图1-9　电流的分类

5. 电流的测量

电流可用电流表 Ⓐ、ⓜⒶ、ⓤⒶ 来测量。电流表的实物图及测量方法见第 8 章常用电工测量仪器仪表及测量技术。测量接线时将电流表串联在电路中，用电流表接通电路。直流电流表有正、负两个接线端子，正极接电路的高电位端。交流电流表的两个接线端子无正、负之分。

1.3.2　电压及其参考方向

1. 电压的定义

单位正电荷在电场力的作用下从电路中的 a 点移动到 b 点，电场力所做的功称为 a、b 两点间的电压，即

$$u_{ab} = \frac{dw}{dq}$$

电压的大小和方向均不随时间变化时称为稳恒直流电压，用大写字母 U 表示；一般电压用小写字母 u 表示。

2. 电压的单位

在国际单位制中，电荷的单位是库仑（C），功的单位是焦耳（J），电压的单位是伏特（V）。较大的单位有千伏（kV），较小的单位有毫伏（mV）、微伏（μV），它们之间的换算换算关系是

$$1 \text{ kV} = 10^3 \text{ V}, \ 1 \text{ V} = 10^3 \text{ mV} = 10^6 \text{ μV}$$

3. 电压的方向

电位降低的方向为电压的实际方向。任意假设的电压方向称为电压的参考方向（或正方向）。当电压的实际方向与参考方向一致时，$U > 0$，电压为正值；当电压的实际方向与参考方向相反时，$U < 0$，电压为负值。

4. 电压方向的表示方法

电压的参考方向可以用以下 3 种方法表示，如图 1-10 所示。

① 用"+"、"-"符号表示。"+"符号表示假定的高电位端，"-"符号表示假定的低电位端。电压的参考方向由"+"指向"-"。

| (a) 用正负号表示电压方向 | (b) 用双下标表示电压方向 | (c) 用箭头表示电压方向 |

图1-10　电压方向的表示方法

② 用双下标表示。第一个字母表示假定的高电位点，第二个字母表示假定的低电位点。如 u_{ab} 表示电压的参考方向由 a 指向 b。

③ 用箭头的指向来表示。电压的参考方向由假定的高电位端指向低电位端。

5. 电压的测量

电压用电压表 Ⓥ、ⓜⓋ 来测量。电压表的实物图及测量方法见第 8 章。接线时将电压表并联在

被测元件两端。直流电压表有正、负两个接线端子，正极接电路的高电位端。交流电压表的两个接线端子无正、负之分。

 　　虽然电压、电流的参考方向可任意选定，但为了分析计算方便，常将同一元件上的电流和电压的参考方向选为一致，称为关联正方向；反之为非关联正方向，如图 1-11 所示。

　　例 1-1　电路如图 1-12 所示，$U_1 = -7\,\text{V}$，$I_1 = 3\,\text{A}$，$I_2 = -2\,\text{A}$，$I_3 = 5\,\text{A}$，各电量的参考方向在图中已经标出。请问：（1）各段电路电流、电压的参考方向是否关联？（2）各段电路电流的实际方向如何？（3）AB 段电压的实际方向如何？

　　解：（1）一个两端元件若电流从电压的正极流入，从负极流出，则电压电流为关联方向；反之为非关联方向。

　　由图 1-12 可知，U_2、I_2 为关联方向，U_3、I_3 为关联方向。U_1、I_1 为非关联方向。

　　（2）由图 1-12 可知，I_1、I_3 为正值，实际方向与参考方向一致；I_2 为负值，实际方向与参考方向相反。

　　（3）因为 $U_1 = -7\,\text{V}$，由图 1-12 可知，U_1 的实际方向与参考方向相反，故 B 点的电位高，A 点的电位低。AB 段电压的实际方向是由 B 指向 A。

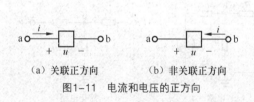

（a）关联正方向　　　（b）非关联正方向

图 1-11　电流和电压的正方向

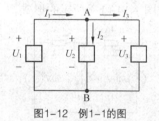

图 1-12　例 1-1 的图

1.3.3　电位

1. 电位

　　任选电路中的一点 o 为参考点，则电路中的某点 a 与参考点 o 间的电压 u_{ao} 就称为 a 点的电位，用 V_a 表示，单位也是伏特。

　　参考点的电位规定为零，故参考点又称为零电位点。

2. 参考点的选择

　　物理学中常选无限远处或大地为参考点。

　　电工学中若研究的电路有接地点，就选择接地点为参考点，用符号 ⊥ 表示。

　　电子线路中，常取若干导线汇集的公共点或机壳作为电位的参考点，用符号 ⊥ 或 ⊥ 表示。

　　同一电路中，若选定不同的点为参考点，则同一点的电位是不同的。因此，参考点一经确定，其余各点的电位也就确定了。

3. 电压与电位的关系

　　电路中 a、b 两点间的电压等于 a、b 两点的电位之差，即

$$u_{ab} = V_a - V_b$$

电位是相对的，随参考点发生变化；但任意两点间的电压是绝对的，不随参考点变化。

例 1-2　电路如图 1-13 所示。求各点的电位及 c、d 间的电压。

解：如果选 b 点为参考点，则

$$V_a = U_{ab} = 10 \times 6\text{V} = 60\text{V}$$

$$V_c = U_{cb} = 140\text{V}$$

$$V_d = U_{db} = 90\text{V}$$

$$U_{cd} = V_c - V_d = (140 - 90)\ \text{V} = 50\text{V}$$

如果选 d 点为参考点，则

$$V_a = U_{ad} = -6 \times 5\text{V} = -30\text{V}$$

$$V_b = U_{bd} = -90\text{V}$$

$$V_c = U_{cb} + U_{bd} = (140 - 90) = 50\text{V}$$

$$U_{cd} = V_c - V_d = V_c = 50\text{V}$$

由此可见，选用不同的参考点，各点电位的数值不同，但任意两点之间的电压不随参考点的改变而变化。

在电子电路中，为了简化电路的绘制，常采用电位标注法。方法是：先确定电路的电位参考点，用标明电源端极性及电位数值的方法表示电源的作用。例如，图 1-14（a）所示电路用电位标注时，可简化成图 1-14（b）所示的形式。

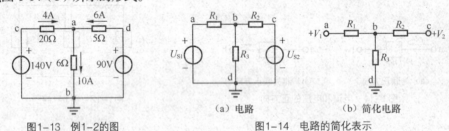

图1-13　例1-2的图　　　　　　图1-14　电路的简化表示

| 1.3.4　电动势

1. 电动势

电源的作用和水泵相似，水泵不断地把低处的水抽到高处，使供水系统始终保持一定的水压；电源则不断地把负极板上的正电荷移到正极板，以保持一定的电压，这样电路中才会有持续不断的电流。要使负极板上的正电荷逆着电场力的方向返回正极板，必须有外力克服电场力做功。电源克服电场力做功（把其他形式的能转换为电能）的这种能力称为电源力。

在电源内部，电源力将单位正电荷由负极移到正极所做的功定义为电源的电动势，电动势用符号 e 表示。

$$e = \frac{\text{d}w}{\text{d}q}$$

直流电源的电动势为

$$E = \frac{W}{Q}$$

电源的电动势在数值上等于电源两端的开路电压。例如，5V 干电池的电动势是 5V，它比 1.5V

的干电池转换能量的本领大。

2. 电动势的图形符号

电动势的实际方向规定为电位升高的方向，即由电源的负极指向正极。在直流电路中，电压源的极性和电动势的数值一般都是已知的，通常无须规定电动势的参考方向。交流电动势参考方向自电压源的负极指向电压源的正极。一般电动势的图形符号如图 1-15（a）所示，直流电动势的图形符号如图 1-15（b）所示。

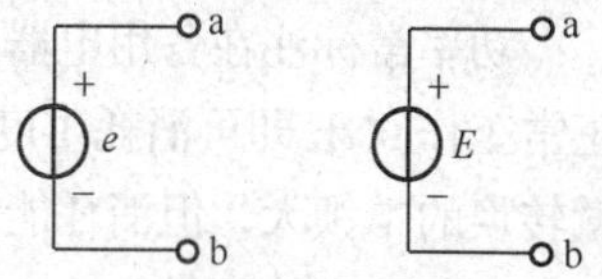

（a）一般电动势　（b）直流电动势

图1-15　电动势的图形符号

3. 电源电动势和电压的关系

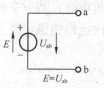

图1-16　电源电动势与电压的关系

电压源对外电路的作用效果既可以用电动势表示，也可以用电压表示。如图 1-16 所示，电源的正、负极性已知，电压 U_{ab} 的参考方向自电源的正极指向电源的负极。电动势 E 和电压 U_{ab} 反映了同样的事实：沿电动势的方向电位升高了 E 伏，沿电压的方向电位降低了同样的数值，故有 $E = U_{ab}$。因此，对于电压源的作用效果，在很多情况下往往不用电动势表示，而是用其正、负极间的电压来表示。

1.3.5　电能、电功率

1. 电能

电流所具有的能量称为电能。电能用电度表 (kWh) 测量，电度表的实物图及测量方法见第 9 章照明电路配线及安装。

电动机转动、电炉发热以及电灯发光，说明电能可以转换为其他形式的能。电能转换为其他形式能的过程实际上就是电流做功的过程。电能的多少可以用电功来计量。

当用电器工作时，电度表转动并且显示电流做功的多少。显然电功的大小不仅与电压、电流的大小有关，还取决于用电时间的长短。

电流做的功称为电功，用字母 W 表示。

$$W = UIt$$

电功的单位是焦耳（J）。

$$1J = 1V \times 1A \times 1s$$

在实际生活中，电功的实用单位是千瓦/时（kW·h），简称"度"。

$$1kW \cdot h = 3.6 \times 10^6 J$$

1 度等于功率为 1kW 的用电器在 1h 内所消耗的电能。例如，1000W 的电炉加热 1h、100W 的灯泡照明 10h、40W 的灯泡照明 25h 都消耗 1 度电。

2. 电功率

（1）功率的定义。单位时间内电路吸收或发出电能的速率称为电功率，简称功率，用符号 p 或 P 表示。习惯上常把吸收或发出电能说成是吸收或发出功率。

$$p = \frac{dw}{dt} = \frac{dw}{dq}\frac{dq}{dt} = ui$$

直流情况下 $P = UI$。

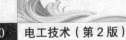
（2）功率的单位。在国际单位制中，功率的单位为瓦特（W）。较小的单位有毫瓦（mW），较大的单位有（kW）、兆瓦（MW）等。

$$1\,W = 1\,V \times 1\,A$$

功率常标注在各用电器的铭牌上，表示该用电器能量转换本领的大小。例如，10kW 的电动机正常工作 0.1h 即可消耗 1 度电，100W 的白炽灯照明 10h 也消耗 1 度电。因此，功率大的用电器能量转换的本领大，但消耗能量相同的用电器的功率不一定相同。

（3）功率的测量。功率用功率表 Ⓦ 测量。功率表的实物图及测量方法见第 8 章常用电工测量仪器仪表及测量技术中的介绍。

（4）功率正负的意义。在电路分析中，电功率有正、负之分：当一个电路元件的功率为正值时，即 $p>0$，这个元件是负载，它吸收（消耗）功率，即从电路取用电能；当一个电路元件的功率为负值时，即 $p<0$，这个元件起电源作用，它发出功率，即向电路提供电能。故电功率有以下两种计算公式。

当一段电路或一个元件的电流、电压参考方向关联时，$p=ui$，直流时为 $P=UI$；

当一段电路或一个元件的电流、电压参考方向非关联时，$p=-ui$，直流时为 $P=-UI$。

二端元件功率的计算步骤：先根据电流和电压的参考方向是否关联，选用相应的计算公式，再将电压、电流值（可正可负）代入功率的计算公式计算，若计算结果为正，表示该段电路吸收功率，为负载；若计算结果为负，则表示该段电路发出功率，为电源。

例 1-3　求图 1-17 中各二端元件的功率，并说明各功率的性质。

解： 图 1-17（a）中电流、电压关联方向，因此

$$P = UI = 5 \times 2\,W = 10\,W$$

$P>0$，吸收 10W 的功率，该元件为负载。

图 1-17（b）中电流、电压关联方向，因此

$$P = UI = 5 \times (-2)\,W = -10\,W$$

$P<0$，产生 10W 的功率，该元件为电源。

图 1-17（c）中电流、电压非关联方向，因此

$$P = -UI = -5 \times (-2)\,W = 10\,W$$

$P>0$，吸收 10W 的功率，该元件为负载。

图 1-17（d）中电流、电压非关联方向，因此

$$P = -UI = -(-5) \times (-2)\,W = -10\,W$$

$P<0$，产生 10W 的功率，该元件为电源。

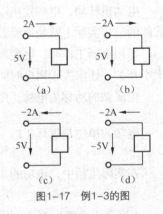

图1-17　例1-3的图

　　电阻元件的电压、电流实际方向一致，总是吸收功率。而汽车上的蓄电池在充电状态时电压、电流方向一致，吸收功率；在供电状态时电压、电流方向相反，发出功率。

思考与练习

（1）什么是参考方向？参考方向与实际方向有何关系？

（2）为了分析、计算方便，同一元件上的电流和电压的参考方向应如何假定？

（3）电流、电压参考方向的标定方法有哪些？

（4）一段电路或一个元件在关联、非关联方向两种情况下，功率的计算公式有何不同？该元件在什么情况下吸收功率？在什么情况下发出功率？

（5）计算二端元件的电功率应遵循的步骤是什么？根据电功率的计算结果，如何判断该二端元件是电源还是负载？电源设备一定发出功率吗？

（6）测量电能的仪表是什么？1 度的含义什么？

（7）电路如图 1-18 所示，已知 $U_1 = 10\,\text{V}$；$I_1 = 3\,\text{A}$，$I_2 = -2\,\text{A}$，$I_3 = 5\,\text{A}$，请问：（1）各段电路电流、电压是否为关联方向？（2）各电流的实际方向如何？（3）求 U_2、U_3，说明它们的实际方向。

（8）求图 1-19 中各两端元件的功率，并说明各等效电路元件功率的性质。

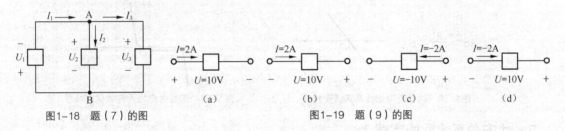

图1-18　题（7）的图　　　　　　　图1-19　题（9）的图

（9）求第（7）题中各元件的功率，并验证功率是否平衡。

（10）有两个用电器，一个消耗的电能为 $1000\,\text{kW}\cdot\text{h}$，另一个消耗的电能为 $500\,\text{kW}\cdot\text{h}$。是否可认为前一个用电器的功率大，后一个用电器的功率小？

电路的无源元件——电阻、电感、电容元件

1.4.1　电阻元件

1. 电阻元件

电阻元件是实际电路中耗能特性的抽象与反映。所谓耗能，是指元件吸收电能转换为其他形式能量的过程是不可逆的。电阻元件只能吸收和消耗电路中的能量，不可能给出能量，故电阻元件属于无源二端元件。

电学中的电阻元件意义更加广泛。除了电阻器、白炽灯、电热器等可视为电阻元件外，电路中导线和负载上产生的热损耗通常也归结于电阻元件。

因此，电阻元件是反映材料或元器件对电流呈现阻力、消耗电能的一种理想元件。它的突出作用是耗能。当电流通过电阻元件时，元件两端沿电流方向会产生电压降，将电能全部转换为热能、光能、机械能等。

2. 电阻元件的伏安特性

电阻元件两端的电压 u 与通过它的电流 i 的关系称为电阻元件的伏安特性。在直角坐标平面上绘制的表示电阻元件电压、电流关系的曲线称为伏安特性曲线。

电流和电压的大小成正比的电阻元件称为线性电阻元件。线性电阻元件的阻值是一个常数，图形符号如图 1-20（a）所示，其伏安特性曲线是一条通过原点的直线，当电流、电压为关联参考方向时的伏安特性曲线如图 1-20（b）所示。

电流和电压的大小不成正比的电阻元件称为非线性电阻元件。非线性电阻元件的阻值不是常数。图 1-21 所示为非线性电阻元件晶体二极管的伏安特性曲线，它是一条通过原点的曲线。

今后若不加特殊说明，电阻元件均指线性电阻元件，线性电阻元件简称电阻。

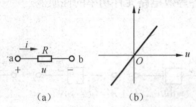
（a）　　　（b）
图1-20　线性电阻元件及其伏安特性

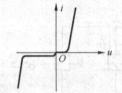
图1-21　非线性电阻元件的伏安特性

3. 伏安关系（欧姆定律）

线性电阻元件的伏安特性曲线表明：通过线性电阻的电流 i 与作用在其两端的电压 u 成正比，即线性电阻元件的电压、电流关系遵循欧姆定律 $i = \dfrac{u}{R}$。

电压、电流取关联正方向时，欧姆定律还可表示为 $u = Ri$，如图 1-22（a）所示；电压、电流取非关联正方向时，欧姆定律还可表示为 $u = -Ri$，如图 1-22（b）所示。为了避免公式中出现负号，在对电路进行分析、计算时，尽可能采用关联参考方向。

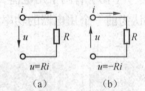
$u=Ri$ 　 $u=-Ri$
（a）　　（b）
图1-22　欧姆定律的两种形式

　　　"电阻"及其表示符号 R 既可以表示电阻元件，也可以表示电阻元件的参数。用欧姆定律列方程时，一定要在图中标明电流、电压的正方向。

4. 电导

令 $G=1/R$，G 称为电阻元件的电导，其单位是西门子，符号为 S。用电导表示的电阻元件的欧姆定律如下：

电流、电压关联方向时　　　　　　$i = Gu$

对于线性电阻元件，当电阻为无限大、电压为任何有限值时，其电流总是零，这时把它称为"开路"；当电阻为零、电流为任何有限值时，其电压总是零，这时把它称为"短路"。

5. 电阻元件的功率

在电流和电压关联参考方向下，任何瞬时线性电阻元件接收的电功率为

$$p = ui = Ri^2 = \frac{u^2}{R} = Gu^2$$

6. 电阻的测量

电阻的粗略测量可用万用表的欧姆挡，电阻的精确测量用单、双臂电桥，绝缘电阻（大电阻）的测量用兆欧表，接地电阻（小电阻）的测量用接地摇表。测量仪表的实物图及测量方法见第 8 章常用电工测量仪器仪表及测量技术。

1.4.2　电感元件

1. 电感元件

电感元件是实际电路中建立磁场、储存磁能特性的抽象和反映。电感元件在电路中只进行能量交换，不消耗能量，也属于无源二端元件。

实际电感线圈的绕组是由导线绕制的，除了具有电感外，总有一定的电阻。其理想化电路模型（忽略电阻）称为电感元件，简称电感，它的图形符号如图 1-23 所示。

日常生活中常见的电机、变压器等电气设备内部都含有电感线圈，收音机的接收电路、电视机的高频头也都含有电感线圈。表征电感线圈储存磁场能量大小的参数称电感量也称电感。电感 L 的标准单位是亨利（H），实用中比亨利（H）还小的单位有毫亨（mH）、微亨（μH）。它们的换算关系是

$$1H = 10^3 mH = 10^6 \mu H$$

空心电感线圈的电感量 L 为常数，可视为线性电感；铁心线圈的电感量 L 不为常数，可视为非线性电感。本书仅讨论线性电感。

线性电感元件其电流、电压为关联方向时，图形符号如图 1-23 所示。

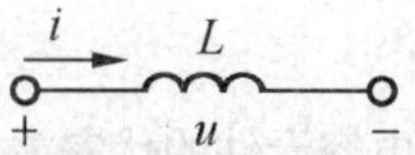

图 1-23　线性电感元件的图形符号

2. 电感元件的伏安（ $u - i$ ）关系

电感元件两端的电压和通过电感元件的电流为关联参考方向时其伏安关系为

$$u_L = L \frac{di}{dt}$$

电感元件的伏安关系说明，当通入电感元件的电流为稳恒直流电时，电感两端的电压为零，故在直流电流作用下电感元件相当于短路；当电压 u_L 为有限值时，电流的变化率也为有限值，即电感元件的电流只能连续变化，不能跃变。电流变化时必有自感电压产生，故电感元件又称为动态元件。

3. 电感元件的储能

$$W_L = \frac{1}{2} L i^2$$

电感量的单位是亨利（H），电流的单位是安培（A），磁能的单位是焦耳（J）。

上式表明，电感元件总是向电路吸收电能，并把吸收的电能转换成磁场能的形式储存于电感元件周围。

4. 电感元件吸收的功率

在电压和电流关联参考方向下，电感元件吸收的功率为

$$p = iu = iL \frac{di}{dt}$$

1.4.3　电容元件

1. 电容元件

电容元件是实际电路中建立电场、储存电能特性的抽象与反映。电容元件在电路中只进行能量交换，不消耗能量，也属于无源二端元件。

凡是两块导体中间夹着绝缘介质构成的整体就是电容器，不同的绝缘介质可构成不同的电容器。电子设备或仪器中有许多电容器，电力系统中也有许多电力电容器。实际电容器的理想化电路模型称为电容元件，它的图形符号如图 1-24 所示。

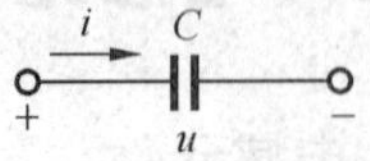

图1-24　线性电容元件的图形符号

电容元件的参数用电容量 C 表示（简称电容），它反映了电容元件储存电场能量的本领大小，其标准单位是法拉(F)，在实用中"法拉"的单位太大，常用微法（μF）、纳法（nF）、皮法（pF）作为单位，它们之间的换算关系是

$$1F = 10^6\,\mu F = 10^9\,nF = 10^{12}\,pF$$

若电容器的电容量为常数，这样的电容称为线性电容。忽略损耗的电容器可视为线性电容。若电容器的电容量不为常数，这样的电容称为非线性电容。本书仅讨论线性电容。

2. 电容元件的伏安（$u-i$）关系

当电容元件两端的电压与其支路的电流取关联参考方向时，其充、放电电流与极间电压的关系为

$$i = C\frac{\mathrm{d}u}{\mathrm{d}t}$$

电容元件的伏安关系说明，在关联参考方向下电容支路的电流与电容两端电压的变化率成正比。当电容元件两端加直流电压时，电容支路的电流为零，电容元件相当于开路（隔直流作用）；当电流 i 为有限值时，电压的变化率也为有限值，即电容元件的电压只能连续变化，不能跃变。电压变化时必有电流产生，故电容元件又称为动态元件。

3. 电容元件的储能

电容元件吸收的电能为

$$W_{\mathrm{C}} = \frac{1}{2}Cu^2$$

电容的单位是法拉（F），电压的单位是伏特（V），电场能的单位是焦耳（J）。

上式表明，电容元件总是向电路吸收电能，并把吸收的电能转换成电场能的形式储存于电容器中。

4. 电容元件吸收的功率

在电压和电流关联参考方向下，电容元件吸收的功率为

$$p = ui = uC\frac{\mathrm{d}u}{\mathrm{d}t}$$

思考与练习

（1）什么是线性电阻元件？线性电阻元件的伏安关系如何？

（2）什么是线性电感元件？线性电感元件的伏安关系如何？

（3）什么是线性电容元件？线性电容元件的伏安关系如何？

（4）电感元件在直流电路中相当于短路，是否可认为此时电感量为零？

（5）电容元件在直流电路中相当于开路，是否可认为此时电容量无穷大？

（6）一个电感元件两端的电压为零，其储能是否一定等于零？一个电容元件中的电流为零，其储能是否也一定等于零？

（7）一个电感线圈接在直流电路中，测得其两端电压为 12V，通过线圈的电流为 3A，试画出该线圈的等效电路模型。

1.5 电路的有源元件——电压源与电流源

电源是电路中能量的来源，它将其他形式的能转换为电能。实际使用的电源种类繁多，经过分析、归纳及科学抽象，可以得到两种电源模型，即电压源和电流源。

1.5.1 电压源

1. 理想电压源（恒压源）

理想电压源是从实际电源中抽象出来的一种理想电路元件，以电压方式对外电路供电，它两端的电压是一定时间的函数 u_S 或是一个定值 U_S。干电池、蓄电池、直流发电机、交流发电机、电子稳压器等实际电源，当输出电压基本不随外电路变化时可抽象为电压源元件。

（1）理想直流电压源的特点。理想直流电压源输出的电压恒定，与流经它的电流大小、方向无关，总保持为给定的值，即 $U = U_S$。

电压源输出的电流由它和外电路的情况共同决定。当外电路断开时，电流的大小为零；当外电路短路时，电流为无穷大。理论上，电流的大小可以是零和无穷大之间的任意值，但无穷大的电流使电源输出功率为无穷大，这是不可能的（将造成外电路的烧毁）。因此，理想电压源的外电路绝不允许短路。

（2）理想直流电压源及其伏安特性曲线。理想直流电压源及其伏安特性曲线如图 1-25 所示，其端电压与电流的大小和方向无关。根据电压源所连接电路的不同，电流的实际方向既可以从它的负极流向正极，也可以从它的正极流向负极，前者起电源的作用，发出功率；后者起负载的作用，吸收功率（如给蓄电池充电）。

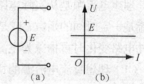

图1-25 理想直流电压源及其伏安特性

当电压源的电压值为零时，其伏安特性曲线与横轴重合，电压源不起作用（电源两端相当于一条短路线）。

图 1-26 给出了两个电压源串联电路的等效电压源。

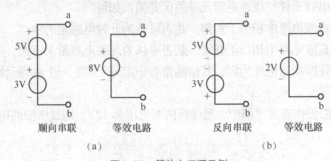

顺向串联　　　　等效电路　　　　反向串联　　　　等效电路

（a）　　　　　　　　　　　　　　（b）

图1-26　等效电压源示例

2．实际电压源

（1）实际直流电压源的电路模型。恒压源是一种理想情况。实际电压源随着输出电流的加大，其端电压有所下降，这说明电源内部存在一定的内阻 R_0。当接上负载时，电源中就有电流通过，在电源内阻上必将产生电压降 IR_0，则电源两端的实际输出电压必将下降，电流越大，电源端电压下降越多。因此，干电池、蓄电池及直流发电机等实际直流电压源，可以用一个理想电压源 E（恒压源）与内阻 R_0 串联的电路模型表示，如图 1-27（a）所示。

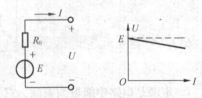

（a）实际直流电压源模型图　（b）伏安特性曲线
图1-27　实际直流电压源模型及伏安特性

（2）实际直流电压源的伏安关系。图 1-27（a）所示的实际直流电压源模型的伏安关系为

$$U = E - IR_0$$

（3）实际直流电压源的伏安特性。图 1-27（a）所示的实际直流电压源模型的伏安特性曲线如图 1-27（b）所示。其端电压 U 是随电流 I 的增加呈下降变化趋势的直线。内阻 R_0 越小，U 越接近理想情况，当 $R_0 = 0$ 时，其就是恒压源。

| 1.5.2　电流源 |

1．理想电流源（恒流源）

理想电流源是从实际电路中抽象出来的一种理想电路元件，以电流方式对外电路供电，其输出电流是一定时间的函数 i_S 或是一个定值 I_S。光电池、电子稳流器等实际电流源，当输出电流基本不随外电路变化时可抽象为电流源元件。

（1）理想直流电流源的特点。理想直流电流源输出的电流恒定，与其两端电压的大小、方向无关，总保持为给定的值，即 $I = I_S$。

电流源两端的电压由它和外电路的情况共同决定。当外电路短路时电阻 $R=0$，电压的大小为零，即 $U=0$；当外电路开路时电阻 $R=\infty$，电压 $U=\infty$。理论上电压的大小可以是零和无穷大之间的任意值，但无穷大的电压使电源输出功率为无穷大，这是不可能的（将造成外电路的击毁）。因此，理想电流源的外电路绝不允许开路。

（2）理想直流电流源的伏安特性曲线。理想直流电流源及其伏安特性曲线如图 1-28 所示，其输出电流与其两端电压的大小和方向无关。根据电流源所连接电路的不同，电流的实际方向既可以是电流流出端为正极，也可以是电流流入端为正极，前者起电源的作用，发出功率；后者起负载的作用，吸收功率。

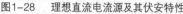

图1-28　理想直流电流源及其伏安特性

当电流源的电流值为零时，其伏安特性曲线与横轴重合，电流源不起作用（电流源两端相当于开路）。

图 1-29 给出了两个电流源并联电路的等效电流源。

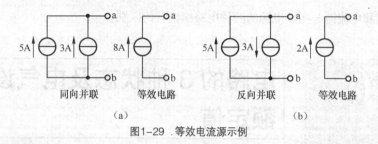

同向并联	等效电路	反向并联	等效电路
（a）		（b）	

图1-29　等效电流源示例

2．实际电流源

（1）实际直流电流源的电路模型。恒流源是一种理想情况。实际电流源随着输出电压的增加，其输出电流不是恒定不变的，而是有所下降。因为任何电流源的内阻 R_S 不可能为无限大，当输出电压增加时，内阻上流过的电流也增加，造成输出电流下降。电池、电子稳流器等实际直流电流源，可以用恒流源 I_S 与内阻 R_S 并联的电路模型来表示。图 1-30（a）所示为实际直流电流源模型。

（2）实际直流电流源的伏安关系。实际直流电流源模型的伏安关系为

$$I = I_S - \frac{U}{R_S}$$

（3）实际直流电流源的伏安特性。实际直流电源的伏安特性曲线如图 1-30（b）所示。其输出电流 I 是随着负载电压的增加呈下降变化趋势的直线。内阻 R_S 越大，曲线下降就越小，越接近理想情况，当 $R_S = \infty$ 时，就是恒流源。

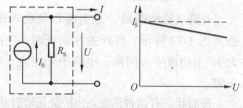

（a）实际直流电流源模型图　　（b）伏安特性曲线
图1-30　实际直流电流源模型及伏安特性

实际使用的电源种类繁多，但都可以用电压源和电流源两种电源模型来表示。

思考与练习

（1）理想电压源的输出电流是怎样变化的？怎样确定？举例说明。

（2）理想电流源的端电压是怎样变化的？怎样确定？举例说明。

（3）恒压源特性中不变的是＿＿＿＿＿＿，恒压源特性中变化的是＿＿＿＿＿＿。电流变化会引起电压的变化。恒压源不允许短路还是不允许开路？

（4）恒流源特性中不变的是＿＿＿＿＿＿，恒流源特性中变化的是＿＿＿＿＿＿。负载变化会引起电流的变化。恒流源不允许短路还是不允许开路？

（5）用一个等效电源替代图 1-31 所示的各有源二端网络。

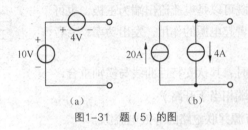

图1-31　题（5）的图

（6）电压源和电流源与实际电源的两种电路模型有何区别？

1.6　电路的 3 种状态及电气设备的额定值

1.6.1　电路的 3 种状态

在实际用电过程中，根据不同的需要和不同的负载情况，电路可分为 3 种不同的状态。了解并掌握使电路处于不同状态的条件和特点，是正确用电和安全用电的前提。

1. 开路状态

开路又称为断路，是电源和负载未接通时的工作状态。典型的开路状态如图 1-32 所示。当开关 S 断开时，电源与负载断开（外电路的电阻无穷大），未构成闭合回路，电路中无电流，电源不能输出电能，电路的功率等于零。

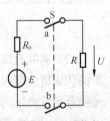

图1-32　开路状态

开路状态有两种情况。一种是正常开路，如检修电源或负载不用电的情况；另一种是故障开路，如电路中的熔断器等保护设备断开的情况，应尽量避免故障开路。

大多数情况下，电源开路是允许的，但也有些电路不允许开路。例如，测量大电流的电流互感器，它的副边线圈绝对不允许开路，否则将产生过电压，危及人身设备的安全。

电源开路时的电路特征如下。

① 电路中的电流 $I = 0$。

② 电源两端的开路电压 $U_{OC} = E$，负载两端的电压 $U = 0$。

③ 电源产生的功率与负载转换的功率均为零，即 $P_E = P = 0$，这种电路状态又称为电源的空载状态。

2. 短路状态

电路中任何一部分负载被短接，使其两端电压降为零，这种情况称电路处于短路状态。图 1-33（a）所示电路是电源被短接的情况，其等效电路如图 1-33（b）所示。

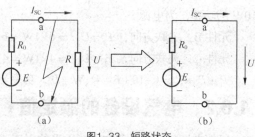

　　短路状态有两种情况。一种是将电路的某一部分或某一元件的两端用导线连接，称为局部短路。有些局部短路是允许的，称为工作短路，常称为"短接"，如电焊机工作时焊条与工件的短接，以及电流表完成测量时的短接等。另一种短路是故障短路，如电源被短路或一部分负载被短路。最严重的情况是电源被短路，其短路电流用 I_{SC} 表示。因为电源内

图1-33　短路状态

阻很小，I_{SC} 很大，是正常工作电流的很多倍。短路时外电路电阻为零，电源和负载的端电压均为零，故电源输出功率及负载取用的功率均为零。

　　电源短路状态的特征如下。

　　① $I = I_{SC} = \dfrac{E}{R_0}$。

　　② 电源的端电压 $U=0$。

　　③ 电源发出及负载转换的功率均为零，即 $P=0$；电源产生的功率全消耗在内阻上，即 $P_E = I^2 R_0$。

　　当 $R_0 = 0$ 时，$I_{SC} = \infty$，将烧毁电源，因此短路是一种严重的事故状态。它会使电源或其他电气设备因为严重发热而烧毁，用电操作中应注意避免。电压源不允许短路！

　　造成电源短路的原因主要是绝缘损坏或接线不当。因此，工作中要经常检查电气设备和线路的绝缘情况，正常连接电路。

　　电源短路的保护措施是：在电源侧接入熔断器和自动断路器，当发生短路时，能迅速切断故障电路，防止电气设备的进一步损坏。

3. 有载工作状态

　　在图 1-34（a）所示电路中，开关 S 闭合后，电源与负载接通构成回路，电路中产生了电流，并向负载输出电功率，即电路中开始了正常的功率转换，电路的这种工作状态称为有载工作状态。

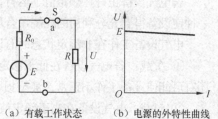

　　电路有载工作状态的特征如下。

（a）有载工作状态　（b）电源的外特性曲线

图1-34

　　① 电路中的电流：$I = \dfrac{E}{R + R_0}$。

　　② 负载端电压：$U = IR = E - IR_0$，当 $R \gg R_0$ 时，$U \approx E$。

　　电源的外特性曲线如图 1-34（b）所示。

　　③ 功率平衡关系：$P = P_E - \Delta P$

　　电源输出的功率：$P = UI = I^2 R$

　　电源产生的功率：$P_E = EI$

　　内阻消耗的功率：$\Delta P = I^2 R_0$

　　例 1-4　在图 1-35 所示电路中，$I = 1\text{A}$，$U_1 = 10\text{V}$，$U_2 = 6\text{V}$，$U_3 = 4\text{V}$。求各元件的功率，并分析电路的功率平衡关系。

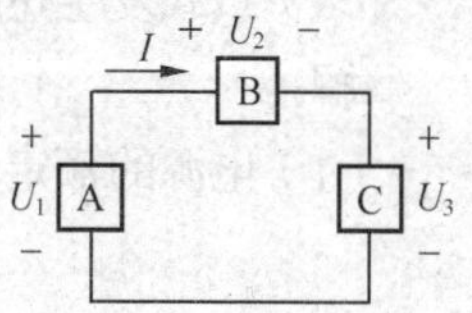

　　解： 该电路处于通路状态。

　　元件 A：非关联方向，$P_1 = -U_1 I = (-10 \times 1)\text{ W} = -10\text{W}$，$P_1 < 0$，产生

图1-35　例1-4的图

10W 的功率，为电源。

元件 B：关联方向，$P_2 = U_2I = 6 \times 1\text{W} = 6\text{W}$，$P_2 > 0$，吸收 6W 的功率，为负载。

元件 C：关联方向，$P_3 = U_3I = 4 \times 1\text{W} = 4\text{W}$，$P_3 > 0$，吸收 4W 的功率，为负载。

$P_1 + P_2 + P_3 = (-10 + 6 + 4)\ \text{W} = 0$，功率平衡。

1.6.2 电气设备的额定值

任何电气元件或设备它所能承受的电压或电流都有一定的限额。当电流过大时，将使导体发热、温升过高，导致烧坏导体。当电压过高时，可能超过设备内部绝缘强度，影响设备寿命，甚至发生击穿现象，造成设备及人身安全事故。为了使电气设备能长期安全、可靠地运行，必须给它规定一些必要的数值。

1. 额定值

电气设备在给定的工作条件下正常运行而规定的容许值称为额定值。电气设备的额定值一般包括额定电压 U_N、额定电流 I_N 和额定功率 P_N（对电源而言称为额定容量 S_N）。

① 额定电流：电气设备在一定的环境温度条件下，长期连续工作所容许通过的最佳安全电流。

② 额定电压：电气设备正常工作时的端电压。

③ 额定功率：电气设备正常工作时的输出功率或输入功率。

电阻类负载的额定值因为与电阻 R 之间有确定的关系，一般给出其中的两个即可。

电气设备的额定值一般都标注在设备的铭牌上或列入产品说明书中。电气设备在实际运行时应严格遵守额定值的规定。电源输出的功率和电流由负载决定。

2. 额定工作状态

若电气设备正好在额定值下运行，这种在额定情况下的有载工作状态称为额定工作状态。这是一种使设备得到充分利用的经济、合理的工作状态。

电气设备工作在非额定状态时有以下两种情况。

① 欠载：若电气设备在低于额定值的状态下运行称为欠载。这种状态下设备不能被充分利用，还有可能使设备工作不正常，甚至损坏设备。

② 过载：电气设备在高于额定值（超负荷）下运行称为过载。若超过额定值不多，且持续时间不长，一般不会造成明显的事故；若电气设备长期过载运行，必将影响设备的使用寿命，甚至损坏设备，造成电火灾等事故。一般不允许电气设备长时间过载工作。

例 1-5 在图 1-36 所示电路中，电源额定功率 $P_\text{N} = 22\text{kW}$，额定电压 $U_\text{N} = 220\text{V}$，内阻 $R_0 = 0.2\ \Omega$，R 为可调节的负载电阻。求：

（1）电源的额定电流 I_N；

（2）电源开路电压 U_0；

（3）电源在额定工作情况下的负载电阻 R_N；

（4）负载发生短路时的短路电流 I_S。

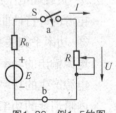

图1-36 例1-5的图

解：

（1）电源的额定电流为

$$I_\text{N} = \frac{P_\text{N}}{U_\text{N}} = \frac{22 \times 10^3}{220}\text{A} = 100\text{A}$$

（2）电源开路电压为

$$U_0 = E = U_N + I_N R_0 = (220 + 100 \times 0.2)\ \text{V} = 240\text{V}$$

（3）电源在额定状态时的负载电阻为

$$R_N = \frac{U_N}{I_N} = \frac{220}{100}\Omega = 2.2\Omega$$

（4）由于短路时负载电阻 $R=0$，因此短路电流为

$$I_S = \frac{E}{R_0} = \frac{240}{0.2}\text{A} = 1\,200\text{A}$$

这么大的短路电流必将引起电路的保护设备动作切断电源，当保护设备失灵时将引起电源设备及负载的损坏。

思考与练习

（1）一个实际电源的电压源模型开路电压 $U_0 = 24\ \text{V}$，当发生短路时，若短路电流 $I_{SC} = 80\ \text{A}$，计算电源的电动势 E 和内阻 R_0。

（2）在图 1-37 所示电路中，发电机电动势 $E_1 = 8\ \text{V}$，内阻 $R_{01} = 0.02\ \Omega$，蓄电池的电动势 $E_2 = 6\ \text{V}$，内阻 $R_{02} = 0.05\ \Omega$，用于调节电路电流的可调电阻 $R_P = 0.18\ \Omega$，若电路中电流 $I = 8\ \text{A}$，求发电机输出的电功率 P_1 和蓄电池的电功率 P_2，说明是提供还是吸收电功率，以及蓄电池工作在何种状态。

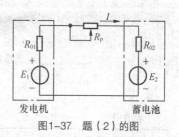

图1-37　题（2）的图

（3）有一个电阻元件，其标称阻值 $R = 1\ \text{k}\Omega$，额定功率 $P_N = 1\ \text{W}$，求该电阻的额定电流 I_N 和额定电压 U_N。

（4）白炽灯上一般只标注其额定电压 U_N 和额定功率 P_N。若一只白炽灯的 $U_N = 220\ \text{V}$，$P_N = 40\ \text{W}$，计算其电阻值和额定电流。

1.7　电阻器、电位器、电容器、电感器的识别及其参数测试

1.7.1　电阻器和电位器

1. 电阻器

电阻器一般是采用电阻率较大的材料（碳或镍铬合金等）制成的。在电路中起限流、分压的作用。常见的电阻器和电位器外形如图 1-38 所示。常用电阻器种类及图形符号如表 1-1 所示。

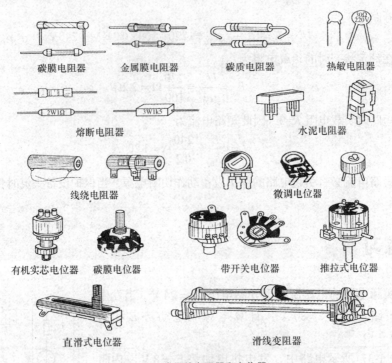

图1-38　常见的电阻器和电位器

表 1-1　　　　　　　　　　　　常用电阻器种类及图形符号

图形符号	名　称	图形符号	名　称
（固定电阻符号）	固定电阻	（可调电位器符号）	可调电位器
（可调电阻符号）	可调电阻(变阻器)	（热敏电阻符号 θ）	热敏电阻
（微调电阻符号）	微调电阻	（压敏电阻符号 U）	压敏电阻

（1）电阻器和电位器的型号命名方法。根据国家标准《电子设备用电阻器、电容器型号命名方法》（GB 2470—81）的规定，电阻器产品型号一般由 4 部分组成，如表 1-2 所示。

第一部分：主称用字母 R 表示电阻器。

第二部分：材料用字母表示。

第三部分：分类用数字或字母表示。

第四部分：序号用数字表示。

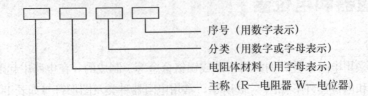

序号（用数字表示）

分类（用数字或字母表示）

电阻体材料（用字母表示）

主称（R—电阻器 W—电位器）

表 1-2 　　　　　　　　　　　　　电阻器和电位器型号命名及意义

第一部分		第二部分		第三部分		第四部分
用字母表示主称		用字母表示材料		用数字或字母表示分类		用数字表示序号
符号	意义	符号	意义	符号	意义	
R	电阻器	T	碳膜	1	普通	
W	电位器	P	硼碳膜	2	普通	
		U	硅碳膜	3	超高频	
		H	合成膜	4	高阻	
		I	玻璃釉膜	5	高温	
		J	金属膜	7	精密	
		Y	氧化膜	8	高压、特殊	
		S	有机实芯	9	特殊	

例：

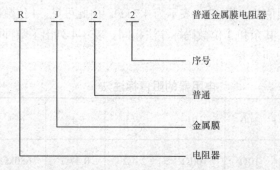

（2）电阻器的主要参数。电阻器的结构、材料不同，性能就会有一定差异。反映电阻器性能特点的主要参数有标称阻值和允许偏差。

① 标称阻值。电阻器上所标的阻值称为标称阻值，常用固定电阻器的标称阻值如表 1-3 所示，电阻器上的标称阻值是按国家规定的阻值系列标注的，因此选用时必须按此阻值系列去选用，使用时将表中的数值乘以 $10^n\Omega$（n 为整数），就成为这一阻值系列。例如，E24 系列中的 1.2 就代表有 1.2Ω、12Ω、120Ω、$1.2k\Omega$、$120k\Omega$ 等标称为阻值。

表 1-3 　　　　　　　　　　　常用固定电阻器的标称阻值

系列	允许误差	电阻系列标称值
E24	I 级 ±5%	1.0　1.1　1.2　1.3　1.5　1.6　1.8　2.0　2.2　2.4　2.7 3.0　3.3　3.6　3.9　4.3　5.1　5.6　6.2　6.8　7.5　8.2　9.1
E12	II 级 ±10%	1.0　1.5　1.5　1.8　2.2　2.7　3.3　3.9　4.7　5.6　6.8　8.2
E6	III 级 ±20%	1.0　1.5　2.2　3.3　4.7　6.8

② 允许偏差。大部分电阻器都采用对称偏差，其规定为：精密偏差 ±0.5%、±1%、±2%；普通偏差 ±5%、±10%、±20%。

（3）电阻器参数的识别。电阻器的主要参数通常都会标注在电阻器上，以供识别。电阻器参数的标注方法有直标法、文字符号法、色码法和数码法4种。示意图如图1-39所示。

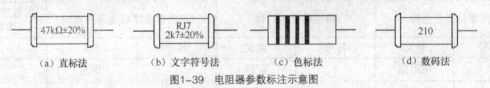

（a）直标法　　（b）文字符号法　　（c）色标法　　（d）数码法

图1-39　电阻器参数标注示意图

① 直标法。直标法就是将电阻器主要参数（如功率、阻值、误差等）直接标注在电阻器的外表上。直标法具有直观清楚、易识别等优点，但它的小数点容易失落。此方法只适用于大中型电阻器的参数表示，如图1-39（a）所示。

② 文字符号法。文字符号法是将数字和文字符号两者有规律地组合来表示电阻器的阻值，其偏差也是用文字符号来表示的，如图1-39（b）所示。

③ 数码法。电阻器表面用3位数码来表示阻值的方法称为数码法，如图1-39（d）所示。数码从左到右排列，第一、第二位为有效数字，第三位为应乘倍率，单位是Ω。例如，203表示为20 kΩ，471表示为470Ω。小于10欧姆的电阻的标注用R代表电阻值的小数点，单位是Ω。还有少数片状电阻器是用4位数码标注阻值的，如4701表示为4.7 kΩ。由此可见，4位数码标注与3位数码标注差别只多了一位有效数字，其余和3位数码标注法相同。表1-4列出了数种电阻器标注阻值与标称阻值之间的对应关系，供识别参考。

表 1-4　　　　　　　　　　　　　　　电阻器的阻值标注法

电阻器标注阻值	210	513	100	101	2R4	R47	681	332	6801
电阻器标称阻值	21Ω	51 kΩ	10Ω	100Ω	2.4Ω	0.47Ω	680kΩ	3.3kΩ	6.8kΩ

④ 色标法。用不同颜色的色环表示阻值的方法称为色标法，如图1-39（c）所示。不同色环代表的具体意义不同，表1-5所示为四色环表示法，表1-6所示为五色环表示法。

表 1-5　　　　　　　　　　　　四色环表示法中各色环颜色表示的数值

颜　色	第一位有效数	第二位有效数	倍　率	允许误差
黑色	0	0	10^0	
棕色	1	1	10^1	
红色	2	2	10^2	
橙色	3	3	10^3	
黄色	4	4	10^4	
绿色	5	5	10^5	
蓝色	6	6	10^6	
紫色	7	7	10^7	

续表

颜　色	第一位有效数	第二位有效数	倍　率	允许误差
灰色	8	8	10^8	
白色	9	9	10^9	
金色	—	—	10^{-1}	±5%
银色	—	—	10^{-2}	±10%
无色				±20%

表 1-6　　　　　　　　　　　五色环表示法中各色环颜色表示的数值

颜　色	第一位有效数	第二位有效数	第三位有效数	倍　率	允许误差
黑色	0	0	0	10^0	
棕色	1	1	1	10^1	±1%
红色	2	2	2	10^2	±2%
橙色	3	3	3	10^3	
黄色	4	4	4	10^4	
绿色	5	5	5	10^5	±0.5%
蓝色	6	6	6	10^6	±0.25%
紫色	7	7	7	10^7	±0.1%
灰色	8	8	8	10^8	
白色	9	9	9	10^9	
金色	—	—	—	10^{-1}	
银色	—	—	—	10^{-2}	
无色				10^0	

（a）四色环电阻器。普通电阻器采用四色环表示方法，图 1-40 所示为四色环电阻器示意图。这 4 条色环表示的含义是：第一、第二条为有效数字色环，第三条为应乘倍率色环，第四条为允许偏差色环。但也有的普通电阻器仅用三色环表示，这类电阻器的允许偏差为 ±20%。

（b）五色环电阻器。精密电阻器常用五色环来表示，图 1-41 所示为五色环电阻器的示意图。这 5 条色环的含义是：第一、第二、第三条为有效数字色环，第四条为应乘倍率色环，第五条为允许偏差色环。

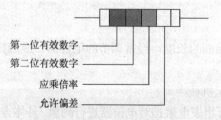

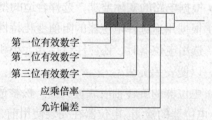

图1-40　四色环电阻器识读示意图　　　　　图1-41　五色环电阻器识读示意图

（4）电阻器的选用与检测。

① 电阻器的选用。电阻器是电子设备基础元件之一，其性能的好坏对电子设备技术性能有重要影响。在选用时，要根据电子产品使用条件、电路的具体要求等多方面考虑。在更换电阻器时，应选用相同规格或相近规格的电阻器。选用原则如下。

（a）按用途不同选择电阻器的种类。在要求不高的电路中，一般选用碳膜电阻器；对要求较高的电路，要依据有关说明选择适当种类的电阻器。

（b）正确选取标称阻值和允许偏差。

（c）合理选取额定功率。电阻器的额定功率应比实际功率大 1.5～2 倍。

② 电阻器的检测。电阻器在使用时要进行测量，看其实际测量阻值与标称值是否相符。用万用表测量电阻时，应用万用表中的欧姆挡进行测量，测量电阻时应根据电阻值的大小选择合适的量程，以提高测量精度。在测量时应注意，手不能同时接触被测电阻的两根引线，以避免人体电阻的影响。

2. 电位器

电位器实际上是一种可变电阻器，可采用上述各种材料制成。电位器通常由两个固定输出端和一个滑动抽头组成。

按结构划分，电位器可分为单圈、多圈；单联、双联；带开关；锁紧和非锁紧电位器。按调节方式划分，可分为旋转式电位器和直滑式电位器。在旋转式电位器中，按照电位器的阻值与旋转角度的关系可分为直线式、指数式和对数式。常用电位器形状如图 1-42 所示。

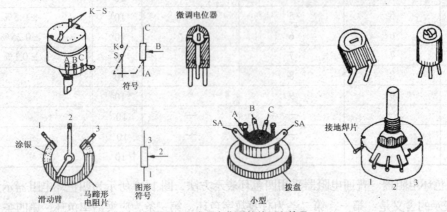

图1-42　常用电位器的外形和符号

（1）电位器的识读。电位器的标称值一般采用 E12、E6 系列，标志方法多数采用文字符号法。

（2）电位器的选用与检测。

① 电位器的选用。

（a）根据电路的实际要求，选择合适的型号。

（b）根据用途选择电位器的阻值变化特性。

（c）选用电位器时，还应注意尺寸大小和旋转轴柄的长度。经常调节的电位器，应选择轴端铣成平面，以便安装旋钮。

（d）电位器的旋转轴应放置灵活、松紧适当，无机械噪声。

② 电位器的检测。电位器在安装使用前，应用万用表电阻挡对电位器进行测量，具体方法如下。

（a）电位器标称阻值的测量：用万用表合适的电阻挡测量电位器两定片之间的阻值，其读数应为电位器的标称阻值。在测量过程中，如万用表的指针不动或阻值相差很多，则说明该电位器已损坏。

（b）检查电位器的动片与电阻体的接触是否良好。用万用表笔接电位器的动片和任一定片，并反复缓慢地旋转电位器的旋柄，观察万用表的指针是否为连续、均匀地变化，其阻值应在 0Ω 到标称阻值间连续变化，如果变化不连续或变化过程中电阻值不稳定，则说明电位器接触不良。

（c）检查电位器各引脚与外壳及旋转轴之间的电阻值，观察是否为正常的∞，否则说明有漏电现象。

1.7.2 电容器

电容器是由两个金属电极中间夹一层绝缘体（又称介质）所构成的。电容器是一种能存储和释放电能的元件（俗称"储能元件"），具有"隔直通交"的作用，因此，在电路中常用于隔直流、耦合、旁路、滤波及反馈等。常见的电容器的外形如图 1-43 所示。

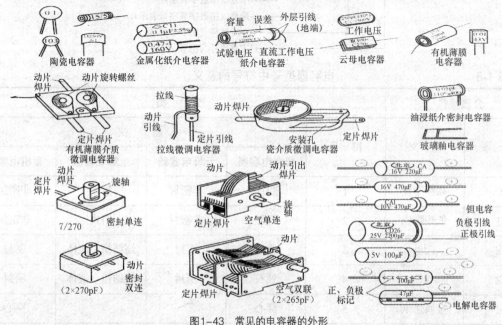

图1-43　常见的电容器的外形

固定电容器有下列几种类型：纸介电容器（CZ 型）、有机薄膜电容器（CB 或 CL 型）、瓷介电容器（CC 型）、云母电容器（CY 型）、玻璃釉电容器（CI 型）和电解电容器（CD 型）。常用电容器的图形符号及名称如表 1-7 所示。

表 1-7　　　　　　　　　常用电容器的图形符号及名称

图形符号	名　称
┤├	无极性电容器
┤├	有极性电解电容器
┤／├	微调电容器
┤／├	可变电容器
┤／├	双联可变电容器

1.电容器的型号命名方法

根据国家标准《电子设备用电阻器、电容器型号命名方法》（GB 2470—81）的规定，电容器的型号一般由4个部分组成，如表1-8所示。

第一部分：主称，用字母C表示电容器。

第二部分：介质材料用字母表示。

第三部分：分类用字母或数字表示。

第四部分：序号，用数字表示。

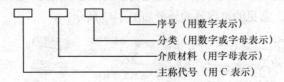

序号（用数字表示）
分类（用数字或字母表示）
介质材料（用字母表示）
主称代号（用C表示）

表 1-8　　　　　　　　　　　电容器型号中符号的意义

介质材料		分　类				
			意　义			
符　号	意　义	符　号	瓷介电容器	云母电容器	电解电容器	有机电容器
C	高频陶瓷	1	圆片	非密封	箔式	非密封
T	低频陶瓷	2	管形	非密封	箔式	非密封
Y	云母	3	叠片	密封	烧结粉、液体	密封
Z	纸	4	独石	密封	烧结粉、液体	密封
J	金属化纸	5	穿心			穿心
I	玻璃釉	6	支柱			
L	涤纶薄膜	7			无极式	

例如：

CCW1——圆片形高频陶瓷微调电容器。

CL21——聚酯介质电容器。

CD11——铝电解电容器。

CCT2——管形瓷介电容器。

2. 电容器的主要参数

电容器的主要参数有标称容量、允许偏差以及额定直流工作电压。

① 标称容量。电容器上标注的电容量值，称为标称容量。实用中"法拉（F）"的单位太大，常用微法（μF）、纳法（nf）、皮法（pF）作单位，它们之间的换算关系是

$$1F = 10^6 \mu F = 10^9 nF = 10^{12} pF$$

② 允许偏差。电容器的实际电容量与标称电容量的允许最大偏差范围，称为电容器的允许偏差。

③ 额定直流工作电压。电容器的额定直流工作电压简称为耐压。电容器的耐压值一般都标注在电容器的外壳上。根据国家标准 GB 2472—81 规定，固定式电容器直流工作电压系列如表 1-9 所示。

表 1-9　　　　　　　　　　　固定式电容器直流工作电压系列

1.6	4	6.3	10	16
25	（32）	40	（50）	63
100	（125）	160	250	（300）
400	（450）	500	630	1000
1600	2000	2500	3000	4000
5000	6300	8000	10000	15000
20000	25000	30000	35000	40000
45000	50000	60000	80000	100000

注：带括号的仅为电解电容器所用。

3. 电容器的参数识别

电容器的主要参数通常都会标注在电容器上，以供识别。电容器参数的标注方法有直标法、文字符号法、数码法和色码法 4 种。

① 直标法。在电容器上用数字直接标注主要参数的方法称直标法。如图 1-44 所示。

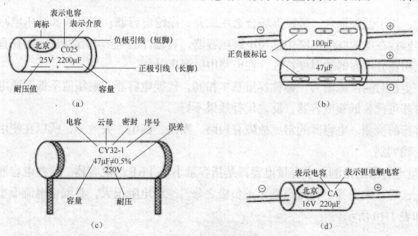

图1-44　直标法

② 文字符号法。用数字表示有效值，用字母表示数值的量级，如图 1-45 所示。

③ 数码法。一般用 3 位数字表示电容器的大小，其单位为 pF，其中第一、第二位为有效数字，第三位表示倍乘数，即表示有效值后 0 的个数。数码法的标注如图 1-46 所示。

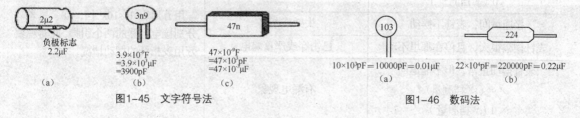

图1-45　文字符号法　　　　　　　　　　图1-46　数码法

④ 色码法。电容器的色码表示法和电阻器的色码表示法基本相同，如图1-47所示

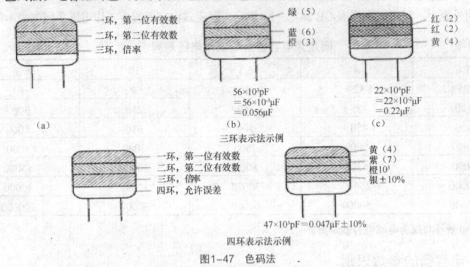

图1-47　色码法

4. 电容器的选用与检测

（1）电容器的选用。选用电容器时，不仅要考虑电容器的各种性能，还应考虑体积、重量以及工作环境等因素。

一般来说，用于低频耦合、旁路等场合选用纸介、涤纶电容器；在高频和高压电路中，选用云母、瓷介电容器；在电源滤波电路中选用电解电容器，有极性的电解电容器只能用在直流电路中。此外，可以利用瓷介电容器的温度特性，在电路中做温度补偿。

电容器在更换时的换原则为：标称容量基本相同，代换电容器的耐压值不低于原电容器的耐压值，高频电容器可代替低频电容器，反之代替效果不好。

（2）电容器的检测。电容器的常见故障有短路、断路、漏电、失效等，所以在使用前要求必须认真检查，正确判别。

① 小容量电容器的检测。小容量电容器是指容量小于 $1\mu F$ 的电容器。这些电容器的介质一般为纸、涤纶、云母、陶瓷等。其特点是无正负极之分，绝缘电阻很大，其漏电电流很小。用万用表检测的方法如表1-10所示。

表 1-10　　　　　　　　　　万用表检测的方法

万用表指针摆动情况	小容量电容器的质量	检测方法
接通瞬间表针有摆动，然后返回 ↗∞（Ω 挡测量） ↘0（V 挡测量）	良好；摆幅越大，容量越大	用万用表 R×10k 挡，红、黑表笔分别接电容器的两个引脚，此时观察万用表指针的摆动情况
接通瞬间，表针不摆动	失效或断路	
表针摆幅很大，且停在那里不动	已击穿或严重漏电	
表针摆动正常，但不能返回 ↗∞（Ω 挡测量） ↘0（V 挡测量）	有漏电现象	

② 电解电容的检测。电解电容的故障发生率比较高，其主要故障有击穿、漏电、失效、断路及爆炸。这些故障出现的原因一般是正负极接反所造成的。所以对电解电容的正确判别变得尤为重要，主要包括容量、极性和漏电电流的检测。

用万用表电阻挡检测电解电容的方法是：把万用表的黑表笔接电解电容的正极，红表笔接负极，检测其正向电阻，表针先向右做大幅度摆动，然后再慢慢回到∞的位置后；再将黑表笔接电解电容器的负极，红表笔接正极，检测反向电阻，表针先向右摆动，再慢慢返回（一般是不能回到无穷大的位置）。检测结果如与上述不符，则说明电容器已损坏。

在对调红、黑表笔测量电容器引脚时，要注意在对调前要将待测电容器两引脚短接，目的是放掉电容器内的残余电荷，提高测量精度。

1.7.3　电感器

电感器（简称电感）也是构成电路的基本元件，在电路中有阻碍交流电通过的特性。其基本特性是通直流、阻交流，通低频、阻高频，在交流电路中常用于扼流、降压、谐振等。

电感器可分为固定电感和可变电感两大类。按导磁性质可分为空心线圈、磁芯线圈、铜心线圈等；按用途可分为高频扼流线圈、低频扼流线圈、调谐线圈、退耦线圈、提升线圈、稳频线圈等；按结构特点可分为单层、多层、蜂房式、磁芯式等。电感器的外形与电路符号如表 1-11 所示。

表 1-11　　　　　　　　　　　电感器的外形与电路符号

类　型	电路符号	外形图	用　途
空心线圈电感器	L	脱胎空心线圈　空心　单层空心电感线圈　空心电感	分频器
铁心线圈电感器	L	低频阻流圈	整流 LC 滤液器
磁芯线圈电感器	L	高频阻流圈　磁芯线圈　磁芯线圈	高频电路中阻止高频信号通过
带磁芯可变电感器	L	磁芯	高、中频选频放大器
色码电感器	L	100μH　82μH　83μH	适用频率范围 10kHz～200MHz

续表

类型	电路符号	外形图	用途
印制电感元件	L	印制板	印制板元件
片状电感元件		SS 22m　TG 47μH	微型化电路

1. 电感器型号命名方法

电感器大多为非标准产品，各厂家对固定电感器命名方法并不统一，通常由以下4部分组成。

第一部分：主称，用字母 L 表示电感线圈，用 ZL 表示阻流圈。

第二部分：特征，用字母 G 表示高频。

第三部分：结构形式，用字母 X 表示小型；数码 1 表示卧式；数码 4 表示立式。

第四部分：区分代号，用数字表示。

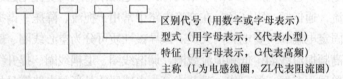

区别代号（用数字或字母表示）
型式（用字母表示，X代表小型）
特征（用字母表示，G代表高频）
主称（L为电感线圈，ZL代表阻流圈）

2. 电感器的主要参数

① 电感量。电感量的单位有亨利（H）、毫亨（mH）、微亨（μH），它们之间换算关系是

$$1H = 10^3 mH = 10^6 \mu H$$

② 品质因数（Q 值）。品质因数是电感的主要参数，如果线圈的损耗小则 Q 值就高，反之，Q 值低。

③ 分布电容。由于绝缘的线圈相当于电容器的两极，则电感上就会分布有许多的小电容，称为分布电容。分布电容的存在是导致品质因数下降的主要因素，所以一般通过各种方法来减小分布电容。

④ 额定电流。额定电流主要对高频电感器和大功率调谐电感器而言，要求正常工作时通过电感器的电流小于其额定电流。

3. 电感器参数的识别

① 直标法，如图1-48 所示。

② 色码表示法。

（a）色环表示法。第一、第二环表示两位有效数字，第三环表示倍乘数，第四环表示允许偏差，如图1-49 所示。各色环颜色的含义与色环电阻相同，单位为 μH。

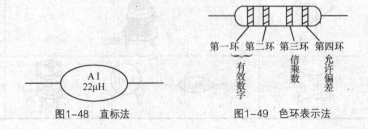

第一环　第二环　　第三环　第四环
有效数字　　　倍乘数　允许偏差

A I
22μH

图1-48　直标法　　　　　　图1-49　色环表示法

b. 色点表示法。色点表示法如图 1-50 所示。

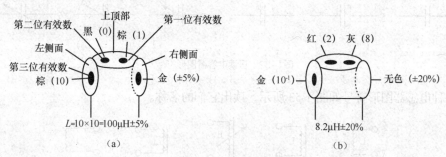

图1-50 色点表示法

4. 电感器的检测

（1）电感线圈的检测。用万用表测量线圈电阻可大致判别其质量好坏。一般电感线圈的直流电阻很小（几欧至几十欧,）低频扼流线圈的直流电阻也只有几百至几千欧。当测得线圈电阻无穷大时，表明线圈内部或引出端已断路；当测得线圈的电阻远小于正常值或接近零时，表明线圈局部短路。

（2）电感线圈的性能检测。欲准确检测电感线圈的电感量 L 和品质因数 Q，一般均需要专门的仪器，而且测量步骤较为复杂。

思考与练习

（1）能正确识别常见的电阻器和电位器。

（2）掌握电阻器和电位器的型号命名方法。

（3）电阻器的主要参数有哪些？如何识别这些参数？

（4）掌握电阻器的标注方法。

（5）能正确识别常见的电容器。

（6）掌握电容器的型号命名方法。

（7）电容器的主要参数有哪些？如何识别这些参数？

（8）能正确识别常见的电感器。

（9）掌握电感器的型号命名方法。

（10）电感器的主要参数有哪些？如何识别这些参数？

（11）元器件图形符号识别。

① 各种电阻器图形符号如图 1-51 所示，读出它们名称。

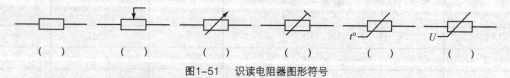

图1-51 识读电阻器图形符号

② 各种电容器图形符号如图 1-52 所示，读出它们的名称。

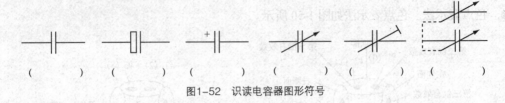

( )　　　( )　　　( )　　　( )　　　( )　　　( )

图1-52　识读电容器图形符号

③ 各种电感器图形符号如图 1-53 所示，读出它们的名称。

( )　　　( )　　　( )　　　( )　　　( )

图1-53　识读电感器图形符号

（12）电阻器的识别练习。根据已给定电阻器标注，读出其标称阻值及允许偏差，并填入表 1-12 中。

表 1-12　　　　　　　　　　　电阻器的识别

序　号	电阻器标注	标称阻值	允许偏差
1	棕黑黑金		
2	黄紫棕银		
3	紫绿红金		
4	蓝灰橙银		
5	红紫黄银		
6	红红红金		
7	棕黑红银		
8	橙橙橙金		
9	棕黑绿金		
10	红黄黑金		

（13）电容器的识别。根据已给定电容器，将其型号、主要参数及电解电容器极性填入表 1-13 中。

表 1-13　　　　　　　　　　　电容器的识别

序　号	型　号	标称容量及允许偏差	耐压值	图形符号	万用表指针摆幅	质量好坏
1						
2						
3						
4						
5						

本章是电路分析所必须具备的基础知识，主要介绍了以下内容。

1. 电路的组成及电路的作用

电流所经过的路径叫做电路。电路通常由电源、负载和中间环节 3 部分组成。

电路的主要功能：实现电能的传送、分配与转换，实现信号的传递和处理。

2. 电路元件及电路模型

理想电路元件简称电路元件。无源二端元件分为电阻元件 R、电感元件 L 和电容元件 C。有源二端元件分为电压源元件和电流源元件。

用理想电路元件及其组合来模拟实际电路中的各个元器件，再用理想导线将各个理想电路元件进行串联或并联所组成的电路称为实际电路的电路模型。

电路模型的构建过程就是用电路元件及其组合来表示实体电路的过程。

3. 电压、电流的参考方向

为了分析计算电路方便，预先假定的电流（或电压）方向称为电流（或电压）的参考方向。

电流的方向在连接导线上用箭头或用双下标表示，当参考方向与实际方向一致时，$i > 0$，当参考方向与实际方向相反时，$i < 0$；电压的参考方向可以用 3 种方法表示，即 "+"、"−" 符号表示，用双下标表示，用箭头的指向来表示。

当一段电路或一个元件的电流、电压参考方向关联时，$p = ui$，直流时，$P = UI$。

当一段电路或一个元件的电流、电压参考方向非关联时，$p = -ui$，直流时，$P = -UI$。

4. 线性电阻元件、电感元件、电容元件的电路模型及其伏安关系

电阻元件的伏安关系：$i = \dfrac{u}{R}$；电感元件的伏安关系：$u = L\dfrac{\mathrm{d}i}{\mathrm{d}t}$；电容元件的伏安关系：$i = C\dfrac{\mathrm{d}u}{\mathrm{d}t}$。

5. 电源元件的电路模型及其伏安特性

理想电压源是从实际电路中抽象出来的一种理想电路元件，它两端的电压是一定时间的函数 u_S 或是一个定值 U_S。实际电压源的伏安关系：$U = E - IR_0$。

理想电流源是从实际电路中抽象出来的一种理想电路元件，其输出电流是一定时间的函数 i_S 或是一个定值 I_S。实际电流源的伏安关系：$I = I_\mathrm{S} - \dfrac{U}{R_\mathrm{S}}$。

6. 电路的工作状态及电气设备的额定值

电路的 3 种状态：开路状态、短路状态和通路状态。

电气设备在给定的工作条件下正常运行而规定的容许值称为额定值。电气设备的额定值一般包括额定电压 U_N、额定电流 I_N 和额定功率 P_N（对电源而言称为额定容量 S_N）。

7. 电阻器、电位器、电容器、电感器的识别及其参数测试

习题

一、填空题

（1）电流所经过的路径叫做_____，通常由_____、_____和_____3部分组成。

（2）实际电路元件的电特性是多元而复杂的，理想电路元件的电特性则是单一和确切的。常见的无源电路元件有_____、_____和_____。常见的有源电路元件是_____和_____。

（3）大小和方向均不随时间变化的电压和电流称为_____电。

（4）_____是产生电流的根本原因。电路中任意两点之间的电位差等于这两点间的_____。电路中某点到参考点间的_____称为该点的电位。

（5）电流所做的功称为_____，其基本单位是_____；单位时间内电流所做的功称为_____，其基本单位是_____。

（6）理想电压源输出的_____值恒定，输出的_____由它本身和外电路共同决定；理想电流源输出的_____值恒定，输出的_____由它本身和外电路共同决定。

（7）额定值为"220V 40W"的白炽灯的灯丝热态电阻的阻值为_____，如果把它接到110V的电源上，实际消耗的功率为_____。

二、判断题

（1）电路分析中描述的电路都是实际中的应用电路。　　　　　　　　　　　　　（　　）

（2）电源内部的电流方向总是由电源负极流向电源正极。　　　　　　　　　　　（　　）

（3）大负载是指在一定电压下向电源吸取电流很大的设备。　　　　　　　　　　（　　）

（4）电流表应串联在电路中，电压表和功率表都并联在待测电路中。　　　　　　（　　）

（5）实际电压源和电流源的内阻为零时，即为理想电压源和电流源。　　　　　　（　　）

（6）电路分析中某支路电流为负值，说明它的实际方向与假设方向相反。　　　　（　　）

（7）线路上的负载并联得越多，其等效电阻越小，因此取用的电流也越少。　　　（　　）

（8）负载上获得最大功率时，电源的利用率最高。　　　　　　　　　　　　　　（　　）

（9）电路中两点的电位都很高，这两点间的电压也一定很大。　　　　　　　　　（　　）

（10）电功率大的用电器，其电功也一定大。　　　　　　　　　　　　　　　　（　　）

三、单项选择题

（1）当电路中电流的参考方向与电流的真实方向相反时，该电流（　　　）。

    A. 一定为正值　　　　　　　　B. 一定为负值　　　　　　　　C. 不能肯定是正值或负值

（2）已知空间有a、b两点，电压$U_{ab}=10V$，a点电位为$V_a=4V$，则b点电位V_b为（　　　）。

    A. 6 V　　　　　　　　　　　　B. −6 V　　　　　　　　　　　　C. 14 V

（3）当电阻R上的u、i参考方向为非关联时，欧姆定律的表达式应为（　　　）。

    A. $u=Ri$　　　　　　　　　　B. $u=R|i|$　　　　　　　　　　C. $u=-Ri$

（4）电阻R上的u、i参考方向不一致，令$u=-10V$，消耗功率为0.5 W，则电阻R为（　　　）。

    A. −200 Ω　　　　　　　　　　B. 200 Ω　　　　　　　　　　　C. ±200 Ω

（5）两个电阻串联，$R_1 : R_2 = 1 : 2$，总电压为 60V，则 U_1 的大小为（　　）。

  A．10 V   B．40 V   C．20 V

（6）电阻是（　　）元件，电感是（　　）的元件，电容是（　　）的元件。

  A．储存电场能量   B．储存磁场能量   C．耗能

（7）一个输出电压几乎不变的设备有载运行，当负载增大时，是指（　　）。

  A．负载电阻增大   B．负载电阻减小   C．电源输出的电流增大

（8）当恒流源开路时，该恒流源内部（　　）。

  A．有电流，有功率损耗 B．无电流，无功率损耗 C．有电流，无功率损耗

四、计算题

（1）电路如图 1-54 所示，各段电压、电流的参考方向已在图中标出。已知 $I_1 = 1.5\ \text{A}$，$I_2 = 2.5\ \text{A}$，$I_3 = 1\ \text{A}$，$U_1 = 1\ \text{V}$，$U_2 = U_3 = 3\ \text{V}$，$U_4 = -2\ \text{V}$。试确定各段电压的实际方向，指出哪段电压、电流是关联参考方向，哪些是非关联参考方向。

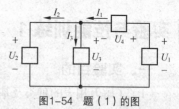

图1-54　题（1）的图

（2）计算图 1-55 中各段电路的功率，并说明是吸收功率还是发出功率。

（3）计算图 1-56（a）、（b）所示电路中的电压。

（4）电路如图 1-57 所示，开关 S 置"1"时，电压表读数为 10V；S 置"2"时，电流表读数为 10mA，问开关 S 置"3"时，电压表、电流表的读数各为多少？

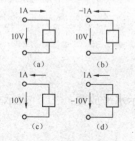

图1-55　题（2）的图

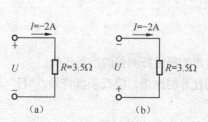

图1-56　题（3）的图

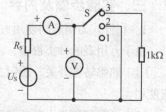

图1-57　题（4）的图

（5）有一个 $U_S = 10\ \text{V}$ 的理想电压源，求在下列各情况下它的输出电流与输出功率。

①开路；②接 10Ω电阻；③接 1Ω电阻；④短路。

（6）有一个 $I_S = 10\ \text{A}$ 的理想电流源，在下列情况下它的端电压与输出功率。

①短路；②接 10Ω电阻；③接 100Ω电阻；④开路。

（7）计算 S 打开与闭合时图 1-58 所示电路中 A、B 两点的电位。

（8）图 1-59 所示电路中，A、C 点的电位和 B、D 两点间的电压各等于多少？

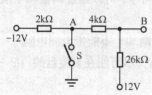

图1-58　题（7）的图

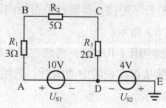

图1-59　题（8）的图

（9）计算图1-60（a）、（b）所示电路中的电压U。当电阻R阻值变化时，电压U变不变？为什么？

（10）电路如图1-61所示，计算电流源的端电压及电流源和电压源的功率。

（11）电路如图1-62所示，计算电流I和I_1及各元件的电功率。

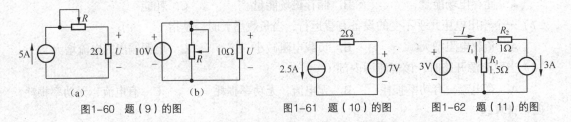

图1-60 题（9）的图　　　　图1-61 题（10）的图　　　　图1-62 题（11）的图

实验与技能训练1　用万用表测量直流电流、直流电压及电位

一、实验目的

（1）了解万用表的种类及基本使用常识（见第8章）。

（2）熟练掌握用万用表测量电阻的方法。

（3）熟练掌握直流稳压电源的使用。

（4）熟练掌握用万用表测量直流电流、电压及电位的方法。

二、实验器材

MF500型万用表，直流稳压电源。

三、实验步骤及内容

1. 指针式万用表的使用方法

由于万用表的种类很多，在使用前要做好测量的准备工作。

（1）熟悉转换开关、旋钮、插孔等的作用，检查表盘符号，"∏"表示水平放置，"⊥"表示垂直使用。

（2）了解刻度盘上每条刻度线所对应的被测电量。

（3）检查红色和黑色两根表笔所接的位置是否正确，红表笔插入"+"插孔，黑表笔插入"–"插孔，有些万用表另有交、直流2500V高压测量端，在测量高压时黑表笔不动，将红表笔插入高压插口。

（4）机械调零。旋动万用表面板上的机械零位调整螺钉，使指针对准刻度盘左端的"0"位置。

2. 万用表测量电阻的方法

（1）测量电阻的步骤。

① 将红表笔接万用表的"+"插孔，黑表笔接万用表的"*"或"–"插孔。

② 选择欧姆挡，再选择合适的倍率。

③ 将红、黑表笔短接，看指针是否指向零，如果不指向零，可以通过调整调零按钮使指针指向零，如图1-63（a）所示。

④ 取下待测电阻（10kΩ），将红、黑表笔并联在电阻两端（不能带电测电阻）。

⑤ 观察示数是否在表的中值附近。选用量程时，使指针尽可能在刻度盘的1/3～2/3区域内，如图1-63（b）所示。

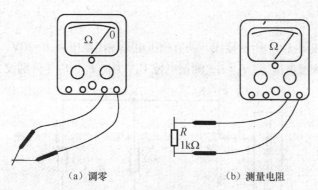

（a）调零   （b）测量电阻

图1-63 使用万用表测量电阻

（2）注意事项。

① 调零时，手指不要触摸表笔的金属部分。

② 每换一次倍率挡，都要重新进行调零，以保证测量准确。

③ 使待测电阻脱离电源部分。

④ 读数时，要使表盘示数乘以倍率。

（3）用几个固定电阻器练习电阻值的测试

3. 万用表测量直流电压的方法

（1）测量直流电压的步骤。

① 将红表笔接万用表的"+"插孔，黑表笔接万用表的"*"或"-"插孔。

② 将万用表调到合适的直流电压挡，选择合适的量程。

③ 将万用表的两表笔和被测电路或负载并联，并使红表笔接到高电位处，黑表笔接到低电位处，即让电流从红表笔流入，从黑表笔流出。

万用表测量交流电压方法与测直流基本相同，只是要注意转换开关应置交流电压挡的位置。

（2）注意事项。在测量直流电压时，若表笔接反，表头指针会反方向偏转，容易撞弯指针，故采用试接触方法，若发现反偏，立即对调表笔。

4. 万用表测直流电流的方法

（1）测量直流电流的步骤。

① 将红表笔接万用表的"+"极，黑表笔接万用表的"-"极。

② 将万用表调到直流电流挡，选择合适的量程。

③ 将万用表的两表笔和被测电路或负载串联，并使红表笔接到高电位处，黑表笔接到低电位处，即让电流从"+"表笔流入，从"-"表笔流出。

万用表测量交流电流方法与测直流电流基本相同，只是要注意转换开关应置交流电流挡的位置。

（2）注意事项。

① 在测量直流电流时，若表笔接反，表头指针会反方向偏转，容易撞弯指针，故采用试接触方法，若发现反偏，立即对调表笔。

② 如果不知道被测电流的大小，应先选择最高量程挡，然后逐渐减小到合适的量程。

③ 量程的选择应尽量使指针偏转到满刻度的 2/3 左右。

5. 直流电路测量

在实验电路板上按图 1-64 所示接线，调节稳压电源输出电压为 $U=20V$，接上开关后，测量电压 U_{AB}、U_{AC}、U_{AD}；测量电流 I_1、I_2、I_3；测量电位 V_A、V_B、V_C、V_D（分别设 A、B、C 为参考点）。

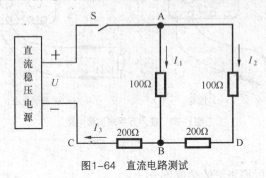

图1-64　直流电路测试

四、预习要求

（1）了解万用表的面板结构。

（2）了解万用表的使用方法。

五、实验报告

（1）要求学生自己设计表格，将上述要求测试的内容及数据记入表中。

（2）简述训练过程，总结本次实验的收获和体会。

六、评分标准

成绩评分标准如表 1-14 所示。

表 1-14　　　　　　　　　　成绩评分标准

序号	主要内容	考核要求	评分标准	配分	扣分	得分
1	万用表选择和检查	能正确选用量程和判断万用表的好坏	万用表选择不正确扣 10 分 万用表检查方法不正确和漏测扣 1 分	20		
2	连线	能正确连接电路	接错一处扣 15 分	25		
3	操作方法	操作方法正确	每错一处扣 15 分	25		
4	读数	能正确读出仪表示数	不能进行正确读数扣 20 分 读数的方法不正确扣 10~20 分 读数结果不正确扣 10~20 分	20		
5	安全、文明生产	能保证人身和设备安全	违反安全、文明生产规程扣 5~10 分	10		
备注		合　　计		100		
		教师签字			年　月　日	

实验与技能训练 2　电阻器、电容器、电感器的识别与检测

一、实验目的

（1）正确识别常用电阻器的型号及主要技术参数。

（2）正确识别常用电容器的型号及主要技术参数。

（3）正确识别常用电感器的型号及主要技术参数。

（4）学习用万用表检测电阻器。

（5）学习用万用表检测电容器及电感器的质量好坏。

二、实验器材

MF500 型万用表，各种各类及参数的电阻器、电感器、电容器。

三、操作注意事项

（1）测量时注意正确使用万用表的量程，一般用电阻挡 R×100 和 R×1k 挡。

（2）掌握各类元器件的检测方法。

四、实验步骤及内容

1. 电阻器的识别与检测

（1）从采用直接标注或文字标注的若干不同的电阻器中每次任取一个，将识别和检测的结果记入表 1-15 中。

表 1-15　　　　　　　　　　电阻器的识别与检测

序　号	识　　别				测　　量	
	材料	阻值	允许误差	额定功率	量程	阻值
1						
2						
3						
4						

（2）从若干个不同规格的色环标注的固定电阻器中，每次任取一个，将识别和检测的结果记入表 1-16 中。

表 1-16　　　　　　　　　　色环电阻的识别与检测

序　号	识　　别			测　　量	
	色环颜色	阻值	允许误差	量程	阻值
1					
2					
3					
4					

（3）各选一个旋转式和直滑式电位器，将识别和检测的结果记入表 1-17 中。

表 1-17　　　　　　　　　　电位器的识别与检测

序　号	识　　别			测　　量			
	色环颜色	阻值	允许误差	R_{12}	R_{13}	R_{232}	滑动端状态
1							
2							

2. 使用万用表测电容器

（1）电解电容器的测试。对电解电容器的性能测量，最主要的是容量和漏电流的测量。对于正、负极标志脱落的电容器，还应进行极性判别。

使用万用表测量电解电容的漏电流时，可用万用表的电阻挡测电阻的方法来估测。万用表的黑表笔应接电容器的"+"极，红表笔接电容器的"−"极，此时表针迅速向右摆动，然后慢慢退回，待指针不动时，其指示的电阻值越大表示电容器的漏电流越小；若指针根本不向右摆，说明电容器内部已断路或电解质已干涸而失去容量。

使用上述方法还可以鉴别电容器的正、负极。对失掉正、负极标志的电解电容器，可先假定某极为"+"，让其与万用表的黑表笔相接，另一个电极与万用表的红表笔相接，同时观察并记住表针向右摆动的幅度；将电容放电后，把两只表笔对调，重新进行上述测量，观察测量结果，表针最后停留的摆动幅度较小的，说明该次对其正、负极的假设是对的。

（2）中、小容量电容器的测试。这类电容器的特点是无正、负极之分，绝缘电阻很大，因而其漏电流很小。若用万用表的电阻挡直接测量其绝缘电阻，则表针摆动范围极小，不易观察，此法主要是检查电容器的断路情况。

对于 0.01μF 以上的电容器，必须根据容量的大小分别选择万用表的合适量程，才能正确加以判断。例如，测 300μF 以上的电容器可选择"R×10k"或"R×1k"挡，测 0.47～10μF 的电容器可用"R×1k"挡，测 0.01～0.47μF 的电容器可用"R×10k"挡等。具体方法是：用两表笔分别接触电容的两根引线（注意双手不能同时接触电容器的两极），若表针不动，将表针对调再测；如果仍不动，说明电容器断路。

对于 0.01μF 以下的电容器，不能用万用表的欧姆挡判断其是否断路，只能用其他仪表（如 Q表）进行鉴别。

（3）电容器的识别与检测。

① 从若干非电解电容器中，每次任取一个，将识别与检测的结果填入表 1-18 中。

表 1-18　　　　　　　　　　　　非电解电容器的识别与检测

序　号	识　别				检　测	
	标记	容量	耐压	误差	量程	漏电电阻
1						
2						
3						

② 从若干电解电容器中，每次任取一个，将识别与检测的结果填入表 1-19 中。

表 1-19　　　　　　　　　　　　电解电容器的识别与检测

序　号	识　别		检　测				
	标记	容量	耐压	误差	量程	正向电阻	反向电阻
1							
2							
3							

3. 使用万用表测电感器

首先进行外观检查，看线圈有无松散，引脚有无折断、生锈现象，然后用万用表的欧姆挡测量线圈的直流电阻，若为无穷大，说明线圈（或与引出线间）有断路；若比正常值小很多，说明有局部短路；若为零，则线圈被完全短路。对于有金属屏蔽罩的电感器线圈，还需检查它的线圈与屏蔽罩间是否短路；对于有磁芯的可调电感器，螺纹配合要好。

五、预习要求

了解普通万用表和数字万用表的使用方法和注意事项。

六、实验报告

（1）完成各项实验数据的测量与计算。

（2）总结本次实验的收获与体会。

七、评分标准

成绩评分标准如表 1-20 所示。

表 1-20　　　　　　　　成绩评分标准

序　号	考核项目	配分	得　分
1	正确识读电阻器的标称值	10 分	
2	正确识读电位器的标称值	10 分	
3	正确识读电容器的标称值	10 分	
4	正确检测电阻器	20 分	
5	正确检测电位器	20 分	
6	正确检测电容器	20 分	
7	严格遵守安全文明生产规程	10 分	
合　　计		100 分	
备　注	实施总时间为 45 分钟，每超时 5 分钟在总成绩中扣 5 分，最多延时 10 分钟		

Chapter

2

第2章

∣ 直流电路的分析方法 ∣

本章主要研究直流电路的分析方法，但这些电路分析方法对交流电路也同样适用。在进行电路分析之前先明确以下基本概念。

① 电路分析：在已知电路结构与元件参数的情况下，研究电路激励与响应之间的关系称为电路分析。

② 激励：推动电路工作的电源的电压或电流称为激励。

③ 响应：由于电源或信号源的激励作用，在电路中产生的电压与电流称为响应。

④ 二端网络（单口网络）：一个电路不论其内部结构如何复杂，最终只有两个端钮与外部相连，并且进出这两个端钮的电流相等，则称该电路为二端网络或单口网络。二端网络的符号如图 2-1 所示。

⑤ 无源二端网络：如果二端网络的内部不含电源元件，则称为无源二端网络。

⑥ 有源二端网络：如果二端网络的内部含有电源元件，则称为有源二端网络。

从已知有源电路中任意两个不同的电位点引出两个端点，可获得有源二端网络；把已知电路的任意一个元件的两端断开，余下的含有电源的部分电路即为有源二端网络。

⑦ 等效二端网络：若两个二端网络 N_1、N_2 具有相同的外特性，则这样的两个网络是等效二端网络，如图 2-1（a）所示。

⑧ 等效变换：内部电路结构不同的两个二端网络 N_1 和 N_2，分别接在含有电源的同一电路的 a、b 两端时，若得到的端电压和电流完全相同，则 N_1 和 N_2 具有相同的伏安关系，这两个二端网络对外电路等效，可进行等效变换。

在等效的前提下，可用一个结构简单的等效网络代替较复杂的网络。

⑨ 等效电阻：无源二端网络 N_0 在关联参考方向下，其端口电压与端口电流的比值称为该网络的等效电阻或输入电阻，常用 R_i 表示。图 2-1（b）中无源二端网络的输入电阻 $R_i = \dfrac{U}{I}$。

二端网络等效变换的条件如下。

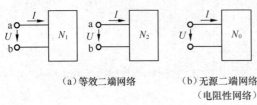

（a）等效二端网络　　（b）无源二端网络
　　　　　　　　　　　　　（电阻性网络）

图2-1　二端网络

① 两个二端网络的伏安关系完全相同。

② "等效"是指对端口以外的电路等效，对二端网络内部的电路并不等效。

二端网络等效变换的目的是分析二端网络对外部电路的作用，即计算外电路的电压和电流。

此外，还有三端、四端等多端网络。若两个 n 端网络对应各端钮间的电压、电流关系相同，则它们也是等效网络。

2.1　电阻串并联及其等效变换

2.1.1　电阻的串联

在电路中，几个电阻依次首尾相接并且中间没有分支的连接方式称为电阻的串联。

电阻串联电路的重要特点是，在电源的作用下，流过各电阻的电流处处相等。

1. 串联电路的等效电阻

电阻串联的等效电路如图 2-2 所示。

由图 2-2（a）可知，$U = U_1 + U_2 + \cdots + U_n = IR_1 + IR_2 + \cdots + IR_n = I(R_1 + R_2 + \cdots + R_n)$。

由图 2-2（b）可知，$U = IR$。

因为图 2-2（a）、（b）为等效二端网络，即 n 个电阻串联可等效为一个电阻 R，因此

$$R = R_1 + R_2 + \cdots + R_n = \sum_{i=1}^{n} R_i$$

2. 串联电阻的分压作用

由图 2-3 所示的串联电路可得到如下分压公式。

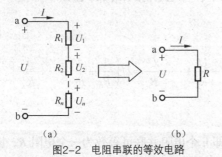

图2-2　电阻串联的等效电路

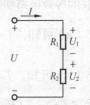

图2-3　串联电阻的分压作用

$$U_1 = IR_1 = \frac{R_1}{R_1 + R_2} U$$

$$U_2 = IR_2 = \frac{R_2}{R_1 + R_2} U$$

图 2-2 中第 k 个电阻的分压公式为

$$U_k = R_k I = \frac{R_k}{R} U$$

3. 电阻串联分压的特点

① 各电阻分得的电压均小于总电压 U。

② 各电阻分得的电压与电阻的阻值大小成正比。

③ 各电阻消耗的功率与电阻的阻值大小成正比，等效电阻消耗的功率等于各个串联电阻消耗的功率之和。

$$P_k = I^2 R_k$$

$$P = P_1 + P_2 + \cdots + P_n$$

串联电阻的分压作用广泛应用于电压表扩程、电子电路中的信号分压、衰减网络、直流电动机串电阻启动等场合。

例 2-1 如图 2-4 所示，用一个满刻度偏转电流为 $50\mu A$、电阻 R_g 为 $2k\Omega$ 的表头制成 100V 量程的直流电压表，应串联多大的附加电阻 R_f？

解： 满刻度时表头电压为

$$U_g = R_g I = 2 \times 10^3 \times 50 \times 10^{-6}\,\text{V} = 0.1\text{V}$$

附加电阻 R_f 承担的电压为

$$U_f = (100 - 0.1)\ \text{V} = 99.9\text{V}$$

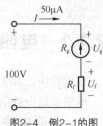

图2-4 例2-1的图

因为 $U_f = IR_f$

所以 $R_f = \dfrac{U_f}{I} = \dfrac{99.9}{50 \times 10^{-6}}\,\text{k}\Omega \approx 1998\text{k}\Omega$

解得 $R_f = 1998(\text{k}\Omega)$

2.1.2 电阻的并联

几个电阻元件接在电路中相同的两点之间，这种连接方式叫做电阻并联。

电阻并联电路的重要特点是：在电源的作用下，各电阻得到相同的电压。

1. 并联电路的等效电阻

电阻并联的等效电路如图 2-5 所示。

由图 2-5（a）可知，$I = I_1 + I_2 + \cdots + I_n = \dfrac{U}{R_1} + \dfrac{U}{R_2} + \cdots + \dfrac{U}{R_n} = U\left(\dfrac{1}{R_1} + \dfrac{1}{R_2} + \cdots + \dfrac{1}{R_n}\right)$。

由图 2-5（b）可知，$I = \dfrac{U}{R}$。

因为图 2-5（a）、（b）为等效二端网络，即 n 个电阻并联可等效为一个电阻 R，因此

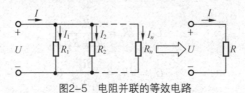

图2-5 电阻并联的等效电路

$$\frac{1}{R} = \frac{1}{R_1} + \frac{1}{R_2} + \cdots + \frac{1}{R_n}$$

或

$$G = G_1 + G_2 + \cdots + G_n$$

2．并联电阻的分流作用

由图 2-6 所示的并联电路可得到如下分流公式：

$$I_1 = \frac{U}{R_1} = \frac{R_2}{R_1 + R_2} I$$

$$I_2 = \frac{U}{R_2} = \frac{R_1}{R_1 + R_2} I$$

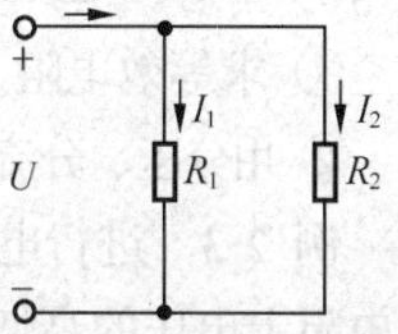

图2-6　并联电阻的分流作用

图 2-5 中第 k 个电阻的分流公式为

$$I_k = \frac{U}{R_k} = \frac{R}{R_k} I$$

式中，R 为等效电阻。

电阻并联分流的特点如下。

① 各电阻分得的电流均小于总电流 I。

② 各电阻分得的电流与电阻的阻值大小成反比。

③ 各电阻消耗的功率与电阻的阻值大小成反比，等效电阻消耗的功率等于各个并联电阻消耗的功率之和。

$$P_k = \frac{U^2}{R_k}$$

$$P = P_1 + P_2 + \cdots + P_n$$

并联电阻的分流作用广泛应用于电流表扩程及用电器的并联使用等场合。实用中常说的"负载增加"是指并联的负载越来越多、总电阻 R 越来越小、电源供给的电流和功率越来越大的情况。

例 **2-2**　如图 2-7 所示，用一个满刻度偏转电流为 50μA、电阻 R_g 为 2kΩ 的表头制成量程为 50mA 的直流电流表，应并联多大的分流电阻 R_f？

解：由题意可知，$I_g = 50\,\mu A$，$R_g = 2\,000\,\Omega$，$I = 50\,mA$

表头承担的电压为：$U_g = I_g R_g = 0.1V$

因为 $I_2 = I - I_g = (50 \times 10^{-3} - 50 \times 10^{-6})\,A$

所以 $R_f = \dfrac{U_g}{I_2} = \dfrac{0.1}{50 \times 10^{-3} - 50 \times 10^{-6}}\,\Omega = 2.002\,\Omega$

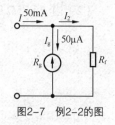

图2-7　例2-2的图

2.1.3　电阻的混联

既有电阻串联又有电阻并联的电路称为电阻混联电路。

电阻混联电路属于简单电路。利用电阻串、并联电路的特点可将混联电路化简为一个等效电阻。

1．混联电路等效电阻的计算步骤

首先把电路整理并简化成容易看清的串联或并联关系，方法如下。

① 在电路中各电阻连接点上标注一个字母，但等电位点用同一字母标出。

② 将各字母按顺序在水平方向排列（待求电路两端的字母放在相应位置）。

③ 把各电阻填在对应的两个字母之间。

④ 根据电阻串、并联的定义依次求出等效电阻。

然后根据简化的电路进行计算。

2. 简单电路的计算步骤

① 求等效电阻，计算出总电压（或总电流）。

② 用分压、分流公式逐步计算出化简前原电路中各电阻的电流、电压。

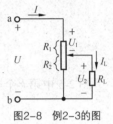

图2-8 例2-3的图

例 **2-3** 进行电工实验时，常用滑线变阻器接成分压器电路来调节负载电阻上电压的高低。图 2-8 中 R_1 和 R_2 是滑线变阻器分成的两部分电阻，R_L 是负载电阻。已知滑线变阻器的额定值是 100Ω、3A，端钮 a、b 上的输入电压 U=220V，R_L=50Ω。试问：

（1）当 R_2=50Ω 时，输出电压 U_2 是多少？

（2）当 R_2=75Ω 时，输出电压 U_2 是多少？滑线变阻器能否安全工作？

解： 该电路的串、并联关系简单，不需要画等效电路。

（1）当 R_2=50Ω 时，R_2 和 R_L 并联后再与 R_1 串联，故端钮 a、b 的等效电阻 R_{ab} 为

$$R_{ab} = R_1 + \frac{R_2 R_L}{R_2 + R_L} = \left(50 + \frac{50 \times 50}{50 + 50}\right)\Omega = 75\Omega$$

滑线变阻器 R_1 段流过的电流即为总电流，其大小为

$$I = \frac{U}{R_{ab}} = \frac{220}{75}\text{A} = 2.93\text{A}$$

负载电阻流过的电流可由分流公式求得，即

$$I_L = \frac{R_2}{R_2 + R_L} \times I = \frac{50}{50 + 50} \times 2.93\text{A} = 1.47\text{A}$$

$$U_2 = R_L I_L = 50 \times 1.47\text{V} = 73.5\text{V}$$

（2）当 R_2=75Ω 时，计算方法同上，可得

$$R_{ab} = \left(25 + \frac{75 \times 50}{75 + 50}\right)\Omega = 55\Omega$$

$$I = \frac{220}{55}\text{A} = 4\text{A}$$

$$I_L = \frac{75}{75 + 50} \times 4\text{A} = 2.4\text{A}$$

$$U_2 = 50 \times 2.4\text{V} = 120\text{V}$$

因为 I=4A，大于滑线变阻器的额定电流 3A，R_1 段电阻有被烧坏的危险。

例 **2-4** 如图 2-9 所示，U_{AB} = 6V，$R_1 = R_2 = R_3 = 2\ \Omega$，当开关 S_1、S_2 同时打开或同时合上时，求 R_{AB} 和 I_{AB}。

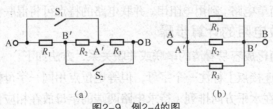

（a）　　　　　　　　　　（b）

图2-9 例2-4的图

解：当开关S_1、S_2同时打开时，3个电阻属于串联关系。

$$R_{AB} = R_1 + R_2 + R_3 = (2+2+2)\ \Omega = 6\Omega$$

$$I_{AB} = \frac{U_{AB}}{R_{AB}} = \frac{6}{6}A = 1A$$

当开关S_1、S_2同时闭合时，等效电路如图2-9（b）所示。

$$R_{AB} = R_1 // R_2 // R_3 = 2//2//2\Omega = 2/3\Omega$$

$$I_{AB} = \frac{U_{AB}}{R_{AB}} = \frac{6}{2/3}A = 9A$$

例2-5 如图2-10（a）所示，$R_1 = R_2 = R_3 = R_4 = R_5 = 1\Omega$，求A、B间的等效电阻$R_{AB}$。

解：首先根据求混联电路等效电阻的步骤，画出如图2-10（b）所示的等效电路。

由等效图可知，R_3、R_4先串联后再与R_5并联，它们的等效电阻与R_2串联后再与R_1并联。

A、B两端的等效电阻为

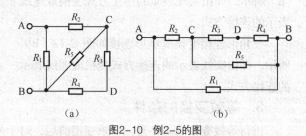

图2-10 例2-5的图

$$R_{AB} = [(1+1)//1+1]//1\Omega = \frac{5}{8}\Omega$$

2.1.4 电阻星形连接、三角形连接及其等效变换

无源三端网络是具有3个引出端且内部无任何电源（独立源与受控源）的电路。

图2-11所示为星形连接的无源三端网络，图2-12所示为三角形连接的无源三端网络。在电路分析中这两种无源三端网络在满足一定条件时可进行等效变换。下面分析两者相互等效变换的公式。

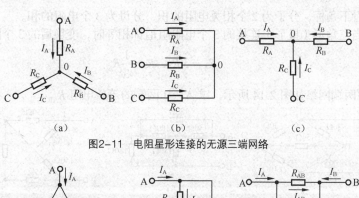

图2-11 电阻星形连接的无源三端网络

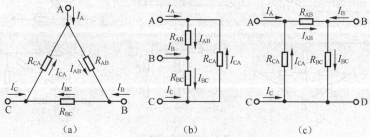

图2-12 电阻三角形连接的无源三端网络

1．电阻星形和三角形连接的特点

电阻星形连接的特点是 3 个电阻的一端连接在一个节点上，呈放射状。如图 2-11 所示。星形连接或 T 形连接用符号 Y 表示。

电阻三角形连接的特点是 3 个电阻依次首尾相接，呈环状，如图 2-12 所示。三角形连接或 π 形连接用符号 Δ 表示。

2．电阻星形和三角形变换图

电阻星形连接变换成三角形连接如图 2-13（a）所示，即由实线表示的连接方式变换成虚线表示的连接方式。

三角形连接变换成星形连接如图 2-13（b）所示，即由实线表示的连接方式变换成虚线表示的连接方式。

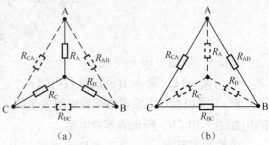

图2-13 电阻星形连接和三角形连接变换图

3．等效变换的条件

进行等效变换的条件是：要求变换前后，对于外部电路而言，流入（出）对应端子的电流以及各端子之间的电压必须完全相同。

4．等效变换关系

（1）已知星形连接的电阻 R_A 、 R_B 、 R_C ，求等效三角形连接的电阻 R_{AB} 、 R_{BC} 、 R_{CA} 。

$$R_{AB} = R_A + R_B + \frac{R_A R_B}{R_C}, \quad R_{BC} = R_B + R_C + \frac{R_B R_C}{R_A}, \quad R_{CA} = R_A + R_C + \frac{R_A R_C}{R_B}$$

公式特征：看下角标，2 个相关电阻的和再加上 2 个相关电阻的积除以另 1 个电阻的商。

（2）已知三角形连接的电阻 R_{AB} 、 R_{BC} 、 R_{CA} ，求等效星形电阻 R_A 、 R_B 、 R_C 。

$$R_A = \frac{R_{AB} R_{CA}}{R_{AB} + R_{BC} + R_{CA}}, \quad R_B = \frac{R_{BC} R_{AB}}{R_{AB} + R_{BC} + R_{CA}}, \quad R_C = \frac{R_{CA} R_{BC}}{R_{AB} + R_{BC} + R_{CA}}$$

公式特征：看下角标，分子为 2 个相关电阻的积，分母为 3 个电阻的和。

特殊情况：当三角形（星形）连接的 3 个电阻阻值都相等时，变换后的 3 个阻值也应相等。

$$R_\Delta = 3 R_Y, \quad R_Y = \frac{1}{3} R_\Delta$$

例 2-6 无源两端网络如图 2-14 所示，求 A、B 两端的等效电阻 R_{AB} 。

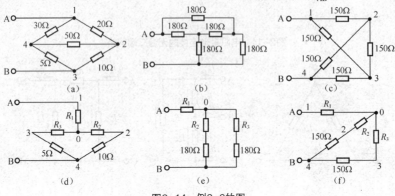

图2-14 例2-6的图

解：图 2-14 中（a）、（b）、（c）图经过△-Y 等效变换，可分别得到图 2-14（d）、（e）、（f）所示的对应电路。其中：

图（d）中，$R_1 = \dfrac{30 \times 20}{30 + 20 + 50}\Omega = 6\Omega$，$R_2 = \dfrac{20 \times 50}{30 + 20 + 50}\Omega = 10\Omega$，$R_3 = \dfrac{30 \times 50}{30 + 20 + 50}\Omega = 15\Omega$，

$R_{AB} = 16\Omega$

图（e）中，$R_1 = R_2 = R_3 = 60\Omega$，$R_{AB} = 180\Omega$

图（f）中，$R_1 = R_2 = R_3 = 50\Omega$，$R_{AB} = 150\Omega$

思考与练习

（1）什么是等效二端网络？两个二端网络对外电路等效的条件是什么？"等效"是对哪部分电路等效？对哪部分电路不能等效？进行等效变换的目的是什么？

（2）求图 2-15 中 A、B 两端的等效电阻。

（3）一个直流电表表头的满偏电流 $I_g = 50\text{ uA}$，电阻 $R_g = 3\text{ k}\Omega$。欲使其构成量程是 2.5V 和 10V 的电压表，电路如图 2-16 所示，计算 R_1 和 R_2 的阻值。

（4）一个直流电表表头的满偏电流 $I_g = 2\text{ mA}$，电阻 $R_g = 5\text{ k}\Omega$。欲使其构成量程是 1A 的电流表，电路如图 2-17 所示，计算并联电路 R_f 的阻值。

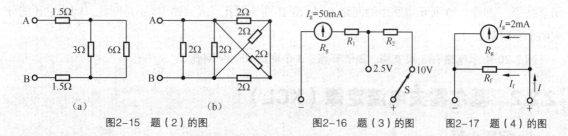

（a）　　　　　　　　（b）
图2-15 题（2）的图　　　　图2-16 题（3）的图　　　图2-17 题（4）的图

（5）求图 2-18 中 A、B 两端的等效电阻。

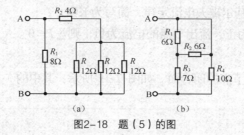

（a）　　　　　　　（b）
图2-18 题（5）的图

（6）利用 Y—△等效变换，求图 2-19 所示电路中 A、B 两端的等效电阻。

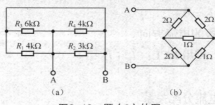

（a）　　　　　　（b）
图2-19 题（6）的图

2.2　基尔霍夫定律

2.2.1　几个有关的电路名词

① 支路：通过同一电流的每个分支称为支路，每一支路上通过的电流称为支路电流。如图 2-20 所示电路中的 I_1、I_2、I_3 均为支路电流。

② 节点：3 条或 3 条以上支路的连接点称为节点。例如，图 2-20 所示电路中的节点 a 和节点 b。

③ 回路：电路中任意一个闭合路径称为回路。如图 2-20 所示电路中的回路 I、回路 II 及 $a-R_2-E_2-b-E_1-R_1-a$ 构成的大回路 III。

④ 网孔：不能再分的回路称为网孔，即不包含其他支路的单一闭合路径。如图 2-20 所示电路中的回路 I、回路 II 即为网孔。大回路 III 不是网孔，因为它还能分成两个小回路 I、II。

图 2-20 所示电路有 3 条支路、2 个节点、3 个回路和 2 个网孔。

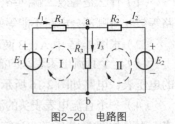

图2-20　电路图

2.2.2　基尔霍夫电流定律（KCL）

1. 定律内容

在任一瞬时，流入任意一个节点的电流之和必定等于从该节点流出的电流之和，所有电流均为正，即 $\sum I_入 = \sum I_出$。这就是基尔霍夫电流定律，简写为 KCL。

若规定流入节点的电流为正，流出节点的电流为负，则 $\sum I = 0$。

2. 推广应用

KCL 也适用于包围几个节点的闭合面。如图 2-21 所示，其中的虚线圈内可看成一个封闭面。

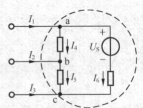

图2-21　包围几个节点的闭合面

节点 a：$I_1 - I_4 - I_6 = 0$

节点 b：$I_2 + I_4 - I_5 = 0$

节点 c：$I_3 + I_5 + I_6 = 0$

以上 3 式相加得：$I_1 + I_2 + I_3 = 0$

图 2-22 所示为三极管各电极的电流方向。

把三极管看成一个封闭面，应用 KCL：$I_B + I_C - I_E = 0$

变换后得到：$I_E = I_B + I_C$

这就是三极管各电极间的电流分配关系。

图2-22　三极管电流流向图

|2.2.3　基尔霍夫电压定律（KVL）|

1. 定律内容

① 任何时刻沿着任一个回路绕行一周，各电路元件上电压降的代数和恒等于零，即

$$\sum U = 0 \tag{2-1}$$

这就是基尔霍夫电压定律，简写为 KVL。电压参考方向与回路绕行方向一致时取正号，相反时取负号。

如图 2-23（a）所示，从 A 点出发，沿顺时针方向绕一周，再回到 A 点，列出 KVL 方程为

$$U_{S1} + U_1 - U_2 - U_{S2} + U_3 + U_4 = 0$$

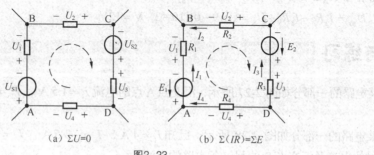

(a) $\sum U = 0$　　　　　　　(b) $\sum (IR) = \sum E$

图2-23

式（2-1）不涉及元件的性质，具有普遍性，也适用于非线性电路。

② 若电路中只包含线性电阻和电压源，则回路中所有电阻上电压降的代数和恒等于回路中电压源电压的代数和，即

$$\sum (IR) = \sum E \tag{2-2}$$

这就是基尔霍夫电压定律的另一种形式，其中电压源的电压 $U_S = E$。式（2-2）中电流参考方向与回路绕行方向一致时 IR 前取正号，相反时取负号；电压源电压的方向与回路绕行方向一致时 E 前取负号，相反时取正号。

仍以图 2-23（a）所示的回路为例，并将该电路重画，如图 2-23（b）所示，可列出 KVL 方程为

$$I_1 R_1 - I_2 R_2 - I_3 R_3 + I_4 R_4 = -E_1 + E_2$$

2. 推广应用

KVL 定律也适用于任一假想的闭合回路。

如图 2-24 所示，这是一个假想的闭合电路。应用 KVL 方程 $\sum U = 0$，得出

$$U_{ab} + U_{S3} + I_3 R_3 - I_2 R_2 - U_{S2} - I_1 R_1 - U_{S1} = 0$$

假想的闭合电路如图 2-25 所示。

对图 2-25（a）应用 KVL 方程 $\sum U = 0$，得出 $U_A - U_B - U_{AB} = 0$

对图 2-25（b）应用 KVL 方程 $\sum U = 0$，得出 $U_S - IR - U = 0$

例 2-7　如图 2-26 所示电路中，已知 $U_{S1} = 12\,\text{V}$，$U_{S2} = 3\,\text{V}$，$R_1 = 3\,\Omega$，$R_2 = 9\,\Omega$，$R_3 = 10\,\Omega$，求 U_{ab}。

解： 由 KCL 得 $I_3 = 0$，$I_2 = I_1$

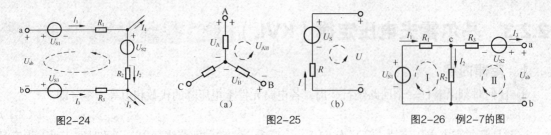

图2-24　　　　　　　图2-25　　　　　　　图2-26　例2-7的图

对回路 I 由 KVL 得 $I_1R_1 + I_2R_2 = U_{S1}$

解得： $I_2 = I_1 = \dfrac{U_{S1}}{R_1 + R_2} = \dfrac{12}{3+9}\text{A} = 1\text{A}$

对回路 II 由 KVL 得 $U_{ab} - I_2R_2 + I_3R_3 - U_{S2} = 0$

解得： $U_{ab} = I_2R_2 - I_3R_3 + U_S = (1\times9 - 0\times10 + 3)\text{ V} = 12\text{V}$

思考与练习

（1）某电路的一部分如图 2-27 所示，汇交点 A 点的电流 $I_1 = 1.5\,\text{A}$，$I_2 = -2.5\,\text{A}$，$I_3 = 3\,\text{A}$，求电流 I_4。

（2）某电路的一部分如图 2-28 所示，已知 $I_1 = 4\,\text{A}$，$I_2 = -3.5\,\text{A}$，$I_3 = 1\,\text{A}$，$I_4 = -8\,\text{A}$，求电阻 R 上流过的电流及汇交点 B 的另一条支路的电流。

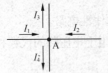 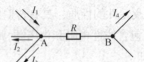

图2-27　题（1）的图　　　　　　图2-28　题（2）的图

（3）电路如图 2-29 所示，求各元件上的电压。

（4）指出图 2-30 中的支路数、节点数、回路数和网孔数，列出中间网孔的回路电压方程。

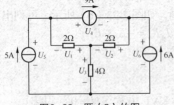 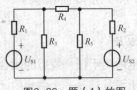

图2-29　题（3）的图　　　　　　图2-30　题（4）的图

（5）应用 KVL 求图 2-31 中的电压 U_{ab}。

（6）电路如图 2-32 所示，写出电压 U 的表达式。

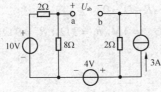 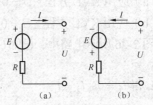

图2-31　题（5）的图　　　　　　图2-32　题（6）的图

仿真实验　基尔霍夫定律的验证

一、实验目的

（1）熟悉 EWB 软件的使用。

（2）理解基尔霍夫定律及其应用。

（3）进一步理解电流、电压的参考方向。

二、实验原理

1. 节点电流定律

在任一瞬时，流入任意一个节点的电流之和必定等于从该节点流出的电流之和，即

$$\sum I_\text{入} = \sum I_\text{出}$$

这就是基尔霍夫电流定律，简写为 KCL。式中所有电流均为正。

若规定流入节点的电流为正，流出节点的电流为负，则 $\sum I = 0$ 。

2. 回路电压定律

任何时刻沿着任意一个回路绕行一周，各电路元件上电压降的代数和恒等于零，即

$$\sum U = 0$$

这就是基尔霍夫电压定律，简写为 KVL。式中电压的参考方向与回路绕行方向一致时取正号，相反时取负号。

三、仿真实验内容与步骤

（1）启动 EWB。

（2）在 EWB 工作环境中绘制仿真电路图。

① 绘制 KCL 仿真电路，如图 2-33 所示（已按下仿真开关）。

② 绘制 KVL 仿真电路，如图 2-34 所示（已按下仿真开关）。

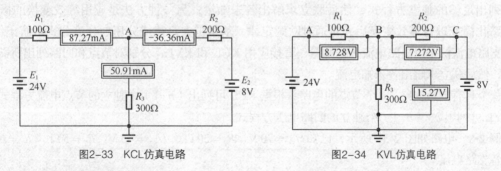

图2-33　KCL仿真电路　　　　　图2-34　KVL仿真电路

其中：电阻及连接点在基本器件库中，电流源、电压源及接地符号在电源器件库中，电流表、电压表在指示器件库中。

直流电流表、电压表带粗黑线的一端为负极。

（3）按表 2-1 要求测出各支路电流和各元件电压并记入表中。

表 2-1　　　　　　　　　　仿真结果

E_1/V	E_2/V	I_{AB}/mA	I_{CB}/mA	I_{BC}/mA	U_{AB}/V	U_{BD}/V	U_{CB}/V
24V	8V						

（4）改变电路参数后重新测量，将测量结果记入表 2-1 中。

（5）根据测量数据验证：

① 节点 A 是否满足 $\Sigma I = 0$。

② 每条回路是否满足 $\Sigma U = 0$。

2.3　支路电流法

复杂直流电路是不能用电阻串、并联特点及欧姆定律进行分析的直流电路。

分析复杂直流电路的基本依据有以下两个。

① 欧姆定律：各个电路元件本身必须遵循的基本规律，即线性元件的伏安特性。例如，线性电阻的伏安特性必须符合欧姆定律。

② 基尔霍夫定律：各部分电压、电流之间必须遵循的基本规律。

解决复杂电路问题的方法有两种。一种方法是根据电路待求的未知量，直接应用基尔霍夫定律列出足够的独立方程式，然后联立求解出各未知量；另一种方法是应用等效变换的概念，将电路化简或进行等效变换后，再通过欧姆定律、基尔霍夫定律或分压、分流公式求解出结果。

支路电流法是以支路电流为未知量，直接应用 KCL 和 KVL，分别对节点和回路列出所需的方程式，然后联立求解出各未知电流。

一个具有 b 条支路、n 个节点的电路，根据 KCL 可列出（$n-1$）个独立的节点电流方程式，根据 KVL 可列出 $b-$（$n-1$）个独立的回路电压方程式。

例 2-8　电路如图 2-35 所示，已知 $U_{S1} = 70\,V$，$R_1 = 20\,\Omega$，$U_{S2} = 45\,V$，$R_2 = 5\,\Omega$，$R_3 = 6\,\Omega$，计算各支路电流。

解：（1）审题。看清电路结构、电路参数及待求量。本电路有 2 个节点、3 条支路、3 个回路（2 个网孔）。3 个支路电流是待求量。

（2）列 KCL 方程。假定各支路电流 I_1、I_2、I_3 及参考方向如图 2-35 所示。

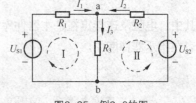

图2-35　例2-8的图

根据 2 个节点，可列出 2-1=1 个独立的 KCL 方程。

节点 a：$I_1 + I_2 - I_3 = 0$

（3）列 KVL 方程。根据 2 个网孔，可列出 3−(2−1)=2 个独立的 KVL 方程。

$$I_1 R_1 + I_3 R_3 = U_{S1}$$
$$I_2 R_2 + I_3 R_3 = U_{S2}$$

（4）解联合方程组

$$I_1 + I_2 - I_3 = 0$$
$$I_1 R_1 + I_3 R_3 = U_{S1}$$
$$I_2 R_2 + I_3 R_3 = U_{S2}$$

（5）代入数据后，经过联合求解，求得 $I_1 = 2\,\text{A}$，$I_2 = 3\,\text{A}$，$I_3 = 5\,\text{A}$。

电流为正值，说明它们的实际方向与参考方向相同；若计算结果电流为负值，说明它们的实际方向与参考方向相反。

思考与练习

（1）电路如图 2-36 所示，已知 $U_{S1} = 8\,\text{V}$，$U_{S2} = 18\,\text{V}$，$U_{S3} = 36\,\text{V}$，$R_1 = 4\,\Omega$，$R_2 = 6\,\Omega$，$R_3 = 16\,\Omega$，用支路电流法求各支路电流。

（2）用支路电流法求图 2-37 中各支路的电流。

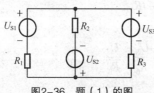
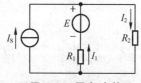

图2-36　题（1）的图　　　　　　图2-37　题（2）的图

（3）电路如图 2-38 所示，用支路电流法求各支路电流。

（4）电路如图 2-39 所示，列出用支路电流法求解各支路电流所需的独立方程（不需要计算）。

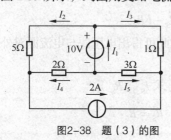
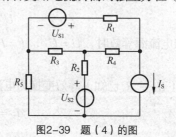

图2-38　题（3）的图　　　　　　图2-39　题（4）的图

2.4　电压源与电流源模型的等效变换

一个实际电源的作用既可以用电压源模型表示，也可以用电流源模型表示。这两种电源模型在其二端口的伏安关系完全相等时可以进行等效变换。将电压源和电流源进行等效变换是一种分析电路工作情况的方法，有时还可以用来计算复杂电路。

2.4.1 等效的意义

图 2-40（a）所示为一个电压源，具有电动势 E 和内阻 R_0；图 2-40（b）所示为一个电流源，具有恒流源 I_S 和并联内阻 R_S。如果它们外接任何同样的负载，这两个电源都为该负载提供相同的电压和相同的电流，即 $U = U'$，$I = I'$，则对这个负载来说，电压源和电流源是相互等效的，它们之间可以进行等效变换。

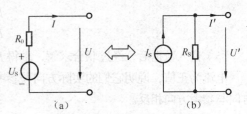

图2-40　电压源和电流源的等效变换

图 2-40（a）所示的电压源可以等效变换成图 2-40（b）所示的电流源。

2.4.2 等效变换的条件

由图 2-40（a）所示电路，根据 KVL 可以推导出

$$U = U_S - IR_0$$

则负载电流为

$$I = \frac{U_S - U}{R_0} = \frac{U_S}{R_0} - \frac{U}{R_0}$$

由图 2-40（b）所示电路，根据 KCL 可以推导出

$$I' = I_S - \frac{U'}{R_S}$$

则负载端电压为

$$U' = I_S R_S - I' R_S$$

当电压源和电流源等效时，$U = U'$，$I = I'$，由此可得出电压源与电流源对外电路等效的条件如下。

① 电压源（U_S、R_0 已知）等效变换为电流源（求 I_S、R_S）：

$$I_S = \frac{U_S}{R_0}, \quad R_S = R_0$$

② 电流源（I_S、R_S 已知）等效变换为电压源（求 U_S、R_0）：

$$U_S = I_S R_S, \quad R_0 = R_S$$

等效变换后两种电源模型的内阻相等，即 $R_0 = R_S$，并且电压源与电流源方向相同。

例 2-9 用电源模型等效变换的方法求图 2-41（a）所示电路的电流 I_1 和 I_2。

解：先将图 2-41（a）中的电压源变换为电流源，如图 2-41（b）所示。

将图 2-41（b）中的两个电流源合并后等效变换为图 2-41（c）。

如图 2-41（c）所示，由分流公式得出

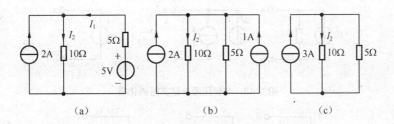

图2-41　例2-9的图

$$I_2 = \frac{5}{10+5} \times 3\mathrm{A} = 1\mathrm{A}$$

如图 2-41（a）所示，由 KCL 得出

$$I_1 = I_2 - 2 = (1-2)\ \mathrm{A} = -1\mathrm{A}$$

例 2-10　将图 2-42（a）所示电路等效化简为电压源模型。

解： 该电路包含 3 个电源，最后的结果要求变换为电压源。分析图 2-42（a）可知，应先把左侧的两个电源想办法变成与右侧电压源串联的形式。先把最左侧的 6V 电压源与 6Ω 电阻的串联组合变为电流源，与其右侧的电流源合并，整个电路的化简过程如图 2-42 所示。

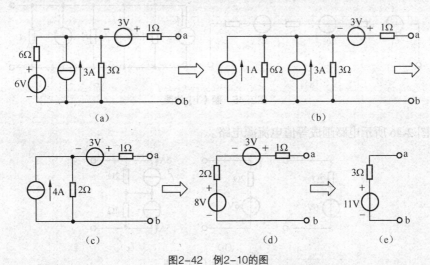

图2-42　例2-10的图

2.4.3　电源等效化简和变换的注意事项

①　理想电源（即恒压源和恒流源）不能进行等效变换。恒压源输出电压恒定，恒流源没有这样的性质；同样，恒流源输出电流恒定，恒压源也没有这样的性质。因此二者不能进行等效变换。

②　与恒压源并联的电阻、恒流源等对二端口以外的电路来说不起作用，故从对外部电路等效来说，内部与恒压源并联的支路可以断开，如图 2-43 所示。

③　与恒流源串联的电阻、恒压源等对两端口以外的电路来说不起作用，故从对外部电路等效来说，内部与恒流源串联的电阻、恒压源等可以将其两端短路，如图 2-44 所示。

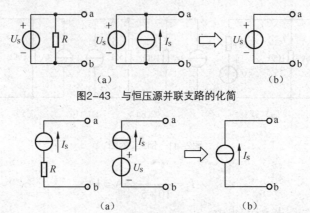

图2-43　与恒压源并联支路的化简

图2-44　与恒流源串联元件的化简

| 思考与练习 |

（1）如图 2-45 所示，用一个等效电源替代下列各有源二端网络。

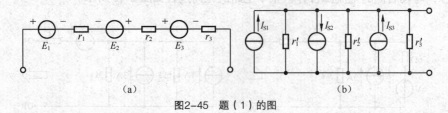

图2-45　题（1）的图

（2）将图 2-46 所示电路画成等值电流源电路。

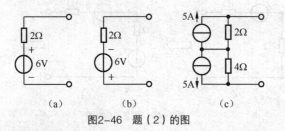

图2-46　题（2）的图

（3）将图 2-47 所示电路画成等值电压源电路。

（4）将图 2-48 所示电路化简为等效的电压源模型。

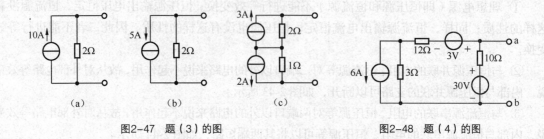

图2-47　题（3）的图　　　　　　　　图2-48　题（4）的图

叠加原理

2.5.1　叠加原理

　　叠加原理是反映线性电路基本性质的一个重要原理，它是分析线性电路的重要方法和依据。掌握这个原理将使我们对线性电路的认识进一步深入。叠加原理可用来简化电路的分析和计算，也可在此基础上推导出其他定律、定理。

1．叠加原理的内容

　　对于线性电路，任何一条支路的电流或任意两点间的电压都可以看成是由电路中的各个独立源单独作用时，在该支路所产生的电流或该两点间所产生电压的代数和。

2．独立源置零处理

　　每个独立源单独作用时，应将其他独立源置零，而其内阻保留在原电路中不变。

　　电压源置零（ $E=0$ ）相当于短路（用一根导线将"+"、"−"两端短接），电流源置零（ $I_S=0$ ）相当于电流源两端开路。

3．叠加原理的图形说明

　　图 2-49（a）中已标出各支路电流的参考方向，各电压源单独作用时的电路如图 2-49（b）、（c）所示。对于图 2-49（a）所示电路中的各电流，应用叠加原理可分别由下列各式求出：

$$I_1 = I' + I''\quad I_2 = I' + I''\quad I_3 = I' + I''$$

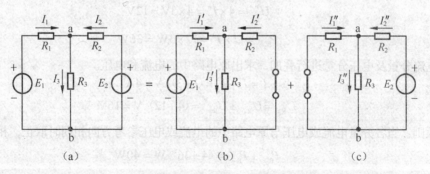

图2-49　叠加原理的图形说明

若某分电流的参考方向与待求电流的参考方向相反时，该分电流应取负号。

2.5.2　用叠加原理求解的步骤

利用叠加原理可以将一个复杂电路先分解成几个简单电路来分析计算，然后将各分量的计算结果进行叠加，就可以求出原电路中的电流或电压。

下面结合例题说明用叠加原理求解的步骤。

例 2-11　如图 2-50（a）所示，已知恒压源 $E = 10\,\text{V}$，恒流源 $I_S = 5\,\text{A}$，试用叠加原理求流过 $R_2 = 4\,\Omega$ 电阻的电流 I 及两端的电压 U_{R_2}。

解： 假定待求支路电流 I 及电压 U_{R_2} 的参考方向如图 2-50（a）所示。

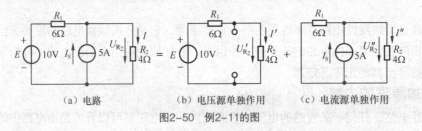

| （a）电路 | （b）电压源单独作用 | （c）电流源单独作用 |

图2-50　例2-11的图

求各电源单独作用时待求支路的电流分量及电压分量。

① 设电压源单独作用，令 5A 电流源不起作用，即等效为开路，此时电路如图 2-50（b）所示。

$$I' = \frac{E}{R_1 + R_2} = \frac{10}{6+4}\,\text{A} = 1\,\text{A}$$

$$U'_{R_2} = 4 \times I' = 4 \times 1\,\text{V} = 4\,\text{V}$$

$$P_{R_2}' = U' \times I' = 4 \times 1\,\text{W} = 4\,\text{W}$$

② 设电流源单独作用，令 10V 电压源不起作用，即等效为短路，此时电路如图 2-50（c）所示。

$$I'' = I_S \frac{R_1}{R_1 + R_2} = 5 \times \frac{6}{6+4}\,\text{A} = 3\,\text{A}$$

$$U''_{R_2} = 4 \times I'' = 4 \times 3\,\text{V} = 12\,\text{V}$$

$$P_{R_2}'' = U \times I'' = 12 \times 3\,\text{W} = 36\,\text{W}$$

将各电流分量及电压分量进行叠加，求出原电路中的电流和电压。

$$I = I' + I'' = (1+3)\,\text{A} = 4\,\text{A}$$

$$U_{R_2} = U_{R_2}' + U_{R_2}'' = (4+12)\,\text{V} = 16\,\text{V}$$

叠加原则：当各分量电流或电压与原电路中的电流或电压参考方向相同时取正，相反时取负。

$$P_{R_2}' + P_{R_2}'' = (4+36)\,\text{W} = 40\,\text{W}$$

R_2 电阻实际消耗的功率为

$$P_{R_2} = 4I^2 = 4 \times 4^2\,\text{W} = 64\,\text{W}$$

$$P_{R_2} \neq P_{R_2}' + P_{R_2}''$$

可见，功率不能用叠加原理计算。

应用叠加定理要注意以下问题。

① 叠加定理只适用于线性电路,对非线性电路不适用。

② 应用叠加定理对电路进行分析,可以看出各个电源对电路的影响,尤其是交、直流共同存在的电路。

③ 不起作用的电压源置零,即仅将恒压源两端短接,保留其内阻;不起作用的电流源置零,即仅将恒流源两端开路,保留其内阻。

④ 叠加时各个响应分量是求代数和,即响应分量与总响应参考方向一致时取正号,相反时取负号。

⑤ 叠加定理只能用于电流或电压的计算。因为功率不是电压或电流的一次函数,所以不能用叠加定理计算功率。

叠加原理主要用于分析电路或对一些定理、结论、推论的证明、推导和论证,一般情况下很少用叠加原理进行计算。

思考与练习

(1)能否用叠加原理计算功率?

(2)图 2-51(a)、(b)、(c)所示电路中,各对应电源及电阻的参数都相同。若已知 $I_2 = 14\ \text{A}$,$I_2' = 22\ \text{A}$,计算 I_2''。

(3)电路如图 2-52 所示,已知 $U_\text{S} = 10\ \text{V}$,$I_\text{S} = 6\ \text{A}$,$R_1 = 5\ \Omega$,$R_2 = 3\ \Omega$,$R_3 = 5\ \Omega$,用叠加定理求流径 R_3 的电流 I。

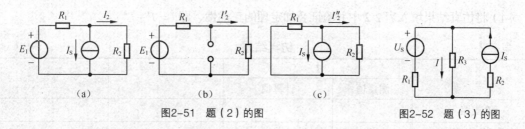

图2-51 题(2)的图 　　　　　　图2-52 题(3)的图

仿真实验　叠加定理的验证

一、实验目的

(1)熟悉 EWB 软件的使用。

(2)理解叠加定理。

(3)加深对叠加定理适用范围的认识。

二、实验原理

当线性电路中有几个电源共同作用时,各支路的电流(或电压)等于各个电源单独作用时在该支路产生的电流(或电压)的代数和。

说明

当某一独立源单独作用时,其他独立源置零(内阻保留)。电压源置零($E = 0$)相当于用一根导线将"+"、"-"两端短路,电流源置零($I_\text{S} = 0$)相当于电流源两端开路。

三、实验内容及步骤

（1）按图 2-53 在 EWB 工作环境中连接电路。电流源、电压源同时作用时合上仿真开关，记录 R 支路的电流 I。测试结果如图 2-53 所示。

（2）将电压源两端用短路线短接，电流源单独作用时，合上仿真开关，记录 R 支路的电流 I'，如图 2-54（a）所示。

（3）将电流源所在的支路开路。电压源单独作用时，合上仿真开关，记录 R 支路的电流 I''，如图 2-54（b）所示。

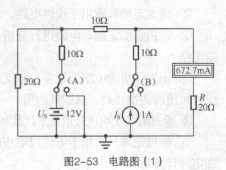

图2-53 电路图（1）

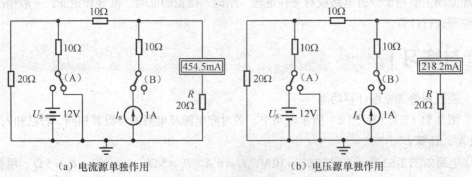

（a）电流源单独作用　　　　　　　（b）电压源单独作用

图2-54 电路图（2）

（4）将仿真结果填入表 2-2 中并验证叠加定理的正确性，即 $I = I' + I''$。

表 2-2　　　　　　　　　　　　　　仿真结果

	I		I'	I''
	测量值	计算值		
R 支路				
其他支路				

（5）用同样的方法可验证其他各支路电流或电压（也使用叠加原理）。

 # 戴维南定理

2.6.1　戴维南定理

在一个复杂电路的分析中，有时只需要研究某一支路的电流、电压或功率，无须把所有的未知量都计算出来，若用一般的电路分析方法（如支路电流法）计算较麻烦。戴维南定理给出了求有源线性二端网络等效电源的普遍适用方法，可以方便地计算出复杂电路中某一支路的电流、电压或功率，同时戴维

南定理还是电路分析中一个重要的定理和方法。

1. 戴维南定理的内容

对于外部电路来说，任何一个线性有源二端网络都可以用一个等效电压源模型来代替。等效电压源的电动势 E 等于该线性有源二端网络的开路电压 U_{OC}，其内阻 R_0 等于将该有源二端网络变成无源两端网络后的等效输入电阻。

2. 戴维南定理的图形描述

如图 2-55（a）所示，对外电路（如负载 R_L）来说，有源二端网络 N 可用等效电压源（恒压源 E 和内阻 R_0 串联支路）来代替，如图 2-55（b）所示。

将有源二端网络 N 与外电路（负载 R_L）断开，求出开路电压 U_{OC}，如图 2-55（c）所示，则等效电压源的电动势 $E = U_{OC}$。

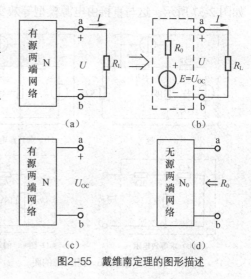

图2-55 戴维南定理的图形描述

将有源二端网络 N 中的恒压源短路、恒流源开路，可获得图 2-55（d）所示的无源两端网络，由此可求出等效电压源的内阻 R_0。

2.6.2 戴维南定理的解题步骤

下面结合实例说明应用戴维南定理计算某一条支路电路的解题步骤。

例 2-12 用戴维南定理求图 2-56（a）所示电路中的电流 I。

解：首先将电路分成有源二端网络和待求支路两部分。

如图 2-56（a）所示电路中，虚线框内为有源二端网络，3Ω 电阻为待求电流支路。

然后断开待求支路，求有源二端网络的开路电压 U_{OC}。

将图 2-56（a）所示电路的待求支路断开，得到有源二端网络，如图 2-56（b）所示。其开路电压 U_{OC} 为

$$U_{OC} = \left(2 \times 3 + \frac{6}{6+6} \times 24\right) \text{V} = (6+12) \ \text{V} = 18\text{V}$$

接着求有源二端网络除源后的等效电阻 R_0。

将图 2-56（b）中的电压源短路，电流源开路，得到除源后的无源二端网络，如图 2-56（c）所示，由图 2-56（c）可求得等效电阻 R_0 为

$$R_0 = \left(3 + \frac{6 \times 6}{6+6}\right)\Omega = (3+3) \ \Omega = 6\Omega$$

最后将有源二端网络用一个等效电压源代替，画出其等效电路图，接上待求支路，求出待求支路的电流（或电压或功率）。

根据求出的 U_{OC} 和 R_0 画出戴维南等效电路并接上待求支路，得到图 2-56（a）的等效电路，如图 2-56（d）所示。由图 2-56（d）可求出待求电流 I 为

$$I = \frac{18}{6+3}\text{A} = 2\text{A}$$

前面我们学习了两种电源模型的等效变换。用戴维南定理可以很容易将电流源转换为电压源，

如图 2-57 所示。这与直接由电源模型等效变换的结果是一致的。

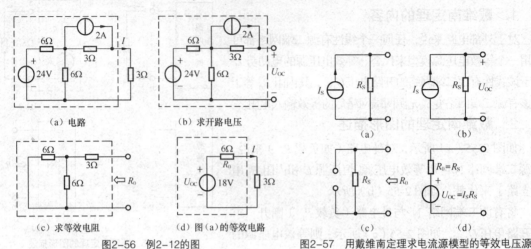

（a）电路　　　（b）求开路电压

图2-56　例2-12的图

（c）求等效电阻　　　（d）图（a）的等效电路

（a）　　　（b）

（c）　　　（d）

图2-57　用戴维南定理求电流源模型的等效电压源

2.6.3　戴维南定理的实践意义

有源二端网络等效电压源的参数除了用上面的计算方法获得外，也可以用实验方法获得。方法如下：

① 用高内阻的电压表测量有源二端网络的开路电压 U_{OC}（电压表的正极端为等效电压源的正极端）；

② 用一个低内阻的电流表同一个已知电阻 R 串联，接在有源二端网络的出线端上，测量电流 I，则等效电源的内阻可由下式求出：

$$R_0 = \frac{U_{OC}}{I} - R$$

思考与练习

（1）戴维南定理的内容是什么？

（2）叙述戴维南定理的解题步骤。

（3）电路如图 2-58（a）所示，若 $U_{S1} > U_{S2}$，应用戴维南定理，参考图 2-58（b）、（c）、（d）写出电流 I 的表达式。

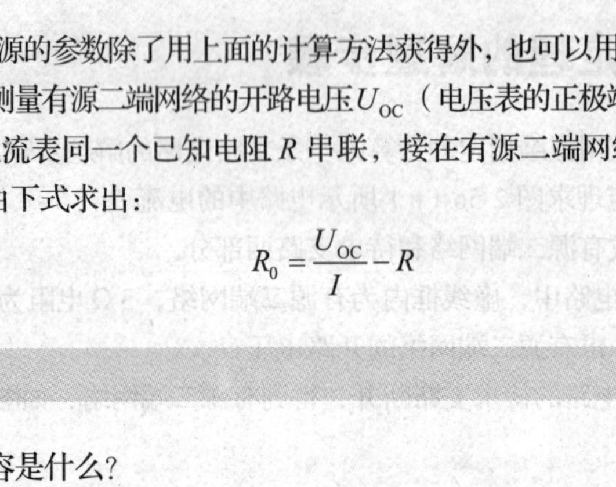

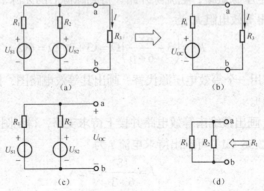

（a）　　　（b）

（c）　　　（d）

图2-58　题（3）的图

仿真实验 戴维南定理的验证

一、实验目的

（1）熟悉 EWB 软件的使用。

（2）学习测量有源二端网络开路电压 U_{OC} 和短路电流 I_{SC} 的方法。

（3）学习测量无源二端网络等效电阻 R_0 的方法。

（4）验证戴维南定理的正确性。

二、实验原理

对于外部电路来说，任何一个线性有源二端网络都可以用一个等效电压源模型（恒压源 E 和内阻 R_0 串联支路）来代替。等效电压源的电动势 E 等于该线性有源二端网络的开路电压 U_{OC}，其内阻 R_0 等于将该有源二端网络变成无源二端网络后的等效输入电阻。

三、实验内容及步骤

（1）在 EWB 软件环境中按图 2-59（a）所示连接电路，合上仿真开关，按仿真实验表 2-3 所示改变可变电阻 R 的值，测试 R 支路的电流 I，记入表 2-3 中。

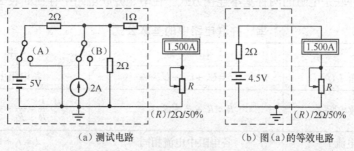

图2-59 电路图

（2）将电阻 R 所在支路断开，接上电压表（极性为上正下负），合上仿真开关，测量并记录开路电压 U_{OC}，如仿真图 2-60（a）所示。

（3）通过键盘上的 A 键控制开关使电压源短接，通过键盘上的 B 键控制开关使电流源开路，在接电压表处接入数字多用表，并按下电阻按钮，测量并记录无源二端网络的输入电阻 R_0，如图 2-60（b）所示。

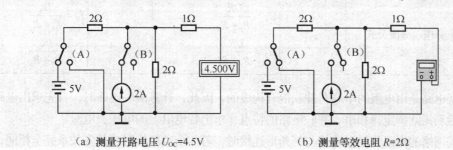

图2-60 开路电压 U_{OC} 输入电阻 R_0 的仿真测试

（4）将图 2-59（a）中虚线框内的有源二端网络用等效电压源代替，如图 2-59（b）所示。合上仿真开关，按表 2-3 所示改变可变电阻 R 的值，测试 R 支路的电流 I'，记入表 2-3 中。

（5）比较I、I'，验证戴维南定理。

表2-3 仿真结果

待求支路电阻 R/Ω	0.5	1	1.5	2
原电路的电流 I/A				
等效电路的电流 I' /A				

本章小结

无源二端网络的等效变换包括电阻串、并联和混联电路的等效变换。

有源二端网络的等效变换包括电源的等效变换和戴维南定理的等效变换。

二端网络等效的条件是它们的端口伏安关系完全相等。等效是对二端网络以外的部分电路等效，对网络内部并不等效。

电阻的串联、并联是电阻的两种基本连接方式。在串、并联电路中存在如表2-4所示的关系。

表2-4 串、并联电路中的基本公式

		串　联	并　联
多个电阻	电压（U）	$U = U_1 + U_2 + U_3 + \cdots$	各电阻上电压相同
	等效电阻 R	$R = R_1 + R_2 + R_3 + \cdots$	$\dfrac{1}{R} = \dfrac{1}{R_1} + \dfrac{1}{R_2} + \dfrac{1}{R_3} + \cdots$
	电流 I	各电阻中电流相同	$I = I_1 + I_2 + I_3 + \cdots$
	功率 P	$P = P_1 + P_2 + P_3 + \cdots$ $= I^2R_1 + I^2R_2 + I^2R_3 + \cdots$	$P = P_1 + P_2 + P_3 + \cdots$ $= \dfrac{U^2}{R_1} + \dfrac{U^2}{R_2} + \dfrac{U^2}{R_3} + \cdots$
两个电阻	等效电阻 R	$R = R_1 + R_2$	$R = \dfrac{R_1 R_2}{R_1 + R_2}$
	分压、分流公式	$\begin{cases} U_1 = \dfrac{UR_1}{R_1 + R_2} \\ U_2 = \dfrac{UR_2}{R_1 + R_2} \end{cases}$	$\begin{cases} I_1 = \dfrac{IR_1}{R_1 + R_2} \\ I_2 = \dfrac{IR_2}{R_1 + R_2} \end{cases}$

电阻混联电路是由电阻的串联与并联混合构成的，因此，计算混联电路时，首先求出电路的等效电阻，然后利用欧姆定律和串、并联电路的特点，求出各电阻上的电压、电流。

无源三端网络的电阻作星形连接与三角形连接时，若3个端口的对应伏安关系完全相同，它们可以进行等效变换。

基尔霍夫电流定律反映了节点上各电流之间的约束关系，其表达式为$\sum I_入 = \sum I_出$；基尔霍夫电压定律反映了回路中各元件电压之间的约束关系，其表达式为$\sum U = 0$。

支路电流法是以支路电流为未知量,直接应用基尔霍夫定律求解复杂电路中各支路电流的方法。注意要写出足够的 KCL、KVL 独立方程。

电压源和电流源的外部特性相同时, 对于外电路来说, 这两个电源是等效的。

叠加原理是线性电路普遍适用的重要定理。

叠加原理: 当线性电路中有几个电源共同作用时, 各支路的电流 (或电压) 等于各个电源单独作用时在该支路产生的电流 (或电压) 的代数和。

戴维南定理是线性电路普遍适用的重要定理。

戴维南定理: 任何一个线性有源二端网络都可以用一个等效电压源模型来代替。等效电压源的电动势 E 等于该线性有源二端网络的开路电压 U_{OC}, 其内阻 R_0 等于将该有源二端网络变成无源两端网络后的等效输入电阻。

一、填空题

(1) 有一个表头, 满偏电流 $I_g = 100\,\mu A$, 内阻 $R_g = 1\,k\Omega$。若要将其改装成量程为 1A 的电流表, 需要并联＿＿＿＿＿的分流电阻。

(2) 电源电动势 $E = 4.5\,V$, 内阻 $R_0 = 0.5\,\Omega$, 负载电阻 $R = 4\,\Omega$, 若电路中的电流为 1A, 则电路端电压 U 为＿＿＿＿＿。

(3) 线性电阻元件上的电压、电流关系任意瞬间都受＿＿＿＿＿定律的约束, 电路中各支路电流任意时刻均遵循＿＿＿＿＿定律, 回路上各电压之间的关系则受＿＿＿＿＿定律的约束。这三大定律是电路分析中应牢固掌握的三大基本规律。

二、判断题

(1) 电路分析中描述的电路都是实际中的应用电路。　　　　　　　　　　　　(　　　)

(2) 电压源和电流源等效变换前后电源内部是不等效的。　　　　　　　　　　(　　　)

(3) 实际电压源和电流源的内阻为零时, 即为理想电压源和电流源。　　　　　(　　　)

(4) 电源短路时输出的电流最大, 此时电源输出的功率也最大。　　　　　　　(　　　)

(5) 可以把 1.5V 和 6V 的两个电池串联后作为 7.5V 电源使用。　　　　　　　(　　　)

三、单项选择题

(1) 已知电源电压为 12V, 4 只相同的灯泡其工作电压都是 6V, 要使灯泡都能正常工作, 则灯泡应 (　　　)。

　　A. 全部串联　　　　　　　　　B. 两只并联后与另两只串联

　　C. 两两串联后再并联　　　　　D. 全部并联

(2) 在 4 盏灯串联的电路中, 除 2 号灯不亮外, 其他 3 盏灯都亮。当把 2 号灯从灯座上取下后, 剩下 3 盏灯仍亮, 电路中出现的故障是 (　　　)。

　　A. 2 号灯开路　　　　　　　　B. 2 号灯短路　　　　　　　　C. 无法判断

(3) 直流电路中应用叠加定理时, 每个电源单独作用时, 其他电源应 (　　　)。

A. 电压源作短路处理　　　　B. 电压源作开路处理　　　　C. 电流源作短路处理

（4）R_1 和 R_2 为两个串联电阻，已知 $R_1 = 4R_2$，若 R_1 上消耗的功率为 1W，则 R_2 上消耗的功率为（　　）。

A. 0.25W　　　　　　　B. 5W　　　　　　　C. 20W　　　　　　　D. 400W

四、计算题

（1）在图 2-61 所示电路中，$R_1 = R_2 = R_3 = R_4 = R_5 = 12\Omega$，分别求 S 断开和 S 闭合时 A、B 间的等效电阻 R_{AB}。

（2）将图 2-62 中星形连接的三端网络转换为三角形连接的三端网络。

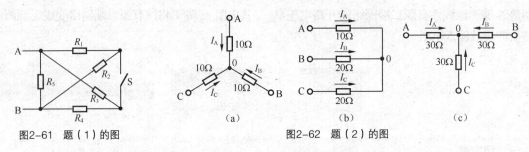

图2-61　题（1）的图　　　　　　　　　　　图2-62　题（2）的图

（3）求图 2-63 所示电路中的输入电阻 R_0。

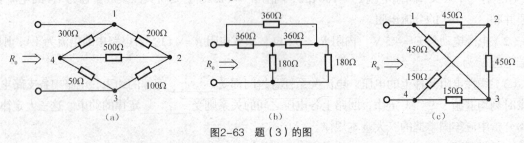

图2-63　题（3）的图

（4）将图 2-64 所示电路等效化简为一个电压源或电流源。

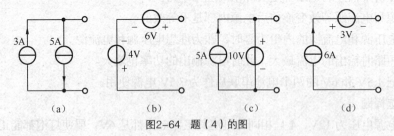

图2-64　题（4）的图

（5）求图 2-65 所示电路的等效电流源模型。

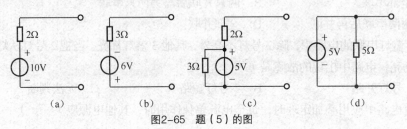

图2-65　题（5）的图

（6）求图 2-66 所示电路的等效电源模型。

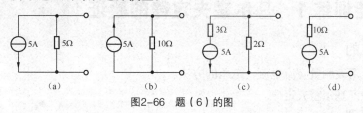

图2-66   题（6）的图

（7）求图 2-67（a）、（b）所示电路中的 U_1、U_2、U_3。

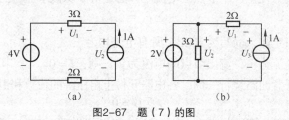

图2-67   题（7）的图

（8）电路如图 2-68 所示，求电流 I。

（9）电路如图 2-69 所示，若 $U_{S1} = 2\,V$ 电压源发出的功率为 $1\,W$，求电阻 R_1 的值和 $U_{S2} = 1\,V$ 电压源发出的功率。

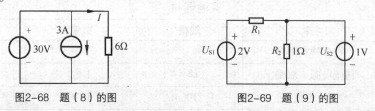

图2-68   题（8）的图   图2-69   题（9）的图

（10）如图 2-70 所示，已知恒压源 $E = 4\,V$，恒流源 $I_S = 2\,A$，试用叠加原理求支路电流 I。

（11）求图 2-71 所示电路的戴维南等效电路。

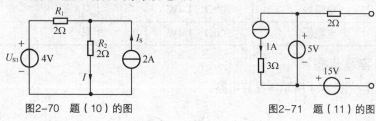

图2-70   题（10）的图   图2-71   题（11）的图

（12）如图 2-72 所示电路中，如果电阻 R 可变，则 R 为多大时，它从电源吸收的功率最大？最大功率是多少？

（13）求图 2-73 所示电路中的电流 I。

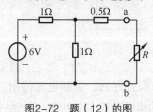

图2-72   题（12）的图

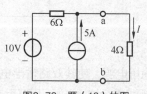

图2-73   题（13）的图

实验与技能训练 1　基尔霍夫定律的验证

一、实验目的

（1）掌握用万用表测量交流电流、电压的方法。

（2）理解并验证基尔霍夫定律。

二、实验原理

（1）在任一瞬时，流入任意一个节点的电流之和必定等于从该节点流出的电流之和，即

$$\sum I_{入} = \sum I_{出}$$

这就是基尔霍夫电流定律，简写为 KCL。所有电流均为正。

若规定流入节点的电流为正，流出节点的电流为负，则 $\sum I = 0$。

（2）任何时刻沿着任意回路绕行一周，各电路元件上电压降的代数和恒等于零，即

$$\sum U = 0$$

这就是基尔霍夫电压定律，简写为 KVL。电压参考方向与回路绕行方向一致时取正号，相反时取负号。

三、实验器材

实验所需器材如表 2-5 所示。

表 2-5　　　　　　　　　　　　实验器材

序号	名称	规格	数量	备注
1	松林牌实验台		1块	
2	稳压电源（双路）	12V	1台	
3	直流电流表	1～100mA	1个	
4	直流电压表（或万用表）	0～15V	1个	
5	电阻器	100Ω、1/4W	1只	
6	电阻器	200Ω、1/4W	1只	
7	电阻器	300Ω、1/4W	1只	

四、实验内容及步骤

（1）在实验板上按图 2-74 所示连接好电路。

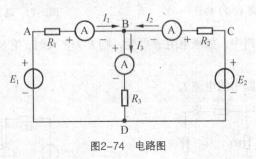

图2-74　电路图

（2）调节稳压电源，使其双路输出电源电压按表 2-6 设置好后，关断电源待用。

（3）经过教师检查后接通电源，用万用表测量电阻两端的电压及各支路电流，并将结果填入表 2-6 中。

（4）重复步骤 2 和步骤 3。

表 2-6 　　　　　　　　　　　　　实验结果

E_1/V	E_2/V	I_1/mA	I_2/mA	I_3/mA	U_{AB}/V	U_{BD}/V	U_{CB}/V
12	12						
9	12						
12	10						

五、实验报告

（1）根据图 2-74 先计算各支路电流 I_1、I_2、I_3，然后与电流表读数比较，核对在节点 B 处是否满足 $\sum I_入 = \sum I_出$，验证基尔霍夫第一定律的正确性。

（2）根据回路电压定律，对回路 ABDA 和回路 CBDC 进行计算，并与测量值比较，验证基尔霍夫第二定律的正确性，即 $\sum (IR) = \sum E$。

（3）分析误差产生的原因。

实验与技能训练 2　戴维南定理的验证

一、实验目的

（1）用实验验证戴维南定理，加深对戴维南定理的理解。

（2）掌握线性有源二端网络参数（开路电压、等效内阻）的测定方法。

（3）验证负载获得最大功率的条件。

二、实验原理

戴维南定理：对外部电路来说，任何一个线性有源二端网络，都可以用一个等效电压源模型来代替。等效电压源的电动势 E 等于该线性有源二端网络的开路电压 U_{OC}，其内阻 R_0 等于将该有源二端网络变成无源二端网络后的等效输入电阻。

实验测试电路如图 2-75（a）所示，其中图（b）为图（a）的戴维南等效电路（虚线框所示的有源两端网络等效）。由图（c）可计算求有源两端网络的开路电压 U_{OC}，由图（d）可计算有源两端网络的等效电阻 R_0。

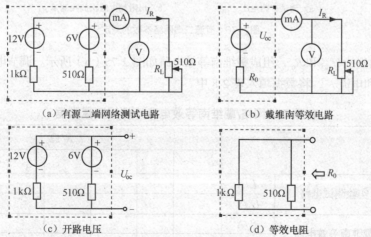

（a）有源二端网络测试电路	（b）戴维南等效电路
（c）开路电压	（d）等效电阻

图2-75　戴维南定理实验测试电路

三、实验器材

实验所需器材如表2-7所示。

表2-7　　　　　　　　　　　　　实验器材

序　号	名　称	规　格	数　量	备　注
1	实验台		1台	
2	稳压电源	0～24V	1台	
3	直流毫安表	1～100mA	1块	
4	万用表(或数字万用表)		1块	
5	电阻器、电位器		若干	

四、实验内容及步骤

（1）按图2-75（a）连接电路。检查无误后调节 R_L 的大小，测出多组负载电压 U 和电流 I 数据填入表2-8中。

（2）用附加电阻法，先测有源二端网络的开路电压 U_{OC}，计算其等效电阻 R_0。

① 当电压表的内阻远大于有源二端网络的等效电阻 R_0 时，可直接用电压表测量开路电压 U_{OC}，如图2-76（a）所示。

② 测出开路电压 U_{OC} 后，在端口处接入已知负载电阻 R_L，并测出其上的电压 U_{R_L}，如图2-76（b）所示。因为 $U_{R_L} = \dfrac{U_{OC}}{R_0 + R_L} R_L$，则等效电阻为

$$R_0 = \left(\frac{U_{OC}}{U_{R_L}} - 1\right)R_L$$

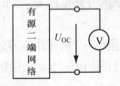
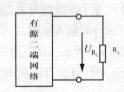

（a）测试开路电压 U_{OC}　　　　　　（b）用附加电阻法间接测量 R_0

图2-76　有源二端网络参数的测定

（3）根据测出的 U_{OC} 和 R_0，组成戴维南等效电路如图2-75（b）所示。调节电位器 R_L，测出多组负载电压 U' 和电流 I'，将数据填入表2-8中。

表2-8　　　　　　有源二端网络/戴维南等效电路外特性测量数据

		R/Ω				
图2-75（a）实验测试电路	I/A					
	U/V					
图2-75（b）戴维南等效电路	I'/A					
	U'/V					

比较图 2-75（a）与图 2-75（b）的测量值，并给出结论。

（4）改变图 2-75（b）中电阻 R_L 的值（围绕 R_0 阻值左右），则得到 R_L 上的电流 I_{R_L} 的一组数据，由 $P = I_{R_L}^2 R_L$ 计算 R_L 上获得的功率，并填入表 2-9 中。

表 2-9　　　　　　　　　负载获得最大功率的测量数据

R_L / Ω				
I_{R_L} / mA				
P / W				

五、实验注意事项

（1）应根据现有实验室的设备条件选用有关的仪器、仪表及元器件。

（2）接线时要注意电流表的正、负极，正确选择电流表的量程。

（3）改接线路前，要关掉电源。

六、实验报告

（1）应用戴维南定理计算图 2-75（a）有源二端网络的等效电动势 $E_0 = U_{OC}$ 和内阻 R_0，将计算结果与实验结果相比较。

（2）根据表 2-7 的结果，在同一坐标系中画出两条外特性曲线，作比较并分析误差原因。

第3章
| 正弦交流电路 |

　　大小和方向均随时间作周期性变化，且在一个周期内其平均值为零的电压、电流或电动势统称为交流电，如图 3-1 所示。

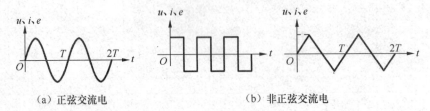

（a）正弦交流电　　　　　　　　　　（b）非正弦交流电

图3-1　交流电的波形图

　　大小和方向随时间按正弦规律变化的电压、电流或电动势统称为正弦交流电，如图 3-1（a）所示。

　　正弦交流电的各物理量称为正弦量。在正弦交流电的作用下，达到稳定工作状态的线性电路称为正弦交流电路（简称交流电路）。本书中叙述的交流电和交流电路均指正弦交流电和正弦交流电路。

　　正弦交流电应用广泛的原因有下述两点。

　　（1）正弦交流电易于产生，便于控制、转换和传输。

　　① 交流电机结构简单，工作可靠，经济性好，可由火力发电机、风力发电机、水轮发电机、原子能发电机等方便地获得电能。

　　② 可方便地通过变压器改变交流电的大小，为用户提供各种不同等级的电压。

　　③ 便于实现远距离输电（高压输电）。

　　④ 能保证安全用电（降低交流电压）。

　　（2）利用电子设备（整流器）可方便地将交流电转换成直流电。

　　因此，在电力系统、信号处理以及日常生活中所用的都是正弦交流电。

正弦交流电的瞬时值表示法

正弦交流电在每一瞬时的数值称为瞬时值，用小写字母表示。图 3-2（a）中正弦电流 i 对应的波形图如图 3-2（b）所示。波形的正半周 i 为正值，表明电流的实际方向与图示参考方向一致；波形的负半周 i 为负值，表明电流的实际方向与图示参考方向相反。与该波形图相对应的正弦电流 i 的瞬时值表达式（三角函数式）为

$$i = I_m \sin(\omega t + \varphi_i) \tag{3-1}$$

式中，幅值 I_m、角频率 ω、初相角 φ_i 称为正弦交流电的三要素。

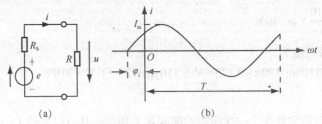

图3-2 正弦电流的正方向和波形图

正弦交流电动势、正弦交流电压的瞬时值表达式分别表示为

$$e = E_m \sin(\omega t + \varphi_e)$$
$$u = U_m \sin(\omega t + \varphi_u)$$

利用瞬时值表达式可以求出任意瞬时正弦电量的值，从而确定该瞬时电量的真实方向。

3.1.1 正弦交流电的三要素

1．幅值

正弦交流电瞬时值中的最大值称为幅值也称振幅。正弦交流电流、电动势、电压的最大值分别用 I_m、E_m、U_m 表示。

分析和计算交流电时，常用到有效值（均方根值）。有效值是根据交流电流与直流电流热效应相等的原则规定的。即交流电流 i 通过电阻 R 在一个周期 t 内产生的热量，与另一直流电流 I 通过相同的电阻，在相同的时间内产生的热量相等，则直流电流 I 称为交流电流 i 的有效值。有效值与幅值的关系如下：

$$I = \frac{I_m}{\sqrt{2}} \approx 0.707 I_m$$

$$U = \frac{U_m}{\sqrt{2}} \approx 0.707 U_m$$

$$E = \frac{E_m}{\sqrt{2}} \approx 0.707 E_m$$

通常所说的交流电流、电压值均指其有效值，如 220 V、380 V 均指交流电压的有效值。某些交流电表测量出的示数也是交流电的有效值，某些电气设备如交流电机、电器等铭牌上标出的也是交流电的有效值。

值得注意的是，在分析电气设备（如电路元件的耐压绝缘能力）时，不能使用有效值，必须使用最大值，即为了安全使用电气设备或元器件，它们的耐压值应按交流电的最大值来选择。

例 3-1　一个耐压为 220 V 的电容器是否可以接在 220 V 交流电压的电路中使用呢？

解： 220 V 交流电压是交流电的有效值，其最大值是

$$U_\mathrm{m} = \sqrt{2}U = \sqrt{2} \times 220\mathrm{V} \approx 311\mathrm{V}$$

因为电容器承受的最大电压已经超过了它的耐压值，故该电容器不能在 220 V 的交流电路中使用。

例 3-2　已知 $u = U_\mathrm{m} \sin \omega t$，$U_\mathrm{m} = 310\,\mathrm{V}$，$f = 50\,\mathrm{Hz}$，求电压的有效值 U 和 $t = 0.125\,\mathrm{s}$ 时的瞬时值。

解： $U = \dfrac{U_\mathrm{m}}{\sqrt{2}} = \dfrac{310}{\sqrt{2}}\mathrm{V} \approx 220\mathrm{V}$

$t = 0.125\,\mathrm{s}$ 时的瞬时值为

$$u = U_\mathrm{m} \sin 2\pi ft = 310 \sin(100\pi \times 0.125)\ \mathrm{V} = 310 \sin(12.5\pi)\ \mathrm{V} = 310\mathrm{V}$$

2．频率

周期 T：正弦交流电完整变化一次所需的时间称为周期，其单位为秒（s）。

频率 f：正弦交流电每秒内变化的次数称为频率，其单位为赫兹（Hz）。

频率与周期的关系为

$$f = \frac{1}{T}$$

正弦交流电每交变一个完整的波形，即一个周期 T，其电角度变化 2π 弧度，即一个周期 T 与 2π 弧度相对应。交流电横坐标轴可用角度 ωt 表示，也可以用时间 t 表示，如图 3-3 所示。

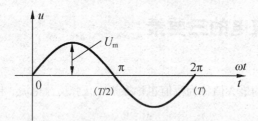

图3-3　正弦电量波形图时间轴的标注

交流电变化的快慢还可以用角频率 ω 表示。角频率是指正弦交流电每秒变化的电角度，其单位为弧度/秒（rad/s）。

周期、频率、角频率三者之间的关系为

$$\omega = 2\pi f = \frac{2\pi}{T}$$

中国电力标准频率为 50 Hz，这一频率称为工业标准频率，简称工频。在其他技术领域使用不同频率的交流电，如日本、美国使用的电力频率为 60 Hz，有线通信频率为 300 Hz～5 000 Hz，无线通信频率为 30 kHz～3×10^4 MHz。

例3-3　已知某正弦交流电的频率 $f = 50$ Hz，求其周期 T 和角频率 ω。

解：
$$T = \frac{1}{f} = \frac{1}{50}\,\text{s} = 0.02\text{s} = 20\text{ms}$$
$$\omega = 2\pi f = 2 \times 3.14 \times 50\,\text{rad}/\text{s} = 314\text{rad}/\text{s}$$

3．初相

交流电是随时间变化的，式（3-1）中的电流 i 在不同的时刻 t，具有不同的电角度（$\omega t + \varphi_i$），对应不同的瞬时值。（$\omega t + \varphi_i$）称为交流电的相位角，简称相位，它反映了交流电随时间变化的进程。当 $t = 0$ 时，$\omega t = 0$，此时的相位角 φ_i 称为初相位，简称初相。

初相位的大小和正负与选择 $t = 0$ 这一计时起点有关，规定正弦量瞬时值由负值向正值变化所经过的零值点为正弦量的零点，正弦量的零点到计时起点之间的电角度为初相角。因为正弦电量是周期性变化的，因此规定初相角绝对值都小于等于 π，即 $|\varphi| \leqslant \pi$。如图 3-4 所示，由纵轴左边的零值点确定的初相角为 φ_i，由纵轴右边的零值点确定的初相角为 $-\varphi'_i$，根据初相角绝对值的规定，可判断该正弦电流的初相角应为 φ_i，而不是 $-\varphi'_i$。

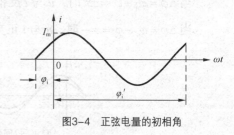

图3-4　正弦电量的初相角

由上述分析可知，衡量一个正弦交流电要从幅值大小、变化快慢（频率）以及起始位置（初相角）来考虑。

例3-4　判断图 3-5 中正弦电量波形图的初相角，并写出对应的瞬时值表达式。

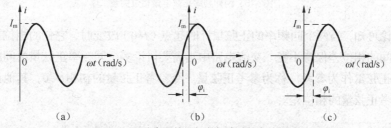

图3-5　正弦电量的初相角与计时起点的关系

解：在图 3-5（a）中，正弦电量的零点与计时起点重合，其初相角 $\varphi_i = 0$。其对应的表达式为 $i = I_m \sin \omega t$。

在图 3-5（b）中，正弦电量的零点在计时起点之前，其初相角为 φ_i，其中 $\varphi_i > 0$，其对应的表达式为 $i = I_m \sin(\omega t + \varphi_i)$。

在图 3-5（c）中，正弦电量的零点在计时起点之后，其初相角为 $-\varphi_i$，其对应的表达式为 $i = I_m \sin(\omega t - \varphi_i)$。

3.1.2　同频率正弦交流电的相位关系

两个同频率正弦交流电的相位之差称为相位差，用字母 $\Delta\varphi$ 表示。

例如，正弦交流电 u、i 的表达式如下：
$$u = U_m \sin(\omega t + \varphi_u)$$

$$i = I_m \sin(\omega t + \varphi_i)$$

则 u、i 的相位差为

$$\Delta\varphi = (\omega t + \varphi_u) - (\omega t + \varphi_i) = \varphi_u - \varphi_i$$

可见，两个同频率正弦量的相位差 $\Delta\varphi$ 等于它们的初相差。

下面介绍两个同频率正弦电量相位关系的几种情况，两个同频率正弦电量的相位关系如图 3-6 所示。

当 $\Delta\varphi = \varphi_u - \varphi_i = 0$ 时，u 与 i 同相，如图 3-6（a）所示。

当 $\Delta\varphi = \varphi_u - \varphi_i > 0$ 时，u 超前于 i，也可以说 i 滞后于 u，如图 3-6（b）所示。

当 $\Delta\varphi = \varphi_u - \varphi_i = \pm\pi$ 时，u 与 i 反相，如图 3-6（c）所示。

当 $\Delta\varphi = \varphi_u - \varphi_i = \pm\dfrac{\pi}{2}$ 时，u 与 i 正交，如图 3-6（d）所示。

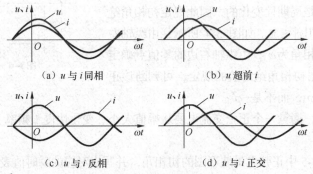

（a）u 与 i 同相   （b）u 超前 i

（c）u 与 i 反相   （d）u 与 i 正交

图3-6   两同频率正弦电量相位关系

由以上讨论可知，当两个同频率的正弦量计时起点（$t=0$）改变时，它们的相位差和初相位跟着改变，两者之间的相位差保持不变。交流电路中当需要讨论多个同频率正弦量之间的关系时，通常选择其中一个正弦量作为参考，称为参考正弦量。令参考正弦量的初相 $\varphi=0$，其他正弦量的初相为该正弦量与参考正弦量的相位差。

> 不同频率的正弦电量无法确定它们之间的相位关系，讨论它们没有意义。

例 3-5   已知某元件的电流及其两端的电压是同频率的正弦量，角频率 $\omega = 314\,\mathrm{rad/s}$，电压的最大值 $U_m = 100\,\mathrm{V}$，电流的最大值 $I_m = 10\,\mathrm{A}$，电压超前电流 $60°$。试写出该正弦电压、电流的瞬时值表达式，并画出电压、电流的波形图。

解：设以电流为参考正弦量，则 $\varphi_i = 0°$

由已知条件知：$\Delta\varphi = \varphi_u - \varphi_i = 60°$

则 $\varphi_u = \Delta\varphi + \varphi_i = 60° + 0° = 60°$

电压、电流的瞬时值表达式如下：

$$u = U_m \sin(\omega t + \varphi_u) = 100\sin(314t + 60°)\mathrm{V}$$

$$i = I_m \sin(\omega t + \varphi_i) = 10\sin(314t)\mathrm{A}$$

电压、电流的波形图如图 3-7 所示。

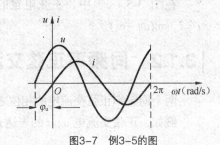

图3-7   例3-5的图

思考与练习

（1）什么是角频率？它和周期、频率有什么关系？已知某交流电的角频率为 628rad/s，试求该交流电的频率和周期。

（2）什么是正弦量的相位和初相？它们与该正弦量的计时起点是否有关？与正弦量的参考方向的选择是否有关？

（3）正弦交流电的三要素是什么？正弦电流 $i = 14.14\sin(314t - 45°)$ A 的三要素是什么？

（4）已知正弦交流电动势有效值为 100 V，周期为 0.02 s，初相位是 $-30°$，写出其解析式。

（5）已知某正弦电压的相位角等于 30° 时，其电压为 $u = 141$ V，求该电压的有效值。

（6）什么是正弦交流电的相位差？它与正弦量的计时起点是否有关？

（7）超前、滞后、同相、反相、正交各代表什么意思？

（8）已知电压 $u_A = 10\sin(\omega t + 60°)$ V，$u_B = 10\sqrt{2}\sin(\omega t - 30°)$ V。指出电压 u_A、u_B 的有效值、初相、相位差，画出 u_A、u_B 的波形图。

（9）让 10 A 的直流电流和最大值为 12 A 的交流电流分别通过阻值相同的电阻，则在同一时间内哪个电阻产生的热量多？为什么？

（10）已知正弦电流 $i = 10\sin(\omega t + 30°)$ A，$f = 50$ Hz，试求 $t = 0.01$ s 时电流的瞬时值为多少？

（11）写出下列正弦电压、电流的解析式：

① $U = 10$ V，$\varphi_u = 60°$，$f = 50$ Hz；$I = 50$ mA，$\varphi_i = -30°$，$f = 50$ Hz。

② $U = 220$ V，$\varphi_u = -30°$，$f = 50$ Hz；$I = 5$ A，i 比 u 滞后30°，$f = 50$ Hz。

（12）已知某正弦电动势 $e = 141.4\sin(\omega t - 120°)$ V，试求该正弦电动势的最大值、有效值、角频率、周期和频率。

（13）求下列各组正弦量的相位差，并说明它们的相位关系。

① $u_1 = 141.4\sin(314t + 45°)$ V；$u_2 = 220\sqrt{2}\sin(314t + 30°)$ V

② $i_1 = 141.4\sin(314t - 90°)$ A；$i_2 = 141.4\sin(314t + 90°)$ A

正弦交流电的相量表示法

前面我们学习了正弦交流电的瞬时值表示法（三角函数式）及波形图表示法。这两种表示法直观、形象，均能表示出正弦交流电的三要素及正弦量随时间变化的规律。

用复数表示正弦量的方法称为相量表示法，简称相量法，也称符号法。相量法是分析计算正弦交流电路的重要数学工具。

要确定几个同频率的正弦量，只需要确定它们的有效值和初相位即可，复数正好能反映正弦量的这两个要素，这样同频率的正弦量的运算可以转化为复数运算。

3.2.1　复数的表示形式

1. 复数的表示形式

（1）代数式。复数 A 一般由实部和虚部组成。其代数形式（直角坐标形式）为

$$A = a + jb$$

其中 $j = \sqrt{-1}$ 称为虚数单位（数学中的虚数单位用 i 表示）。

一般用直角坐标系的横轴表示复数的实部，称为实轴，以+1 为单位；纵轴表示复数的虚部，称为虚轴，以+j 为单位。实轴和虚轴构成的坐标平面称为复平面。

复数 $A = a + jb$ 可用复平面上的一个点 $A(a, b)$ 表示，用有向线段连接 O 和 A，线段的末端带有箭头，称为一个矢量，则该矢量与复数 A 相对应，称为复数矢量，如图 3-8 所示。

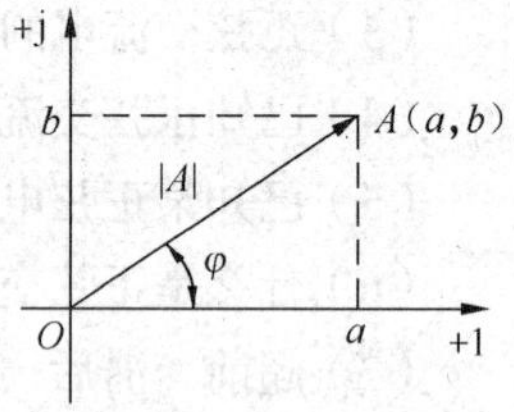

复数的模 r（即复数矢量的长度）为

图3-8　复数的表示

$$|A| = \sqrt{a^2 + b^2}$$

复数的幅角（即复数矢量与实轴的夹角）为

$$\varphi = \arctan \frac{b}{a}$$

矢量在实轴和纵轴上的投影分别是复数的实部 a 和复数的虚部 b：

$$a = |A|\cos\varphi$$
$$b = |A|\sin\varphi$$

由上述公式可推导出复数的另外几种表示形式。

（2）复数的三角函数形式。

$$A = a + jb = |A|(\cos\varphi + j\sin\varphi) \qquad （代数式转为三角函数式）$$

（3）复数的指数形式。根据尤拉公式：$\cos\varphi = \dfrac{e^{j\varphi} + e^{-j\varphi}}{2}$，$\sin\varphi = \dfrac{e^{j\varphi} - e^{-j\varphi}}{2j}$，得出

$$A = |A|(\cos\varphi + j\sin\varphi) = |A|e^{j\varphi} \qquad （三角函数式转为指数式）$$

（4）复数的极坐标形式。为了简化运算，指数式可简写为极坐标式。

$$A = |A|e^{j\varphi} = |A| \angle \varphi \qquad （指数式转为极坐标式）$$

复数的代数式和极坐标式用得较多，并且经常需要将这两种形式进行相互转换。

利用公式 $|A| = \sqrt{a^2 + b^2}$，$\varphi = \arctan \dfrac{b}{a}$，可方便地将复数的代数式转换为极坐标式。

$$A = a + jb = \sqrt{a^2 + b^2} \angle \arctan \frac{b}{a} \qquad （代数式转为极坐标式）$$

利用公式 $a = |A|\cos\varphi$，$b = |A|\sin\varphi$ 可方便地将复数的极坐标形式转换为代数式。

$$A = |A| \angle \varphi = |A|\cos\varphi + j|A|\sin\varphi \qquad （极坐标式转为代数式）$$

2. 复数运算

以上讨论的复数表示形式中，代数形式适合于复数的加减运算，极坐标形式适合于复数的乘除运算。

（1）复数的加减。几个复数相加、减时，可将它们的实部和实部相加、减，虚部和虚部相加、减，如有两个代数形式表示的复数　　　　$A_1 = a_1 + jb_1$，$A_2 = a_2 + jb_2$

两者相加、减得　　　　　　　　$A_1 \pm A_2 = (a_1 \pm a_2) + j(b_1 \pm b_2)$

（2）复数的乘、除。如有两个极坐标形式表示的复数　　　$A_1 = |A_1| \angle \varphi_1$，$A_2 = |A_2| \angle \varphi_2$

① 两复数的乘法运算：复数的模相乘，幅角相加。

$$A_1 \times A_2 = |A_1| \times |A_2| \angle (\varphi_1 + \varphi_2)$$

特例：一个复数乘+j，辐角增加 90°，即相当于其对应的复数矢量逆时针转 90°。

$$A_1 \times j = |A_1| \angle \varphi_1 \times 1 \angle 90° = |A_1| \angle (\varphi_1 + 90°)$$

② 两复数的除法运算：复数的模相除，幅角相减。

$$\frac{A_1}{A_2} = \left|\frac{A_1}{A_2}\right| \angle (\varphi_1 - \varphi_2)$$

特例：一个复数除以 +j 或乘以 –j，幅角减少 90°，即相当于其对应的复数矢量顺时针转 90°。

$$\frac{A_1}{j} = A_1 \times (-j) = |A_1| \angle \varphi_1 \times 1 \angle -90° = |A_1| \angle (\varphi_1 - 90°)$$

复数的旋转因子：复数 $A = e^{j\varphi} = \cos\varphi + j\sin\varphi$ 对应于具有单位长度的矢量，其模为 1，幅角为 φ。一个复数乘以 $e^{j\varphi}$，相当于把表示这个复数的矢量逆时针方向旋转 φ 角，因此复数 $e^{j\varphi}$ 称为旋转因子，如 ±j 为 90° 的旋转因子。

3.2.2　正弦量的相量表示法

1．用相量表示正弦量

能表示正弦量特征的复数称为相量。为了与一般的复数相区别，相量用一个上面加黑点的大写英文字母表示，加黑点表示该相量是时间的函数。例如，$\dot{I}$ 表示正弦电流的相量，$\dot{U}$ 表示正弦电压的相量，$\dot{E}$ 表示正弦电动势的相量。相量的模表示正弦量的有效值，相量的幅角表示正弦量的初相角。其中，模为最大值的相量称为最大值相量。

2．相量图

表示正弦量的相量也可以在复平面上用矢量来表示，相量在复平面上的几何表示（矢量图）称为相量图。

例 3-6　已知正弦电量的瞬时值表达式分别为 $e = 180\sqrt{2}\sin(\omega t + 60°)$ V，$i = 10\sqrt{2}\sin(\omega t + 30°)$ A，$u = 120\sqrt{2}\sin(\omega t - 30°)$ V，要求：

（1）写出各正弦量对应的最大值相量和有效值相量；

（2）画出各正弦量对应相量的相量图。

解：（1）写出各正弦量对应的最大值相量和有效值相量。

最大值相量：$\dot{E}_m = 180\sqrt{2} \angle 60°$ V，$\dot{I}_m = 10\sqrt{2} \angle 30°$ A，$\dot{U}_m = 120\sqrt{2} \angle -30°$ V

有效值相量：$\dot{E}_m = 180 \angle 60°$ V，$\dot{I} = 10 \angle 30°$ A，$\dot{U} = 120 \angle -30°$ V

（2）画出各正弦量对应相量的相量图。

先画出复平面。

① 最大值相量图：取相量的长度分别为正弦电量的最大值，在复平面上画出各正弦量对应的最大值相量图，如图 3-9（a）所示。

② 有效值相量图：取相量的长度分别为正弦电量的有效值，在复平面上画出各正弦量对应的有效值相量图，如图 3-9（b）所示。

③ 省略复平面的有效值相量图：作相量图时复平面通常省略不画，只画出实轴所表示的参考方向，如图 3-9（c）所示。今后遇到的相量图若不加特殊说明，均指省略复平面的有效值相量图。

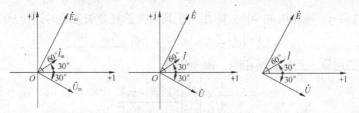

（a）最大值相量图　　（b）有效值相量图　　（c）省略复平面的有效值相量图

图3-9　正弦量的相量图

 单位相同的正弦电量对应相量的长度应成比例。图中各正弦量的频率必须一致，不同频率的正弦量不能画在同一个相量图上。

3．相量计算

例 3-7　已知正弦电流 $i_1 = 6\sqrt{2}\sin(\omega t + 30°)$ A，$i_2 = 8\sqrt{2}\sin(\omega t - 60°)$ A，求 $i = i_1 + i_2$。

解： 这是一个求并联电路总电流的实例，画出该并联电路示意图，如图 3-10（a）所示。

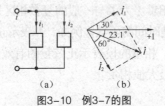

图3-10　例3-7的图

方法 1：用相量法（复数符号法）求总电流 i。

① 根据电流 i_1、i_2 的瞬时值表达式，写出其对应的相量 $\dot{I}_1$、$\dot{I}_2$ 的表达式。

$$\dot{I}_1 = 6\ \underline{/30°}\ \text{A} = (5.196 + j3)\ \text{A}$$

$$\dot{I}_2 = 8\ \underline{/-60°}\ \text{A} = (4 - j6.928)\ \text{A}$$

② 求总电流 i 对应的相量 $\dot{I}$。

$$\dot{I} = \dot{I}_1 + \dot{I}_2$$

$$= (5.196 + j3)\text{A} + (4 - j6.928)\text{A}$$

$$= (9.296 - j3.928)\ \text{A} = 10\ \underline{/-23.1}\ \text{A}$$

③ 写出电流 i 的瞬时值表达式。由电流的相量表达式 $\dot{I} = 10\ \underline{/-23.1}$ A 得出

$$i = 10\sqrt{2}\sin(\omega t - 23.1°)\text{A}$$

方法 2：用图解法求总电流 i。

① 根据电流 i_1、i_2 的瞬时值表达式，写出 $\dot{I}_1$、$\dot{I}_2$ 的相量表达式。

$$\dot{I}_1 = 6\,\underline{/30°}\,\text{A}$$

$$\dot{I}_2 = 8\,\underline{/-60°}\,\text{A}$$

② 画出 $\dot{I}_1$、$\dot{I}_2$ 的相量图，用矢量求和法（矢量的平行四边形法则）得到电流 i 的相量图如图 3-10（b）所示。由相量图确定 $\dot{I}$ 的有效值和初相位，$I = 10\ \text{A}$，$\varphi = -23.1°$。

③ 写出电流 i 对应的相量表达式 $\dot{I} = 10\,\underline{/-23.1}\ \text{A}$。

④ 由电流的相量表达式写出电流 i 的瞬时值表达式。

$$i = 10\sqrt{2}\sin(\omega t - 23.1°)\ \text{A}$$

由上述分析可知，正弦交流电共有 4 种表示形式，如表 3-1 所示。

表 3-1　　　　　　　　　　　正弦交流电的 4 种表示形式

瞬时值	$u = U_m \sin(\omega t + \varphi_u) = \sqrt{2}U\sin(\omega t + \varphi_u)$
波形图	
相量	$\dot{U} = U\mathrm{e}^{\mathrm{j}\varphi_u} = U\,\underline{/\varphi_u}$
相量图	

虽然正弦量和它的相量之间具有一一对应的关系，但相量并不等于正弦量，相量只是一种表示正弦量的特殊复数。对应的关系如下：

$$u = \sqrt{2}U\sin(\omega t + \varphi_u) \Leftrightarrow \dot{U} = U\mathrm{e}^{\mathrm{j}\varphi_u} = U\,\underline{/\varphi_u}$$

思考与练习

（1）把下列复数化为极坐标形式：

①23.1−j47　　　　　②−5.7 + j16.9　　　③3.2 + j7.5　　　④−6−j8

（2）把下列复数化为代数形式：

①50 $\underline{/60°}$　　　　　②40 $\underline{/270°}$　　　③45 $\underline{/120°}$　　　④3.2 $\underline{/-1778°}$

（3）写出下列正弦电压对应的相量：

①$u_1 = 100\sqrt{2}\sin(\omega t - 30°)\ \text{V}$　　　　　②$u_2 = 220\sqrt{2}\sin(\omega t + 45°)\ \text{V}$

③$u_3 = 110\sqrt{2}\sin(\omega t + 60°)\ \text{V}$

（4）写出下列相量对应的正弦量：

①$\dot{U}_1 = 100\,\underline{/-120°}\ \text{V}$　　　　②$\dot{U}_2 = (-50 + \text{j}86.6)\ \text{V}$　　　③$\dot{U}_3 = 50\,\underline{/45°}\ \text{V}$

（5）已知正弦电流 $i_1 = 50\sqrt{2}\sin(314t - 30°)\ \text{A}$，$i_2 = 60\sin(314t + 60°)\ \text{A}$，求 $i_1 + i_2$。

3.3 单一参数的正弦交流电路

直流稳态电路的电压、电流均为恒定值，因此，在分析计算直流稳态电路时，无源元件可以只考虑电阻元件 R。正弦交流电路稳态时的电压、电流都是随时间按正弦规律变化的，因此正弦交流电路的分析计算不仅与电阻元件 R 有关，而且与电感元件 L、电容元件 C 都有关。在分析计算正弦交流电路时，必须把电路元件的参数 R、L、C 都考虑进去。在一定条件下，某一特性为影响电路的主要因素时，其余特性常常可以忽略，即构成单一参数的正弦交流电路模型。本节先介绍由电阻、电感、电容组成的单一参数的正弦交流电路。实际交流电路可以认为是由不同的单一参数元件组合而成的。因此，掌握单一参数电路中的电压、电流关系及功率转换规律是十分重要的。

3.3.1 电阻元件的正弦交流电路

1. 电阻元件电压与电流的关系

线性电阻元件的交流电路模型及电压、电流的正方向如图 3-11（a）所示。因为在交流电路中，通过线性电阻元件的电流和加在它两端的电压成正比，即在任何瞬时都遵守欧姆定律，则有

$$i = \frac{u}{R}$$

（a）电路模型　（b）相量模型
图3-11　电阻元件交流电路

设电阻两端的电压 $u = U_m \sin(\omega t + \varphi_u)$，则电流为

$$i = \frac{u}{R} = \frac{U_m}{R} \sin(\omega t + \varphi_u) = I_m \sin(\omega t + \varphi_i)$$

上式表明，电阻元件的电流及其两端的电压都是同频率的正弦量，它们的数量及相位关系如下。

（1）数量关系。

① 最大值之间符合欧姆定律：$I_m = \dfrac{U_m}{R}$。

② 有效值之间符合欧姆定律：$I = \dfrac{U}{R}$。

③ 瞬时值之间符合欧姆定律：$i = \dfrac{u}{R}$。

（2）相位关系。电压、电流同相位，并分别用以下几种形式表示。

① $\varphi_u = \varphi_i$。

② 瞬时值波形图如图 3-12（a）所示。电流、电压波形变化的步调一致，即同时达到最大值，同时为零值。

③ 相量图。电阻元件电压与电流的相量图如图 3-12（b）所示。

（3）相量关系。将电压、电流用相量表示。若 $\dot{U} = U \angle \varphi_u$，$\dot{I} = I \angle \varphi_i$，则

$$\dot{U} = U \angle \varphi_u = IR \angle \varphi_u = RI \angle \varphi_u = R\dot{I}$$

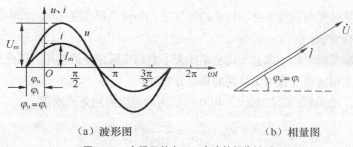

（a）波形图　　　　　　　（b）相量图

图3-12　电阻元件电压、电流的相位关系

即相量关系式为

$$\dot{I} = \frac{\dot{U}}{R} \tag{3-2}$$

相量式（3-2）同时表示了电压与电流之间的数量关系及相位关系，称为欧姆定律的相量形式。

（4）相量模型。将正弦交流电路中的电压、电流用相量表示，电路元件的参数用复数表示，得到的电路模型称为相量模型。

用相量模型表示的单一电阻参数电路如图 3-11（b）所示。

电阻元件的相量模型中的电阻 R 表示的是一个复数，与图 3-11（a）中的电阻 R 不同。相量模型中电压相量与电流相量之比，称为复数阻抗，用 Z 表示，单位是欧姆。电阻元件的复阻抗 $Z = \dfrac{\dot{U}}{\dot{I}} = R$，这个复数阻抗 Z 只有实部，没有虚部。其大小（$|Z| = R$）反映了电阻元件对交流电阻碍作用的程度。

2. 功率

（1）瞬时功率。因为交流电路中的电压、电流都是交变的，电阻吸收的功率也必定随时间变化。电阻在每一瞬时吸收的功率称为瞬时功率，用小写字母 p 表示。

假定电阻元件两端的电压及流过它的电流的初相位为零，则

$$u = \sqrt{2}\,U \sin(\omega t), \quad i = \sqrt{2}\,I \sin \omega t$$

$$
\begin{aligned}
p = ui &= U_m \sin(\omega t) \cdot I_m \sin \omega t \\
&= U_m I_m \sin^2 \omega t \\
&= \frac{U_m I_m}{2}(1 - \cos 2\omega t) \\
&= UI - UI \cos 2\omega t
\end{aligned}
$$

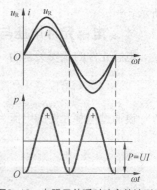

图3-13　电阻元件瞬时功率的波形图

上式中，UI 为瞬时功率的恒定分量，$-UI\cos 2\omega t$ 为瞬时功率的交变分量，其最大值为 UI，瞬时功率的角频率为 $2\omega t$，是电压、电流角频率的 2 倍。电阻元件瞬时功率随时间变化的波形图如图 3-13 所示。可见，电阻元件上瞬时功率总是大于或等于零，即电阻元件总是在消耗功率。

结论：p 随时间变化；$p \geqslant 0$，电阻 R 为耗能元件。

（2）平均功率（有功功率）。交流电的瞬时功率在一个周期内的平均值称为平均功率，用 P 表示。

$$P = \frac{1}{T} \int_0^T p \, dt = \int_0^T UI(1 - \cos 2\omega t)dt = UI$$

平均功率的计算公式与直流电路中功率的计算公式相同，但含义不同。其中的电压、电流均为交流电压、电流的有效值。

通常所说的功率是指平均功率。平均功率代表了电路实际消耗的功率，因此也称为有功功率。所谓"有功"是指能量转换过程中不可逆的那部分功率。

例如，"220 V、100 W"和"220 V、40 W"灯泡的电阻可用下式求出。

$$R_{100} = \frac{U^2}{P} = \frac{220^2}{100}\Omega = 484\Omega$$

$$R_{40} = \frac{U^2}{P} = \frac{220^2}{40}\Omega = 1210\Omega$$

可见，电阻负载在相同的电压下工作时，功率与其阻值成反比。

例3-8　某电阻元件的参数为 8 Ω，接在 $u = 220\sqrt{2}\sin(314t + 60°)$ V 的交流电源上。试求：（1）通过电阻元件上的电流相量及电流 i；（2）如果用电流表测量该电路中的电流，其读数为多少？电路消耗的功率是多少瓦？若电源的频率增大 1 倍，电压有效值及电路中消耗的功率又如何？（3）画出电压和电流的相量图。

解：（1）$\dot{I} = \frac{\dot{U}}{R} = \frac{220\angle 60°}{8}$ A $= 27.5\angle 60°$ A

则　$i = 27.5\sqrt{2}\sin(314t + 60°)$A

（2）电流表测量的是交流电流的有效值，故 $I = 27.5$A。

电路消耗的功率 $P = UI = 220 \times 27.5$W $= 6050$W。

当频率增大 1 倍时，电压有效值不变，电路中消耗的功率也不变。

（3）电压和电流的相量图如图 3-14 所示。

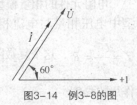

图3-14　例3-8的图

3.3.2　电感元件的正弦交流电路

线性电感元件的交流电路模型及电压、电流的正方向如图 3-15（a）所示。

1．电感元件电压与电流的关系

电感元件的伏安关系为

$$u = -e_L = L\frac{di_L}{dt}$$

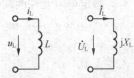

（a）电路模型　（b）相量模型

图3-15　电感元件交流电路

设通过电感元件的电流为 $i_L = I_{Lm}\sin\omega t$，则电感元件两端的电压为

$$u_L = L\frac{di_L}{dt} = L\frac{d(I_{Lm}\sin\omega t)}{dt}$$
$$= I_{Lm}\omega L\cos\omega t$$
$$= U_{Lm}\sin(\omega t + 90°)$$

由上式可知，电感元件的电压和电流是同频率的正弦量，它们的数量及相位关系如下。

（1）数量关系。

① $U_{Lm} = \omega L I_{Lm}$，或者 $I_{Lm} = \frac{U_{Lm}}{\omega L} = \frac{U_{Lm}}{X_L}$。

② $U_L = \omega L I_L$，或者 $I_L = \dfrac{U_L}{\omega L} = \dfrac{U_L}{X_L}$。

式中，$X_L = \omega L = 2\pi f L$，是电压与电流有效值（或最大值）的比值，称为电感元件的感抗，具有阻止电流通过的性质。它相当于电阻元件电路中的电阻，其单位也是欧姆。引入感抗后，电感电压与电流的最大值（有效值）之间具有欧姆定律的形式。

感抗反映了电感元件对正弦交流电流的阻碍作用。只有在一定频率下，电感元件的感抗才是常数。

X_L 与频率 f 成正比，与电感量 L 成正比。因此频率 f 越高，电路中感抗 X_L 越大。高频电路中电感元件相当于开路；对于直流电流，其频率 $f = 0$，所以 $X_L = 0$，即电感元件相当于短路。

③ 瞬时值之间不符合欧姆定律：$u_L \neq i_L X_L$，或者 $i_L \neq \dfrac{u_L}{X_L}$

（2）相位关系。由电感元件的伏安关系式可推导出，电感电压超前电流 90°，即电压、电流存在着相位正交关系。

(a) 波形图　　(b) 相量图

图3-16　电感元件电压、电流的相位关系

① $\varphi_u = \varphi_i + 90°$。

② 瞬时值波形图如图 3-16（a）所示。

③ 电感元件电压与电流的相量图如图 3-16（b）所示。

（3）相量关系

将电压、电流用相量表示。若 $\dot{I}_L = I_L \angle \varphi_i$，$\dot{U}_L = U_L \angle \varphi_u$，则

$$\dot{U}_L = U_L \angle \varphi_u = I_L X_L \angle \varphi_u = I_L X_L \angle(\varphi_i + 90°)$$
$$= X_L \cdot \angle 90° \cdot I_L \angle \varphi_i = jX_L I_L \angle \varphi_i = jX_L \dot{I}_L$$

即相量关系式为

$$\dot{U}_L = jX_L \dot{I}_L \text{ 或 } \dot{I}_L = \dfrac{\dot{U}_L}{jX_L} \tag{3-3}$$

式（3-3）同时表示了电感元件电压与电流之间的数量关系及相位关系，称为欧姆定律的相量形式。

（4）相量模型。用相量模型表示的单一电感参数电路如图 3-15（b）所示。

相量模型中电压相量与电流相量之比为复阻抗，即 $Z = \dfrac{\dot{U}_L}{\dot{I}_L} = jX_L$，这个复数只有虚部，没有实部。它的大小 $|Z| = X_L$ 表示了电感元件对交流电的阻碍作用的强弱，称为感抗，单位也是欧姆。

2. 功率

（1）瞬时功率。

$$p_L = u_L i_L = U_{Lm} \sin(\omega t + 90°) \cdot I_{Lm} \sin \omega t$$
$$= U_{Lm} \cos \omega t \cdot I_{Lm} \sin \omega t$$
$$= U_L I_L \sin 2\omega t$$

瞬时功率 p_L 是一个最大值为 $U_L I_L$、频率为 $2\omega t$ 的正弦量，其波形如图 3-17 所示。

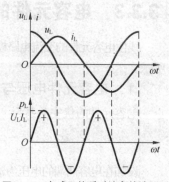

图3-17　电感元件瞬时功率的波形图

瞬时功率 p_L 在电压、电流变化的一个周期内变化了两个波形。瞬时功率 p_L 在第 1 个、第 3 个 1/4 周期内为正，电感吸收能量并转化为磁场能。

电感所储存的磁场能量的最大值为。

$$W_L = \frac{1}{2}LI_{Lm}^2 = LI_L^2$$

瞬时功率 p_L 在第 2 个、第 4 个 1/4 周期内为负，电感释放能量返还给电源，以后重复以上过程。

（2）平均功率（有功功率）。

$$P_L = \frac{1}{T}\int_0^T p_L dt = \int_0^T U_L I_L \sin(2\omega t)dt = 0$$

（3）无功功率（瞬时功率的最大值）。

$$Q_L = U_L I_L = I_L^2 X_L = \frac{U_L^2}{X_L}$$

无功功率 Q_L 的单位为乏尔（var），反映了电感元件与电源之间能量交换的规模。

例 3-9 某线圈的电感量为 0.1H，电阻可忽略不计，接在 $u = 220\sqrt{2}\sin(314t + 30°)$V 的交流电源上。试求：（1）电路中电流的有效值及无功功率；（2）电流相量并写出其瞬时值表达式，画出电流、电压的相量图；（3）若电源频率变为原来的两倍，电压有效值不变，电路中电流的有效值及无功功率又如何？

解：（1）$X_L = \omega L = 314 \times 0.1\Omega = 31.4\Omega$ ， $I = \dfrac{U}{X_L} = \dfrac{220}{31.4}A \approx 7A$

$$Q_L = UI = 220 \times 7\text{var} = 1\,540\text{var}$$

（2）$\dot{I} = \dfrac{\dot{U}}{jX_L} = \dfrac{220\angle 30°}{31.4\angle 90°}A \approx 7\angle(-60°) A$

$$i = 7\sqrt{2}\sin(314t - 60°)A$$

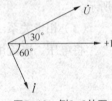

图3-18 例3-9的图

相量图如图 3-18 所示。

（3）当电源频率增加 1 倍时，电路感抗增大 1 倍，即

$$X_L = 2\omega L = 2 \times 314 \times 0.1\Omega = 62.8\Omega$$

$$I = \frac{U}{X_L} = \frac{220}{62.8}A \approx 3.5A$$

$$Q_L' = UI = 220 \times 3.5\text{var} = 770\text{var}$$

3.3.3　电容元件的正弦交流电路

线性电容元件的交流电路模型及电压、电流的正方向如图 3-19（a）所示。

1．电容元件电压与电流的关系

电容元件的伏安关系为

$$i_C = C\frac{du_C}{dt}$$

设加在电容两端的电压为 $u_C = U_{Cm}\sin\omega t$ ，则流过电容的电流 i_C 为

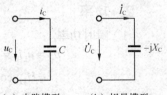

（a）电路模型　（b）相量模型
图3-19 电容元件交流电路

$$i_C = C\frac{\mathrm{d}u_C}{\mathrm{d}t} = C\frac{\mathrm{d}(U_{Cm}\sin\omega t)}{\mathrm{d}t}$$

$$= U_{Cm}\omega C\cos\omega t$$

$$= I_{Cm}\sin(\omega t + 90°)$$

由上式可知，电容元件的电压和电流是同频率的正弦量，它们的数量及相位关系如下。

（1）数量关系。

① $I_{Cm} = U_{Cm}\omega C = \dfrac{U_{Cm}}{\dfrac{1}{\omega C}} = \dfrac{U_{Cm}}{X_C}$ ，或者 $U_{Cm} = I_{Cm}X_C = \dfrac{I_{Cm}}{\omega C}$ 。

② $I_C = U_C\omega C = \dfrac{U_C}{\dfrac{1}{\omega C}} = \dfrac{U_C}{X_C}$ ，或者 $U_C = I_C X_C = \dfrac{I_C}{\omega C}$

式中， $X_C = \dfrac{1}{\omega C} = \dfrac{1}{2\pi fC}$ 是电压与电流有效值（或最大值）的比值，称为电容的容抗，具有阻止电流通过的性质，它相当于电阻元件电路中的电阻，其单位也是欧姆。引入容抗后，电容电压与电流的最大值（有效值）之间具有欧姆定律的形式。

容抗反映了电容元件对正弦交流电流的阻碍作用。只有在一定频率下，电容元件的容抗才是常数。 X_C 与频率 f 成反比，与电容量 C 成反比。因此，频率 f 越高，电路中容抗 X_C 越小，高频电流容易通过电容器，这被称作电容元件的通交作用，高频电路中电容元件相当于短路；对于直流电流，其频率 $f=0$ ，所以 $X_C \to \infty$ ，因此电容元件相当于开路，即电容元件具有隔离直流的作用。

③ 瞬时值之间不符合欧姆定律： $u_C \neq i_C X_C$ 。

（2）相位关系。由电容元件的伏安关系式可推导出，电容电流超前电压90°，即电压、电流存在着相位正交关系。

① $\varphi_i = \varphi_u + 90°$ 。

② 电压与电流的瞬时值波形图如图 3-20 （a）所示。

③ 电容元件电压与电流的相量图如图 3-20（b）所示。

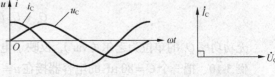

（a）波形图　　　　　（b）相量图

图3-20　电容元件电压、电流的相位关系

（3）相量关系。将电压、电流用相量表示。若 $\dot{U}_C = U_C \angle \varphi_u$ ， $\dot{I}_C = I_C \angle \varphi_i$ ，则

$$\dot{I}_C = I_C \angle \varphi_i = \frac{U_C}{X_C} \angle \varphi_i = \frac{U_C}{X_C} \angle(\varphi_u + 90°)$$

$$= \frac{U_C}{X_C} \angle \varphi_u \cdot 1 \angle 90° = j\frac{\dot{U}_C}{X_C} = \frac{\dot{U}_C}{-jX_C}$$

即相量关系式为

$$\dot{I}_C = \frac{\dot{U}_C}{-jX_C} \text{ 或者 } \dot{U}_C = -jX_C \dot{I}_C \tag{3-4}$$

式（3-4）同时表示了电容元件电压与电流之间的数量关系及相位关系，称为欧姆定律的相量形式。

（4）相量模型。用相量模型表示的单一电容参数电路如图 3-19（b）所示。

相量模型中电压相量与电流相量之比为复阻抗：$Z = \dfrac{\dot{U}_C}{\dot{I}_C} = -jX_C$。这个复数也是只有虚部，没有实部，它的大小$|Z| = X_C$表示了电容元件对交流电的阻碍作用的大小，称为容抗，单位也是欧姆。

2. 功率

（1）瞬时功率

$$p_C = u_C i_C = U_{Cm} \sin \omega t \cdot I_{Cm} \sin(\omega t + 90°)$$
$$= U_{Cm} I_{Cm} \sin \omega t \cdot \cos \omega t$$
$$= U_C I_C \sin 2\omega t$$

瞬时功率p_C是一个最大值为$U_C I_C$、频率为$2\omega t$的正弦量，其波形如图3-21所示。

瞬时功率p_C在电压、电流变化的一个周期内变化了两个波形。瞬时功率p_C在第1个、第3个1/4周期内为正，电容吸收能量并转化为电场能（电容充电）。

电容所储存的电场能量的最大值为

$$W_C = \frac{1}{2} C U_{Cm}^2 = C U_C^2$$

瞬时功率p_C在第2个、第4个1/4周期内为负，电容释放能量返还给电源（电容放电），以后重复以上过程。

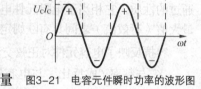

图3-21　电容元件瞬时功率的波形图

（2）平均功率（有功功率）。

$$P_C = \frac{1}{T}\int_0^T p_C \, dt = \int_0^T U_C I_C \sin(2\omega t)\, dt = 0$$

（3）无功功率。

$$Q_C = U_C I_C = I_C^2 X_C = \frac{U_C^2}{X_C}$$

无功功率Q_C的单位为乏尔（var），反映了电容元件与电源之间能量交换的规模。

例3-10 把一个$C = 80\ \mu F$的电容器接在$u = 220\sqrt{2}\sin(314t + 30°)$ V的电源上。试求：（1）电流相量，并写出其瞬时值表达式；（2）无功功率；（3）画出电压和电流的相量图。

解：$X_C = \dfrac{1}{\omega C} = \dfrac{1}{314 \times 80 \times 10^{-6}}\ \Omega \approx 40\ \Omega$

（1）电流相量为：$\dot{I} = \dfrac{\dot{U}}{-jX_C} = \dfrac{220\ \angle 30°}{40\ \angle(-90°)}$ A $= 5.5\ \angle 120°$ A

$i = 5.5\sqrt{2}\sin(314t + 120°)$ A

（2）$Q_C = UI = 220 \times 5.5 = 1210$ var $= 1.21$k var

（3）相量图如图3-22所示。

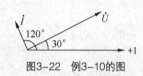

图3-22　例3-10的图

思考与练习

（1）交流电路中电阻元件的电压与电流的相位差是多少？

（2）判断下列电阻元件的电压、电流及电阻构成的表达式的正误。

① $i = \dfrac{U}{R}$ 　　② $I = \dfrac{U}{R}$ 　　③ $i = \dfrac{U_m}{R}$ 　　④ $i = \dfrac{u}{R}$

（3）电源电压不变，当电路的频率变化时，通过电阻元件的电流发生变化吗？

（4）交流电路中纯电感元件的电压与电流的相位差是多少？

（5）纯电感元件在交流电路中，感抗与频率有何关系？

（6）判断下列电感元件的电压、电流及感抗构成的表达式的正误。

$$①i = \frac{U}{X_L} \qquad ②I = \frac{U}{\omega L} \qquad ③i = \frac{u}{\omega L} \qquad ④I = \frac{U_m}{\omega L}$$

（7）在直流电路及高频电路中，电感元件的等效情况如何？

（8）电源电压不变，当电路的频率变化时，通过电感元件的电流发生变化吗？能从字面上把无功功率理解为无用功吗？

（9）纯电感 $L = 0.35$ H 接在 $u = 220\sqrt{2}\sin(314t + \frac{\pi}{3})$ V 的电源上，求 X_L、I、i、Q_L。

（10）交流电路中纯电容元件的电压与电流的相位差是多少？

（11）在交流电路中，纯电容元件的容抗与频率有何关系？

（12）判断下列电容元件的电压、电流及容抗构成的表达式的正误。

$$①i = \frac{U}{X_C} \qquad ②I = \frac{U}{\omega C} \qquad ③i = \frac{u}{\omega C} \qquad ④I = U_m\omega C$$

（13）在直流电路及高频电路中，电容元件的等效情况如何？

（14）电源电压不变，当电路的频率变化时，通过电容元件的电流发生变化吗？

（15）$X_C = 5\ \Omega$ 的电容元件外加 $\dot{U} = 10\ \angle 30°$ V 的正弦交流电源，求该元件的电流 $\dot{I}$。

（16）在电阻 $R = 10\ \Omega$ 的两端加一正弦电压 $u = 100\sqrt{2}\sin(314t - \frac{\pi}{3})$ V，求：①流过电阻的电流有效值，并写出电流的解析式；②电阻上消耗的功率；③画出电压和电流的相量图。

（17）将 $L = 25.5$ mH 的线圈（可视为纯电感）接到 $u = 220\sqrt{2}\sin(314t + \frac{\pi}{6})$ V 的电源上。求：①求线圈的感抗、复感抗；②流过线圈的电流相量，并写出电流的解析式；③有功功率和无功功率；④画出电压和电流的相量图。

（18）一个线圈 L 的自感 $L = 40.5$ mH（其电阻可忽略不计），接在电源电压 $u = 50\sqrt{2}\sin(314t + \frac{\pi}{2})$ V 的电路中，求线圈两端的电压和流过线圈电流的有效值，并求有功功率和无功功率。

（19）将 $C = 80\ \mu\text{F}$ 的电容器接到 $u = 80\sqrt{2}\sin(314t - 60°)$ V 的电源上。求：①容抗、复容抗；②电流的相量、有效值，并写出电流的解析式；③有功功率和无功功率；④画出电压和电流的相量图。

3.4　RLC 串联电路

实际电路中，单一参数的纯电路是不存在的。实际交流电路往往由两个或多个电路元件按照不同的连接方式组合而成。例如，电动机、变压器的线圈就是电阻、电感元件串联的交流电路。本节讨论由电阻、电感、电容元件串联组成的交流电路。

3.4.1　RLC 串联电路中电压与电流的关系

电阻 R、电感 L、电容 C 串联的正弦交流电路简称 RLC 串联电路，电路模型如图 3-23（a）所示。

若在串联电路两端施加正弦交流电压 u，电路中就会产生一个按正弦规律变化的电流 i，在 R、L、C 元件两端分别产生电压降 u_R、u_L、u_C，图中标出了各电压、电流的关联参考方向。

假设电流 $i = I_m \sin\omega t$，则由单一参数正弦交流电路的分析及 KVL 可得

$$u = u_R + u_L + u_C = U_{Rm}\sin\omega t + U_{Lm}\sin(\omega t + 90°) + U_{Cm}\sin(\omega t - 90°) = U_m\sin(\omega t + \phi) \tag{3-5}$$

即总电压的瞬时值等于各分电压瞬时值的和，总电压与各分电压仍是同频率的正弦量。总电压 u 与电流 i 之间的相位差为 φ，式（3-5）中各项均为正弦量，用相量运算更为方便。

1. RLC 串联交流电路的相量模型

前面我们讨论过单一参数的正弦交流电路的相量模型，RLC 串联交流电路的相量模型可由 3 个单一参数正弦交流电路的相量模型串联得到，由图 3-23（a）所示的电路模型得到相量模型如图 3-23（b）所示。

用相量分析法求解正弦交流电路的步骤如下。

① 由电路模型画出正弦交流电路的相量模型，即把原交流电路中的电压和电流用相量表示，原电路参数用复数阻抗表示。

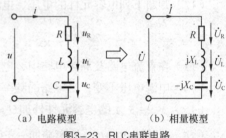

（a）电路模型　　　（b）相量模型

图3-23　RLC串联电路

② 按照 KCL、KVL 列出相量方程式进行相量计算，得出待求量的相量形式。

③ 再将相量转换为待求量的瞬时值表达式。

需要说明的是，直流电路适用的电路定律、定理在相量分析法中仍然适用。

2. RLC 串联电路中电流与总电压的相量关系

图 3-23（b）所示的相量模型中，各电压、电流取关联参考方向，由 KVL 可知：

$$\dot{U} = \dot{U}_R + \dot{U}_L + \dot{U}_C \tag{3-6}$$

式（3-6）为 RLC 串联电路中基尔霍夫电压定律的相量形式，是计算正弦交流电路的基本公式之一。

式（3-6）中各分电压可由单一参数交流电路中电压与电流的相量关系得出：

$$\dot{U}_R = R\dot{I}，\quad \dot{U}_L = jX_L\dot{I}，\quad \dot{U}_C = -jX_C\dot{I}$$

故式（3-6）可变换为

$$\dot{U} = \dot{U}_R + \dot{U}_L + \dot{U}_C = \dot{I}\left[R + j(X_L - X_C)\right] = \dot{I}(R + jX) = \dot{I}Z$$

式中

$$Z = R + j(X_L - X_C) = R + jX$$

Z 称为电路的复阻抗，简称阻抗，其单位是欧姆。实部 R 称为电阻，虚部系数 $X = X_L - X_C$ 称为电抗。电抗 X 是感抗 X_L 与容抗 X_C 之差。

引入复阻抗的概念之后，电压相量与电流相量之间也符合欧姆定律。

总电压 $\dot{U}$ 与总电流 $\dot{I}$ 的相量关系式为

$$\dot{U} = \dot{I} Z \text{ 或 } \dot{I} = \frac{\dot{U}}{Z} \qquad (3\text{-}7)$$

式（3-7）是 RLC 串联交流电路欧姆定律的相量形式。

3. RLC 串联电路的复阻抗

复阻抗 Z 反映了 RLC 串联电路对电流的阻碍作用。

（1）RLC 串联电路中复阻抗 Z 的两种表示形式。复阻抗 Z 的代数形式为

$$Z = R + \mathrm{j}(X_L - X_C) = R + \mathrm{j}X$$

复阻抗 Z 只有实部时相当于单一电阻参数交流电路；复阻抗 Z 只有虚部时，其虚部系数为正（X_L），相当于单一电感参数交流电路；其虚部系数为负（X_C），相当于单一电容参数交流电路。

复阻抗的极坐标式可根据总电压、电流的相量式求出：

$$Z = \frac{\dot{U}}{\dot{I}} = \frac{U\ \angle \varphi_u}{I\ \angle \varphi_i} = \frac{U}{I}\ \angle(\varphi_u - \varphi_i) = |Z|\ \angle \varphi \qquad (3\text{-}8)$$

由式（3-8）可知：

复阻抗的模 $|Z| = \dfrac{U}{I}$，表示了总电压与电流的数量关系（有效值关系）；

复阻抗的辐角 $\varphi = \varphi_u - \varphi_i$，表示了总电压与电流的相位关系（电压超前电流的角度）。

复阻抗 Z 不是用来表示正弦量的复数，它只是在计算过程中产生的一个复数计算量，故它不是相量。复阻抗用大写字母 "Z" 来表示，上面不带点。

（2）RLC 串联电路中复阻抗两种表示形式的相互转换。

$$Z = R + \mathrm{j}(X_L - X_C) = R + \mathrm{j}X = |Z|\ \angle \varphi$$

以上 R、X、$|Z|$、φ 4 个量之间的关系可以用一个直角三角形表示，这个三角形就是图 3-25（b）所示的阻抗三角形。

由阻抗三角形可实现复阻抗两种表示形式的相互转换。

① 已知复阻抗的极坐标形式，可求出其代数形式：

电阻 $R = |Z|\cos\varphi$

电抗 $X = |Z|\sin\varphi$

② 已知复阻抗的代数形式，可求出其极坐标形式：

复阻抗 Z 的模 $|Z| = \sqrt{R^2 + X^2}$

阻抗角 $\varphi = \arctan\dfrac{X}{R}$

式中，φ 的正负视 X 的正负而定。它们仅与电路的参数有关，与电压、电流的大小无关。

4. RLC 串联电路的相量图

总电压相量与各分电压相量之间以及它们与电流相量之间的关系还可以用相量图定性描述。

以电流 $\dot{I}$ 为参考相量（$\dot{I} = I\ \angle 0°$），画在水平方向箭头向右。其他各电压相量以 $\dot{I}$ 为基准，先按相位差确定相量的位置，再根据有效值大小按比例分别画出。

RLC 串联电路的相量图如图 3-24 所示。图 3-24（a）所示为 $U_L > U_C$，即 $X > 0$ 时的相量图。图 3-24（b）及图 3-24（c）所示分别为 $U_L < U_C$（即 $X < 0$）及 $U_L = U_C$（即 $X = 0$）时的相量图。

(a) $X > 0$　　(b) $X < 0$　　(c) $X = 0$

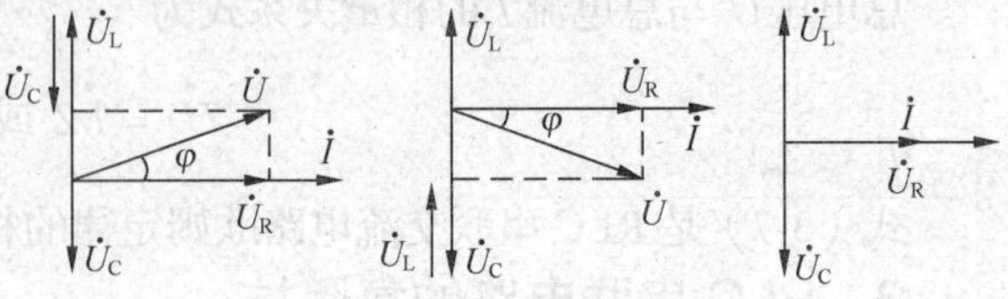

图3-24　RLC串联电路的相量图

由图 3-24（a）可得出以下结论。

总电压与各分电压的数量关系为

$$U = \sqrt{U_R^2 + (U_L - U_C)^2}, \quad U \neq U_R + U_L + U_C \tag{3-9}$$

总电压与总电流的数量关系为

$$U = \sqrt{U_R^2 + (U_L - U_C)^2} = I\sqrt{R^2 + (X_L - X_C)^2} = I|Z| \tag{3-10}$$

总电压与总电流的相位关系为

电压超前电流的角度

$$\varphi = \arctan\frac{U_L - U_C}{U_R} = \arctan\frac{X_L - X_C}{R} = \arctan\frac{X}{R} \tag{3-11}$$

总电压的初相角

$$\varphi_u = \varphi_i + \varphi = \varphi_i + \arctan\frac{X_L - X_C}{R} = \varphi_i + \arctan\frac{X}{R}$$

上述结论同样适用于图 3-24（b）和图 3-24（c）。

5. RLC 串联电路的性质

RLC 串联电路中，电抗 $X = X_L - X_C$，是电感和电容共同作用的结果。总电压与总电流之间的相位差 φ 决定了电路的性质，它由电抗 X 的大小和正负来确定。

① 当 $X_L > X_C$（即 $\omega L > \dfrac{1}{\omega C}$）时，$X > 0$，阻抗角 $\varphi > 0$，总电压超前电流，电路呈感性，其相量图如图 3-24（a）所示。

② 当 $X_L < X_C$（即 $\omega L < \dfrac{1}{\omega C}$）时，$X < 0$，阻抗角 $\varphi < 0$，总电压滞后电流，电路呈容性，其相量图如图 3-24（b）所示。

③ 当 $X_L = X_C$（即 $\omega L = \dfrac{1}{\omega C}$）时，$X = 0$，阻抗角 $\varphi = 0$，总电压与电流同相，电路呈电阻性，这时称电路发生了谐振，其相量图如图 3-24（c）所示。

结论：RLC 串联电路可根据阻抗角的大小来判断电路的性质。

3.4.2　RLC 串联电路的功率

由单一参数正弦交流电路的分析可知，电阻是耗能元件，其平均功率为 $P = UI = I^2R = \dfrac{U^2}{R}$；电感、电容是储能元件，它们不消耗功率（$P = 0$），只与外电路进行能量交换。

若一个无源二端网络中既含有电阻元件，又含有电感和电容元件，则该二端网络既有能量损耗，又有能量交换，它吸收的瞬时功率等于该二端网络输入端的瞬时电压与瞬时电流值的乘积，即 $p = ui$。下面以 RLC 串联电路为例，介绍正弦交流电路中二端网络的功率。

设以 RLC 串联电路的电流 i 为参考正弦量，选择电压、电流参考方向一致，则电压、电流分别为

$$i = \sqrt{2}I \sin(\omega t)\text{A}$$
$$u = \sqrt{2}U \sin(\omega t + \varphi)\text{V}$$

式中，φ 为端口电压超前电流的角度（也是等效阻抗的阻抗角），即 $\varphi = \varphi_\text{u} - \varphi_\text{i}$。

（1）瞬时功率 p。

$$p = ui = \sqrt{2}U \sin(\omega t + \varphi) \times \sqrt{2}I \sin(\omega t) = UI[\cos\varphi - \cos(2\omega t + \varphi)]$$

（2）平均功率（有功功率）。

$$P = \frac{1}{T}\int_0^T p\,\text{d}t = \frac{1}{T}\int_0^T UI[\cos\varphi - \cos(2\omega t + \varphi)]\text{d}t = UI \cos\varphi$$

平均功率 P 的单位是瓦特（W）。

系数 $\cos\varphi$ 称为功率因数，φ 称为功率因数角。电源频率及电路参数确定后，φ 是确定的值。

由图 3-24 可知，电阻性电路的阻抗角 $\varphi = 0$，则 $\cos\varphi = 1$，$P = UI \cos\varphi = UI$；感性、容性负载 $P = UI \cos\varphi = U_\text{R}I$。可见，平均功率就是电阻上消耗的功率，电感元件和电容元件不消耗功率（但占用无功功率）。这与前面讨论的单一参数正弦交流电路得出的结论是一致的。

$\cos\varphi$ 越大，平均功率越大，无功功率越小，电源设备的利用率就越高。

（3）无功功率。

$$Q = UI \sin\varphi = (U_\text{L} - U_\text{C})I$$

相对于无功功率来说，平均功率又称有功功率。为了和有功功率相区别，无功功率的单位规定为无功伏安，简称乏尔（var）。

无功功率是交换，而不是消耗，但无功功率不能理解为无用功。许多电气设备如电动机、变压器等为感性负载，储能元件的存在是它们正常工作的需要。

感性电路中 $\varphi > 0$，Q 为正，容性电路中 $\varphi < 0$，Q 为负，RLC 串联电路中的无功功率为二者之差，即

$$Q = Q_\text{L} - Q_\text{C}$$

（4）视在功率。

$$S = UI$$

视在功率表示用电设备的总容量，单位为伏安（V·A）。

平均功率 P、无功功率 Q 和视在功率 S 的关系为

$$S^2 = P^2 + Q^2$$

图 3-25 示出 3 个相似三角形，即电压三角形、阻抗三角形及功率三角形。它形象地描述了三者的关系。从图 3-25 中可以看出 $\cos\varphi$ 有 3 种计算公式，即 $\cos\varphi = \dfrac{R}{|Z|} = \dfrac{U_R}{U} = \dfrac{P}{S}$。

由公式 $U = \sqrt{U_\text{R}^2 + (U_\text{L} - U_\text{C})^2} = \sqrt{U_\text{R}^2 + U_\text{X}^2}$ 及相量图 3-24（a）可看出，RLC 串联电路电压 $\dot{U}$ 和 $\dot{U}_\text{R}$ 及 $\dot{U}_\text{X} = \dot{U}_\text{L} + \dot{U}_\text{C}$ 构成一个直角三角形，称为电压三角形，如图 3-25（a）所示。电压三角形为矢量三角形。

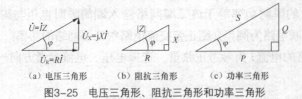

(a) 电压三角形 　　(b) 阻抗三角形 　　(c) 功率三角形

图3-25　电压三角形、阻抗三角形和功率三角形

由公式 $Z = |Z| \angle \varphi = \sqrt{R^2 + X^2} \angle \arctan\dfrac{X}{R}$ 及前面的分析可知，RLC 串联电路阻抗的模 $|Z|$、电阻 R 及电抗 X 构成的直角三角形称为阻抗三角形，如图 3-25（b）所示。

由公式 $P = UI\cos\varphi$、$Q = UI\sin\varphi$、$S = UI$ 可看出，$S^2 = P^2 + Q^2$，即 RLC 串联电路中的功率 P、Q、S 构成一个直角三角形，称为功率三角形，如图 3-25（c）所示。

从几何关系上看，电压三角形、阻抗三角形及功率三角形是相似三角形。阻抗三角形各边乘以 I，并用矢量表示，便可得到电压三角形。阻抗三角形各边乘以 I^2，便可得到功率三角形。

例 3-11　已知 RLC 串联电路中，电源电压 $u = 220\sqrt{2}\sin(314t + 30°)\,\text{V}$，$R = 30\,\Omega$，若由电路参数 L 和 C 求出 $X_L = 70\,\Omega$，$X_C = 30\,\Omega$。求：（1）电路中复阻抗 Z 的模及幅角；（2）电流的有效值 I 及其瞬时值表达式 i；（3）电路中的功率 P、Q、S，并画出电流及各电压的相量图。

解：该正弦交流电路的电路模型及相量模型如图 3-23 所示。

（1）复阻抗 $Z = R + \text{j}(X_L - X_C) = R + \text{j}X = 30\,\Omega + \text{j}(70 - 30)\,\Omega = 50\angle 53.1°\,\Omega$

（2）由已知条件可知 $U = 220\,\text{V}$，则 $I = \dfrac{U}{|Z|} = \dfrac{220}{50}\,\text{A} = 4.4\,\text{A}$

总电压与电流的相位差等于复阻抗的幅角：$\varphi_u - \varphi_i = \varphi = 53.1°$

则　　　　　　　　　　　　$\varphi_i = \varphi_u - \varphi = 30° - 53.1° = -23.1°$

电流的瞬时值表达式为：$i = 4.4\sqrt{2}\sin(314t - 23.1°)\,\text{A}$

（3）由阻抗三角形得出：$\cos\varphi = \dfrac{R}{|Z|} = \dfrac{30}{50}$，$\sin\varphi = \dfrac{X}{|Z|} = \dfrac{40}{50}$

$$P = UI\cos\varphi = 220 \times 4.4 \times \frac{30}{50}\,\text{W} = 580.8\,\text{W}$$

$$Q = UI\sin\varphi = 220 \times 4.4 \times \frac{40}{50}\,\text{var} = 774.4\,\text{var}$$

$$S = UI = 220\,\text{V} \times 4.4\,\text{A} = 968\,\text{V·A}$$

$U_R = IR = 4.4 \times 30\,\text{V} = 132\,\text{V}$，$U_L = IX_L = 4.4 \times 70\,\text{V} = 308\,\text{V}$，$U_C = IX_C = 4.4 \times 30\,\text{V} = 132\,\text{V}$

先以电流 $\dot{I} = I\angle 0°$ 为参考相量画出相量图，如图 3-26（a）所示，再将图 3-26（a）按顺时针旋转 23.1°，可得到所需的相量图，如图 3-26（b）所示。

例 3-12　RLC 串联电路中，已知 $R = 5\,\text{k}\Omega$，$L = 6\,\text{mH}$，$C = 0.001\,\mu\text{F}$，$u = 5\sqrt{2}\sin 10^6 t\,\text{V}$。求：（1）电流 i 和各元件上的电压，画出相量图；（2）当角频率变为 $2 \times 10^5\,\text{rad/s}$ 时，电路的性质有无改变？

解：（1）$X_L = \omega L = 10^6 \times 6 \times 10^{-3} = 6\,(\text{k}\Omega)$

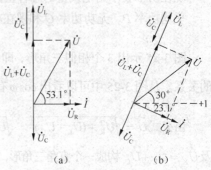

(a)　　　　　　(b)

图3-26　例3-11的图

$$X_C = \frac{1}{\omega C} = \frac{1}{10^6 \times 0.001 \times 10^{-6}} \text{k}\Omega = 1\text{k}\Omega$$

$$Z = R + \text{j}(X_L - X_C) = 5 + \text{j}(6-1) = 5\ \underline{/45^\circ}\ (\text{k}\Omega)，\quad \varphi_z > 0，电路呈感性。$$

由 $u = 5\sqrt{2}\sin 10^6 t\,\text{V}$ 得出电压相量为

$$\dot{U}_m = 5\sqrt{2}\ \underline{/0^\circ}\ \text{V}$$

$$\dot{I}_m = \frac{\dot{U}_m}{Z} = \frac{5\sqrt{2}\ \underline{/0^\circ}}{5\sqrt{2}\ \underline{/45^\circ}}\ \text{mA} = 1\ \text{mA}$$

$$\dot{U}_{Rm} = R\dot{I}_m = 5 \times 1\ \underline{/-45^\circ} = 5\text{V}\ \underline{/-(45)^\circ}\ \text{V}$$

$$\dot{U}_{Lm} = \text{j}X_L \dot{I}_m = \text{j}6 \times 1\ \underline{/-45^\circ}\text{V} = 6\ \underline{/45^\circ}\text{V}$$

$$\dot{U}_{Cm} = -\text{j}X_C \dot{I}_m = -\text{j}1 \times 1\ \underline{/-45^\circ}\ \text{V} = 1\ \underline{/(-135)^\circ}\ \text{V}$$

$$i = \sin(10^6 t - 45^\circ)\ \text{mA}$$

$$u_R = 5\sin(10^6 t - 45^\circ)\ \text{V}$$

$$u_L = 6\sin(10^6 t + 45^\circ)\ \text{V}$$

$$u_C = \sin(10^6 t - 135^\circ)\ \text{V}$$

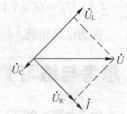

图3-27　例3-12的图

电压相量图如图 3-27 所示。

（2）当角频率变为 2×10^5 rad/s 时，电路阻抗为

$$Z = R + \text{j}(X_L - X_C) = 5\text{k}\Omega + \text{j}\left(2\times10^5 \times 6\times10^{-3} - \frac{1}{2\times10^5 \times 0.001\times10^{-6}}\right)\text{k}\Omega$$

$$= (5 - \text{j}3.8)\text{k}\Omega = 10.12\ \underline{/-60.4^\circ}\ \text{k}\Omega$$

$\varphi_z < 0$，电路呈容性。

例3-13　已知阻抗 Z 上的电压、电流的参考方向一致，它们对应的相量式分别为 $\dot{U} = 220\angle30^\circ$ V，$\dot{I} = 5\angle-30^\circ$ A，求 Z、$\cos\varphi$、P、Q、S。

解：由相量形式的欧姆定律得出

$$Z = \frac{\dot{U}}{\dot{I}} = \frac{220\ \underline{/30^\circ}}{5\ \underline{/-30^\circ}}\Omega = 44\ \underline{/60^\circ}\ \Omega$$

由复阻抗的极坐标形式可知，电压与电流的相位差 $\varphi = 60^\circ$，则 $\cos\varphi = \cos 60^\circ = 0.5$。

$$P = UI\cos\varphi = 220 \times 5 \times 0.5\text{W} = 550\text{W}$$

$$Q = UI\sin\varphi = 220 \times 5 \times \sqrt{3}/2\,\text{var} = 952.6\text{var}$$

$$S = UI = 220\text{V} \times 5\text{A} = 1100\text{V·A}$$

例3-14　已知 RLC 串联电路中，$R = 30\,\Omega$，$L = 382$ mH，$C = 39.8$ μF，外加电压 $u = 220\sqrt{2}\sin(314t + 60^\circ)$ V，求：（1）复阻抗 Z；（2）电流 i，电压 u_R、u_L、u_C；（3）确定电路的性质；（4）电流相量 $\dot{I}$ 及各电压相量 $\dot{U}_R$、$\dot{U}_L$、$\dot{U}_C$。

解：（1）$X_L = \omega L = 314 \times 382 \times 10^{-3}\,\Omega \approx 120\Omega$

$$X_C = \frac{1}{\omega C} = \frac{1}{314 \times 39.8 \times 10^{-6}}\,\Omega \approx 80\Omega$$

$$Z = R + \mathrm{j}(X_\mathrm{L} - X_\mathrm{C}) = 30\Omega + \mathrm{j}(120-80)\Omega = 30 + \mathrm{j}40\Omega = 50 \underline{/53.1°}\ \Omega$$

（2）因为 $\varphi_\mathrm{u} - \varphi_\mathrm{i} = 53.1°$，则 $\varphi_\mathrm{u} = 60°$，$\varphi_\mathrm{i} = 6.9°$

$$I = \frac{U}{|Z|} = \frac{220}{50}\mathrm{A} = 4.4\mathrm{A}$$

故
$$i = 4.4\sqrt{2} \sin(314t + 6.9°)\ \mathrm{A}$$

$$u_\mathrm{R} = IR\sqrt{2} \sin(314t + 6.9°)\mathrm{V} = 132\sqrt{2} \sin(314t + 6.9°)\mathrm{V}$$

$$u_\mathrm{L} = IX_\mathrm{L}\sqrt{2} \sin(314t + 6.9° + 90°)\mathrm{V} = 528\sqrt{2} \sin(314t + 96.9°)\mathrm{V}$$

$$u_\mathrm{C} = IX_\mathrm{C}\sqrt{2} \sin(314t + 6.9° - 90°)\mathrm{V} = 352\sqrt{2} \sin(314t - 83.1°)\mathrm{V}$$

（3）$X = X_\mathrm{L} - X_\mathrm{C} = 120 - 80 = 40 > 0$，电路呈感性。

（4）$U_\mathrm{R} = IR = 4.4 \times 30\mathrm{V} = 132\mathrm{V}$；$U_\mathrm{L} = IX_\mathrm{L} = 4.4 \times 120\mathrm{V} = 528\mathrm{V}$；$U_\mathrm{C} = IX_\mathrm{C} = 4.4 \times 80\mathrm{V} = 352\mathrm{V}$

因为电流相量 $\dot{I} = 4.4 \underline{/6.9°}\ \mathrm{A}$，则 $\dot{U}_\mathrm{R} = 132 \underline{/6.9°}\ \mathrm{V}$，$\dot{U}_\mathrm{L} = 528 \underline{/96.9°}\ \mathrm{V}$，$\dot{U}_\mathrm{C} = 352 \underline{/-83.1°}\ \mathrm{V}$。

思考与练习

（1）如图 3-28 所示，电压表 PV_1、PV_2、PV_3 的读数都是 100 V，试求每个电路中电表 PV 的读数。

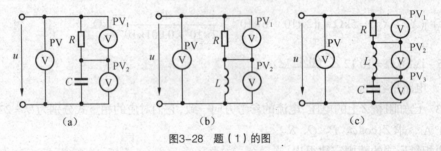

（a）　　　　　　　（b）　　　　　　　（c）

图3-28　题（1）的图

（2）在 20 V 直流电源作用下，测得流过线圈的电流为 1 A；当把该线圈改接到电压有效值为 120 V、频率为 50 Hz 的交流电源上时，测得流过线圈的电流为 0.3 A。求线圈的电阻 R 和电感 L。

（3）如图 3-29 所示交流电路中，各元件上电压的有效值为 $U_1 = 30$ V，$U_2 = 40$ V，$U_3 = 40$ V，求各电路总电压的有效值 U。

（4）求图 3-30 所示交流电路中各段电路的复阻抗。

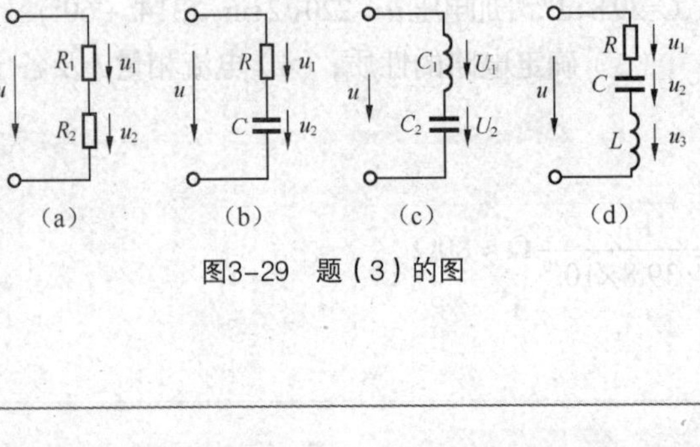

图3-29　题（3）的图 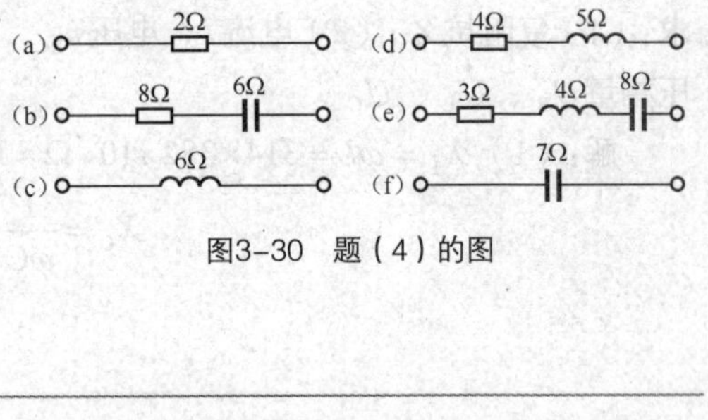　　　　　　　　　　　　图3-30　题（4）的图

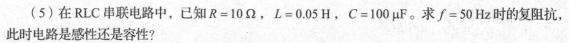

（5）在 RLC 串联电路中，已知 $R=10\,\Omega$，$L=0.05\,\text{H}$，$C=100\,\mu\text{F}$。求 $f=50\,\text{Hz}$ 时的复阻抗，此时电路是感性还是容性？

（6）已知 $R=4\,\Omega$，$X=3\,\Omega$，它们串接于 $f=50\,\text{Hz}$、$U=220\,\text{V}$ 的交流电路中。求：① Z、I；② U_R；③ P、Q、S、$\cos\varphi$。

（7）一个电阻器和电容器串接在 $U=5\sqrt{5}\,\text{V}$ 的电源上，若电阻两端的电压 $U_R=5\,\text{V}$，求电容器两端的电压 U_C、总电压与电流的相位差 φ 以及它们的相位关系。

（8）在 RLC 串联电路中，已知 $R=6\,\Omega$，$X_L=15\,\Omega$，$X_C=7\,\Omega$，$u=20\sqrt{2}\sin(314t+90°)\,\text{V}$。试求：①电路的复阻抗、阻抗、电抗；②电流相量，并写出电流的解析式；③电阻、电感和电容两端电压的有效值；④有功功率、无功功率、视在功率和功率因数。

仿真实验　RLC 串联电路

一、实验目的

（1）进一步掌握 EWB 仿真软件的使用。
（2）理解 RLC 串联电路中各元件电流与电压的关系。
（3）掌握 RLC 串联电路中各电压与电流的相量关系及数量关系。
（4）通过仿真验证 RLC 串联谐振的条件及串联谐振的特点。

二、实验原理

1. RLC 串联电路

（1）电压与电流的相量关系。由 RLC 串联电路的相量模型图 3-23（b）求得各电压与电流的相量关系为

$$\dot{U}=\dot{U}_R+\dot{U}_L+\dot{U}_C=\dot{I}R+jX_L\dot{I}-jX_C\dot{I}=\dot{I}\left[R+j(X_L-X_C)\right]=\dot{I}Z$$

复阻抗为

$$Z=\frac{\dot{U}}{\dot{I}}=R+j(X_L-X_C)=R+jX=|Z|\angle\varphi$$

（2）电压与电流的数量关系。由相量图 3-24（a）中的电压三角形求得总电压与各分压的数量关系为

$$U=\sqrt{U_R{}^2+(U_L-U_C)^2}=I\sqrt{R^2+(X_L-X_C)^2}=I|Z|$$

阻抗模为

$$|Z|=\sqrt{R^2+(X_L-X_C)^2}$$

（3）总电压与电流的相位关系。总电压超前电流的角度为

$$\varphi=\arctan\frac{X_L-X_C}{R}=\arctan\frac{U_L-U_C}{U_R}=\arctan\frac{Q_L-Q_C}{P}$$

2. RLC 串联谐振

（1）谐振的条件：$X_L=X_C$。

（2）谐振频率：$f = \dfrac{1}{2\pi\sqrt{LC}}$。

（3）谐振的特点。

① 阻抗最小，$Z_0 = R$。

② 电流最大，$I_0 = \dfrac{U}{R}$。

③ $\dot{U}_L$ 与 $\dot{U}_C$ 大小相等，相位相反。当 $X_L = X_C > R$ 时，电路中可能出现过电压，故称为电压谐振。

（4）品质因数。品质因数：$Q = \dfrac{U_L}{U} = \dfrac{\omega_0 L}{R} = \dfrac{U_C}{U} = \dfrac{1}{\omega_0 RC}$。其中，$Q$ 越大，选择性越好。

三、实验内容及步骤

1. RLC 串联电路

（1）启动 EWB，在 EWB 工作区建立仿真电路并选择电路参数，如图 3-31 所示（仿真开关已合上）。

（2）测量 R、L、C 两端的电压记入表 3-2 中，并与计算值相比较。验证 $U \neq U_R + U_L + U_C$，总电压与各分压的数量关系符合 $U = \sqrt{U_R^2 + (U_L - U_C)^2}$。

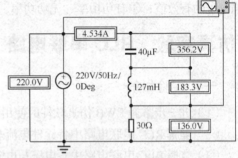

图3-31　RLC串联电路

表 3-2　　　　　　　　　　　　　　仿真结果

电源电压 U/V		U_R/V	U_L/V	U_C/V	I/A
测量值	计算值				

（3）由测量值画出 RLC 串联电路中电流及各电压的有效值相量图。

（4）由虚拟示波器的测量结果得到总电压 $\dot{U}$ 及电阻电压 $\dot{U}_R$ 的波形，如图 3-32 所示，判断电路的性质（感性、容性或电阻性）。

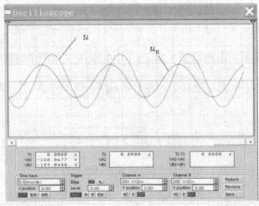

图3-32　总电压及电阻电压波形

2. RLC 串联谐振

（1）根据理论计算得出谐振时的电感、电容大小，自行设计电路参数，并选取几组不同的数值，通过改变元件参数得到谐振的条件。记录每一组测试时的电感、电容的参数 L、C 及电压 U、U_R、U_L、U_C，将测量结果记入表 3-3 中。

表 3-3　　　　　　　　　仿真结果

电路参数		U_R/V	U_L/V	U_C/V	I/A	U/V	
L/mH	$C/\mu F$					测量值	计算值

（2）根据自己设计的参数并选择合适的方法验证串联谐振条件。

① 利用电压表测量电感元件和电容元件的电压值，两者相等时即为串联谐振。

② 利用示波器观察电源电压与电阻两端电压的波形，两者同相即为串联谐振。

③ 可在电路中串入电流表，在改变电路参数的同时观察并记录电流的读数，测试电路发生谐振时的电流，并判断是否为最大值。

④ 通过示波器观察电感和电容两端的电压波形，二者同相时为串联谐振；或者用电压表测量电感、电容两端的电压，二者相等时为串联谐振。

四、注意事项

（1）使用 EWB 时注意选择适当的仿真仪表量程。

（2）注意仿真仪表的接线是否正确。

（3）按下"仿真"按钮接通电源，按下"暂停"按钮来观察波形。

（4）使用示波器时要注意选择合适的时间和幅值以观察波形。

五、实验报告

按老师要求写出实验报告。

电路中的谐振

在含有电感、电容的电路中，调节电路参数或电源频率，使电路中总电压和总电流相位相同，整个电路的负载呈电阻性，电路的这种工作状态称为谐振。谐振电路在无线电工程、电子测量技术等许多电路中应用非常广泛。

发生在串联电路中的谐振称为串联谐振，发生在并联电路中的谐振称为并联谐振。

1. 串联谐振

RLC 串联电路的相量模型如图 3-33（a）所示。

RLC 串联电路的总阻抗为

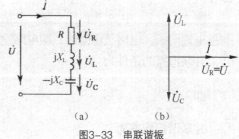

图3-33　串联谐振

$$Z = R + j(X_L - X_C) = R + j(\omega L - \frac{1}{\omega C})$$

由图 3-33（a）可见，当 $\dot{U}$ 与 $\dot{I}$ 同相时，电路产生串联谐振，谐振条件为

$$X_L = X_C$$

即

$$\omega_0 L = \frac{1}{\omega_0 C}$$

谐振频率为

$$f_0 = \frac{1}{2\pi\sqrt{LC}} \tag{3-12}$$

由式（3-12）可知，调节 L、C 两个参数中的一个，即可改变谐振频率 f_0，如果 L、C 给定（f_0 确定），那么调节电源频率使 $f = f_0$，电路产生谐振。如果电源频率给定，L、C 可调，那么调节 L、C 也可以产生谐振。

串联谐振的特点如下。

① 阻抗最小，且为纯阻性，即 $Z_0 = R$。

② 电路中的电流最大，且与外加电源电压同相，$I_0 = \dfrac{U}{R}$。

③ 串联谐振时电感和电容上的电压相等，相位相反，且大小为电源电压 U 的 Q 倍。Q 称为电路的品质因数。

因 $X_L = X_C \gg R$ 时，$U_L = U_C = QU \gg U_R = U$，即电感和电容上的电压远远高于电路的端电压，故串联谐振也称为电压谐振。电压谐振时的相量关系如图 3-33（b）所示。

在电信工程中，为了接收外来的微弱信号，常常利用串联谐振来得到某一信号频率的较高电压。品质因数 Q 是反映电路这方面能力的。实际应用中，串联谐振电路的感抗和容抗比电阻大得多，所以品质因数 Q 都比较大，在几十到几百之间。

在无线电技术中常应用串联谐振的选频特性来选择信号。收音机通过接收天线，接收到各种频率的电磁波，每一种频率的电磁波都要在天线回路中产生相应的微弱的感应电流。为了达到选择信号的目的，通常在收音机里采用如图 3-34（a）所示的谐振电路，其等效电路如图 3-34（b）所示，这是由电感、电容组成的串联谐振电路。

2．并联谐振

电感线圈和电容器并联电路的相量模型如图 3-35（a）所示。其中，电容器的电阻损耗可忽略不计，可看成是纯电容；线圈电阻损耗不可忽略，可看成是 R 和 L 的串联电路。例如，收音机里的中频变压器，用以产生正弦波的 LC 振荡器等，都是以电感线圈和电容器的并联电路作为核心部分。

图 3-35（a）中 R 为线圈电阻，数值很小，当电路发生谐振时，一般 $\omega L \gg R$，电路中总电压与总电流同相，电路呈电阻性，即电路发生并联谐振。

并联谐振的条件为

$$X_L = X_C$$

即

$$\omega_0 L = \frac{1}{\omega_0 C}$$

并联谐振频率为

$$f_0 = \frac{1}{2\pi\sqrt{LC}}$$

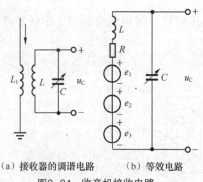

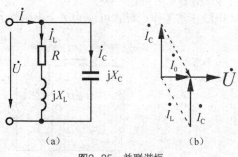

<table>
<tr><td>（a）接收器的调谐电路</td><td>（b）等效电路</td></tr>
</table>

图3-34　收音机接收电路　　　　　　　　　　图3-35　并联谐振

电路并联谐振时的主要特征如下。

① 电路中的阻抗为最大值，$|Z_0| = \dfrac{L}{RC}$ 为纯阻性。

② 在电源电压一定的情况下，谐振时总电流最小，$I_0 = \dfrac{U}{|Z_0|}$ 且与端电压同相。

③ 总电流 $\dot{I}_0$ 与 $\dot{I}_L$ 与 $\dot{I}_C$ 的相量图如图 3-35（b）所示。并联谐振各支路电流大于总电流，故称并联谐振为电流谐振。其中 $Q = \dfrac{X_L}{R} = \dfrac{X_C}{R}$ 称为电路的品质因数。

在 $\omega L \gg R$ 的情况下，并联谐振电路与串联谐振电路的谐振频率相同。

思考与练习

（1）串联谐振的频率如何计算？其特点有哪些？

（2）已知串联谐振电路中，自感 $L=30\text{ mH}$，问电容 C 等于多少才能使电路对 $f_0=150\text{ kHz}$ 的电源频率发生谐振？

（3）在 RLC 串联电路中，已知 $R=10\ \Omega$，$L=0.1\text{ mH}$，$C=100\text{ pF}$，求电路的谐振频率和品质因数。

（4）并联谐振的频率如何计算？其特点有哪些？

日光灯电路及感性负载功率因数的提高

3.6.1　日光灯电路

1. 日光灯的结构

日光灯由灯管、镇流器、启动器等组成，其原理图如图 3-36（a）所示。

（1）灯管。灯管是在玻璃管内壁涂以荧光粉，管内充有氩气和少量的汞，两端装有灯丝。它需

要有一瞬间的高电压帮助起燃，在正常工作时灯管两端电压较低，需用镇流器与之串联才能接入 220 V 电源正常工作。灯管可视为一个电阻性元件。

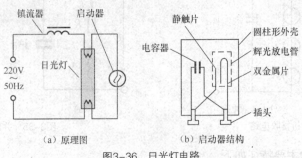

（a）原理图　　　　　（b）启动器结构

图3-36　日光灯电路

（2）镇流器。镇流器是一个有铁心的电感线圈，它在电路中有两个作用，一是电源刚接通时，产生高电压使灯管起燃；二是限制电路中电流不致过大，保持灯管正常工作。镇流器是一个有内阻的电感线圈。

（3）启动器。启动器俗称启辉器，主要由辉光放电管和电容器组成，其内部结构如图 3-36（b）所示。其中辉光放电管内部的倒 U 形双金属片（动触片）是由两种热膨胀系数不同的金属片组成的；通常情况下，动触片和静触片是分开的；小容量的电容器可以防止启动器动、静触片断开时产生的火花烧坏触片。

2．日光灯的工作原理

当接通电源时，日光灯管未起燃而不能导电，电源电压通过镇流器、灯管灯丝加在启动器的两极上，启动器因为辉光放电受热而闭合，但随即停止辉光放电冷却而断开。由于电路中电流突然消失，镇流器产生较高的自感电动势施加在灯管两端，使灯管起燃。灯管起燃后两端电压较低，启动器不再动作，日光灯正常工作。镇流器仅起限流的作用。

3.6.2　功率因数的提高

1．提高功率因数的意义

① 提高电源设备的利用率。在电力系统中，任何电器设备的额定容量都是以它的额定视在功率来衡量的。例如，一台发电机的额定电压是 10 kV，额定电流是 1 500 A，则它的额定容量 $S = 15\ 000\ \text{kV} \cdot \text{A}$，发电机是否能发出额定容量的功率要视负载的功率因数而定。例如，上述发电机当负载的功率因数为 0.6 时，它实际输出的功率为 15 000 × 0.6 = 9 000 kW；假定负载的功率因数能提高到 1，发电机能提供 15 000 × 1 = 15 000 kW 的功率。可见，同样的发电机，功率因数 $\cos\varphi$ 提高，发电机向负载提供的有功功率增加。

② 降低输电线路上的功率损耗，减少线路上的电压降。在电力系统中，输电线路的作用是有效地输送电能供给用户使用。在负载电压 U 和功率 P 一定的情况下，线路电流 $I = \dfrac{P}{U\cos\varphi}$ 与功率因数 $\cos\varphi$ 成反比。$\cos\varphi$ 越大，I 越小，输电线上的功率损耗及电压损失就越少，输电效率就越高。

总之，提高功率因数既能使电源设备的容量得到充分利用，又能节约电能，因此，提高功率因数对国民经济的发展有着极为重要的意义。

2. 提高功率因数的方法

电力系统中多数为感性负载，感性负载在运行时需要一定的无功功率，因此，它们的功率因数都不高。常见负载的功率因数如表 3-4 所示，其他如工频炉及电焊变压器也都是低功率因数的感性负载。

表 3-4　　　　　　　　　　　常用负载的功率因数

纯电阻电路		$\cos\varphi = 1$　　$(\varphi = 0°)$
纯电感电路及纯电容电路		$\cos\varphi = 0$　　$(\varphi = \pm 90°)$
RLC 串联电路		$0 < \cos\varphi < 1$ $-90° < \varphi < +90°$
电动机	空载	$\cos\varphi = 0.2 \sim 0.3$
	满载	$\cos\varphi = 0.7 \sim 0.9$
日光灯电路（RL 串联电路）		$\cos\varphi = 0.45 \sim 0.6$

因为 $\cos\varphi = \dfrac{P}{S} = \dfrac{P}{\sqrt{P^2 + Q^2}}$，其中 $Q = Q_L - Q_C$。若利用 Q_L 与 Q_C 相互补偿的作用，让容性无功功率 Q_C 在负载网络内部补偿感性负载所需无功功率 Q_L，使电源提供的无功功率 Q 接近或等于零，这样可使功率因数接近于 1。

提高感性负载功率因数的方法是：在感性负载（或设备）两端并联适当大小的电容器（欠补偿）。感性负载功率因数补偿的电路模型及其相量图如图 3-37 所示。

由图 3-37（a）可知：

并联电容前：$P = UI_1 \cos\varphi_1$

并联电容后：$P = UI \cos\varphi_2$

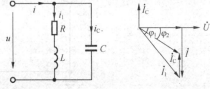

（a）感性负载功率因数补偿电路模型　　（b）相量图
图3-37　感性负载功率因数补偿电路及其相量图

由相量图 3-37（b）可知，$I_C = I_1 \sin\varphi_1 - I \sin\varphi_2 = \dfrac{P}{U}(\tan\varphi_1 - \tan\varphi_2)$

而　　　　　　　　　　　　　　　　$I_C = \omega C U$

故

$$C = \dfrac{P}{\omega U^2}(\tan\varphi_1 - \tan\varphi_2)$$

$$Q_C = I_C U = P(\tan\varphi_1 - \tan\varphi_2)$$

思考与练习

（1）说明日光灯电路中镇流器的作用，简述日光灯的工作原理。

（2）简述提高功率因数的意义和方法。

仿真实验　感性负载及功率因数的提高

一、实验目的

（1）进一步掌握 EWB 仿真软件的使用。

（2）研究感性负载提高功率因数的方法。

（3）通过实验理解提高功率因数的意义。

二、实验原理

提高感性负载的功率因数的方法是在它的两端并联适当容量的电容器（欠补偿）。感性负载功率因数补偿电路及其相量图如图 3-37 所示。

由图 3-37 可知，因为并联电容前后所加的电压和负载的参数没有改变，所以感性负载的电流 $I_1 = \dfrac{U}{\sqrt{R^2 + X_L^2}}$ 和功率因数 $\cos\varphi_1 = \dfrac{R}{\sqrt{R^2 + X_L^2}}$ 不会发生变化，整个电路消耗的有功功率也不会发生变化；但总电压 u 和电流 i 之间的相位差变小了，即提高了感性负载的功率因数（总电流变小了），从而提高了电源设备的利用率。

三、实验内容及步骤

（1）在 EWB 环境下定性地创建出仿真实验电路，如图 3-38 所示。

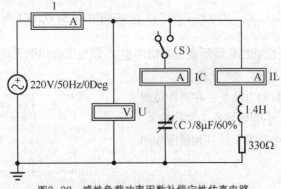

图3-38　感性负载功率因数补偿定性仿真电路

（2）当开关 S 断开时，测量出总电压及各电流如图 3-39 所示。将仿真结果记入表 3-5 中。

（3）当开关 S 闭合时，测量出总电压及各电流如图 3-40 所示。将仿真结果记入表 3-5 中。

（4）根据给定的电路参数，得出谐振时电容的大小。自行设计电路参数，并选取几组不同的数值，通过改变电容元件参数得到谐振的条件。当开关 S 闭合时，按表 3-5 所示在 8 μF 左右改变可调电容的大小，观察电路中各表的读数，将仿真结果记入表 3-5 中。

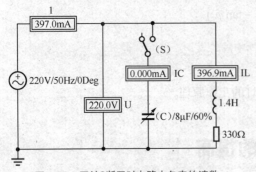

图3-39　开关S断开时电路中各表的读数

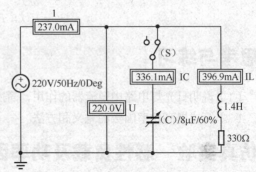

图3-40　开关S闭合时电路中各表的读数

（5）根据表 3-5 中的数据计算各种情况下的功率因数。

表 3-5　　　　　　　　　　仿真结果

开关 S 的状态		U/V	I/A	I_1/A	I_C/A
开关 S 的断开					
开关 S 闭合时的电容（μF）	8/μF				

四、实验报告

（1）按要求写出实验报告。

（2）分析电容参数改变对负载功率因数的影响。

本章小结

　　大小和方向随时间按正弦规律变化的电动势、电压和电流统称为正弦交流电。正弦交流电的三要素是最大值、角频率和初相位，它们反映了正弦交流电的特点。例如，在正弦交流电压的解析式 $u = 10\sin(314t + 60°)$ V 中，$U_m = 10$ V 是正弦交流电的最大值，$\omega = 314$ rad/s 称为正弦交流电的角频率，$\varphi_0 = 60°$ 是正弦交流电的初相角。正弦交流电可用 4 种方法表示：解析式表示法、波形图表示法、相量式表示法及相量图表示法。4 种表示方法之间可以相互转换。

　　热效应相等的直流电数值称为对应交流电的有效值。最大值等于有效值的 $\sqrt{2}$ 倍。交流电压表、电流表测量出的数值是有效值，电动机、电器铭牌上标出的电压、电流值均为交流电压、电流的有效值。

　　相位差反映了两个同频率正弦交流电之间的相位关系。两个同频率正弦交流电的相位之差等于它们的初相位之差，二者的相位关系一般为超前、滞后、同相、反相和正交。

　　能表示正弦量特征的复数称为相量。相量用复平面上的几何图形表示，称为相量图。相量用上面加点的大写字母表示，如电流、电压、电动势的有效值相量分别为 $\dot{I} = I\angle\varphi_i$，$\dot{U} = U\angle\varphi_u$，$\dot{E} = E\angle\varphi_E$，对应复数的模称为该正弦量的有效值，对应复数的幅角称为该正弦交流电的初相角。

　　正弦交流电路各定律和基本公式的相量形式与直流电路对照表如表 3-6 所示。

表 3-6　　　　正弦交流电路各定律和基本公式的相量形式与直流电路对照表

定律和基本公式	正弦交流电路（相量模型）	直流电路
欧姆定律	$\dot{U} = \dot{I}z$	$U = IR$
KCL	$\sum \dot{i} = 0$	$\sum I = 0$
KVL	$\sum \dot{U} = 0$，$\sum \dot{E} = \sum(\dot{i}z)$	$\sum U = 0$，$\sum E = \sum(IR)$

单一参数正弦交流电路中电压、电流的关系和功率特性如表 3-7 所示。

表 3-7　　　　　　单一参数正弦交流电路中电压、电流的关系和功率特性

电路元件	电路图	伏安特性	瞬时值表达式	电压电流关系				平均功率	无功功率
				相量式	相量图	有效值			
R		$u=iR$	$u = \sqrt{2}U \sin \omega t$ $i = \dfrac{\sqrt{2}U}{R} \sin \omega t$	$\dot{U} = \dot{I} R$		$U = IR$	$P = UI$ $= I^2 R$	0
L		$u_L = L\dfrac{di_L}{dt}$	$i_L = \sqrt{2}I_L \sin \omega t$ $u_L = \sqrt{2}I_L X_L \sin$ $(\omega t + 90°)$ $X_L = \omega L$	$\dot{U}_L = j\,\dot{I}_L X_L$		$U_L = I_L X_L$	$P_L = 0$	$Q_L = U_L I_L$ $= I_L^2 X_L$
C		$i_C = C\dfrac{du_C}{dt}$	$i_C = \sqrt{2}I_C \sin$ $(\omega t + 90°)$ $u_C = \sqrt{2}I_C X_C \sin \omega t$ $X_C = \dfrac{1}{\omega C}$	$\dot{U}_C = -j\,\dot{I}_C X_C$		$U_C = I_C X_C$	$P_C = 0$	$Q_C = U_C I_C$ $= I_C^2 X_C$

RLC 串联电路中电压、电流的关系及功率特性如表 3-8 所示。

表 3-8　　　　　　RLC 串联电路中电压、电流的关系及功率特性

项目 / 电路形式		RL 串联电路	RC 串联电路	RLC 串联电路
阻抗		$\lvert Z \rvert = \sqrt{R^2 + X_L^2}$	$\lvert Z \rvert = \sqrt{R^2 + X_C^2}$	$\lvert Z \rvert = \sqrt{R^2 + (X_L - X_C)^2}$
电流和电压间的关系	大小	$I = \dfrac{U}{\lvert Z \rvert}$	$I = \dfrac{U}{\lvert Z \rvert}$	$I = \dfrac{U}{\lvert Z \rvert}$
	相位	电压超前电流 φ $\tan\varphi = \dfrac{X_L}{R}$	电压滞后电流 φ $\tan\varphi = -\dfrac{X_C}{R}$	$\tan\varphi = \dfrac{X_L - X_C}{R}$ $X_L > X_C$，电压超前电流 φ $X_L < X_C$，电压滞后电流 φ $X_L = X_C$，电压与电流同相
有功功率		$P = U_R I = UI\cos\varphi$	$P = U_R I = UI\cos\varphi$	$P = U_R I = UI\cos\varphi$
无功功率		$Q = U_L I = UI\sin\varphi$	$Q = U_C I = UI\sin\varphi$	$Q = (U_L - U_C) I = UI\sin\varphi$
视在功率		$S = UI = \sqrt{P^2 + Q^2}$		

串联谐振与并联谐振对照表，如表 3-9 所示。

表 3-9　　　　　　串联谐振与并联谐振对照表

	RLC 串联谐振电路	电感线圈与电容器并联谐振电路
谐振条件	$X_L = X_C$	$X_L \approx X_C$
谐振频率	$f_0 = \dfrac{1}{2\pi\sqrt{LC}}$	$f_0 \approx \dfrac{1}{2\pi\sqrt{LC}}$

续表

	RLC 串联谐振电路	电感线圈与电容器并联谐振电路
谐振阻抗	$Z_0 = R$（最小）	$Z_0 = \dfrac{1}{RC}$（最大）
谐振电流	$I_0 = \dfrac{U}{R}$（最大）	$I_0 = \dfrac{U}{Z_0}$（最小）
品质因数	$Q = \dfrac{\omega_0 L}{R} = \dfrac{1}{\omega_0 RC}$	$Q = \dfrac{\omega_0 L}{R} = \dfrac{1}{\omega_0 RC}$
元件上的电压或电流	$U_L = U_C = QU$ $U_R = U$	$I_{RL} \approx I_C \approx QI_0$

　　日光灯电路以及电力系统中大多数负载属于感性负载，大量感性负载的存在使电源设备的利用率降低。在感性负载的两端并联电容器（欠补偿）可提高电路的功率因数。提高功率因数可以减少线路上的电能损耗和电压降，充分利用电源设备，改善供电质量。

习题

一、填空题

（1）已知正弦交流电动势有效值为 100 V，周期为 0.02 s，初相位是−30°，则其解析式为＿＿＿＿。

（2）电阻元件正弦电路的复阻抗是＿＿＿＿，电感元件正弦电路的复阻抗是＿＿＿＿，电容元件正弦电路的复阻抗是＿＿＿＿，多参数串联电路的复阻抗是＿＿＿＿。

（3）画串联电路相量图时，通常选择＿＿＿＿作为参考相量；画并联电路相量图时，一般选择＿＿＿＿作为参考相量。

（4）能量转换过程不可逆的功率（电路消耗的功率）常称为＿＿＿＿功率，能量转换过程可逆的功率（电路占用的功率）称为＿＿＿＿功率，电源提供的总功率称为＿＿＿＿功率。

（5）在交流电源电压不变、内阻不计的情况下，给 RL 串联电路并联一只电容器 C 后，该电路仍为感性，则电路中的总电流（变大、变小、不变）＿＿＿＿，电源提供的有功功率（变大、变小、不变）＿＿＿＿。

（6）RLC 串联电路发生谐振时，若电容两端电压为 100 V，电阻两端电压为 10 V，则电感两端电压为＿＿＿＿，品质因数为＿＿＿＿。

（7）只有电阻和电感元件相串联的电路性质呈＿＿＿＿；只有电阻和电容元件相串联的电路性质呈＿＿＿＿。

（8）当 RLC 串联电路发生谐振时，电路中阻抗 $Z_0 =$＿＿＿＿；电路中电压一定时电流最大，且与电路的总电压同相。

（9）在 RLC 串联正弦交流电路中，当频率为 f 时发生谐振，当电源频率变为 $2f$ 时，电路为＿＿＿＿负载。

（10）实际电气设备大多为感性设备，功率因数往往较低。提高感性负载功率因数的方法是_____。

（11）两个正弦交流电流 $i_1 = 5\sin(5\pi t - 45°)$A，$i_2 = 5\sin(5\pi t + 45°)$A，则 i_1 滞后于 i_2_____。

二、判断题

（1）正弦量的三要素是指其最大值、角频率和相位。　　　　　　　　　　　（　　　）

（2）正弦量可以用相量表示，因此可以说，相量等于正弦量。　　　　　　　（　　　）

（3）正弦交流电路的视在功率等于有功功率和无功功率之和。　　　　　　　（　　　）

（4）电压三角形、阻抗三角形和功率三角形都是相量图。　　　　　　　　　（　　　）

（5）功率表应串接在正弦交流电路中，用来测量电路的视在功率。　　　　　（　　　）

（6）正弦交流电路的频率越高，阻抗越大；频率越低，阻抗越小。　　　　　（　　　）

（7）单一电感元件的正弦交流电路中，消耗的有功功率比较小。　　　　　　（　　　）

（8）阻抗由容性变为感性的过程中，必然经过谐振点。　　　　　　　　　　（　　　）

（9）在感性负载两端并接适当电容就可提高电路的功率因数。　　　　　　　（　　　）

（10）电抗和电阻由于概念相同，所以它们的单位也相同。　　　　　　　　　（　　　）

三、选择题

（1）有"220 V、100 W"和"220 V、25 W"的白炽灯两盏，串联后接入 220 V 交流电源，其亮度情况是（　　　）。

　　　　A. 100 W 灯泡最亮　　　　　　B. 25 W 灯泡最亮　　　　　　　　C. 两只灯泡一样亮

（2）已知工频正弦电压的有效值和初始值均为 380 V，则该电压的瞬时值表达式为（　　　）。

　　　　A. $u = 380\sin 314t$V　　　　　　B. $u = 537\sin(314t + 45°)$ V　　　　C. $u = 380\sin(314t + 90°)$ V

（3）一个电热器接在 10 V 的直流电源上，产生的功率为 P。把它改接在正弦交流电源上，使其产生的功率为 $P/2$，则正弦交流电源电压的最大值为（　　　）。

　　　　A. 7.07 V　　　　　　　　　　B. 5 V　　　　　　　　C. 14 V　　　　　　　　D. 10 V

（4）若提高供电线路的功率因数，则下列说法正确的是（　　　）。

　　　　A. 减少了用电设备中无用的无功功率

　　　　B. 可以节省电能

　　　　C. 减少了用电设备的有功功率，提高了电源设备的容量

　　　　D. 可提高电源设备的利用率并减小输电线路中的功率损耗

（5）已知 $i_1 = 10\sin(314t + 90°)$ A，$i_2 = 10\sin(628t + 30°)$ A，则（　　　）。

　　　　A. i_1 超前 i_2 60°　　　　　　B. i_1 滞后 i_2 60°　　　　　　C. 相位差无法判断

（6）在纯电容正弦交流电路中，电压有效值不变，当频率增大时，电路中的电流将（　　　）。

　　　　A. 增大　　　　　　　　　　B. 减小　　　　　　　　C. 不变

（7）在 RLC 串联电路中，$U_R = 16$ V，$U_L = 12$ V，则总电压为（　　　）。

　　　　A. 28 V　　　　　　　　　　B. 20 V　　　　　　　　C. 2 V

（8）RLC 串联电路在 f_0 时发生谐振，当频率增加到 $2f_0$ 时，电路性质呈（　　　）。

　　　　A. 电阻性　　　　　　　　　　B. 电感性　　　　　　　　C. 电容性

（9）串联正弦交流电路的视在功率表征了该电路的（　　　）。

　　　　A. 总电压有效值与电流有效值的乘积　　　　　　B. 平均功率　　　　　　C. 瞬时功率最大值

（10）实验室中的功率表是用来测量电路中的（　　　　）。

　　A．有功功率　　　　　　B．无功功率　　　　　　C．视在功率　　　　　　D．瞬时功率

（11）我们常说的"负载大"是指用电设备的（　　　）大。

　　A．电压　　　　　　　　B．电阻　　　　　　　　C．电流

（12）两个同频率正弦交流电的相位差等于 180° 时，它们的相位关系是（　　　　）。

　　A．同相　　　　　　　　B．反相　　　　　　　　C．相等

（13）当流过纯电感线圈的电流瞬时值为最大值时，线圈两端的瞬时电压值为（　　　　）。

　　A．零　　　　　　　　　B．最大值　　　　　　　C．有效值　　　　　　　D．不一定

（14）在纯电感电路中，下式中正确的为（　　　　）。

　　A．$U = LX_L$　　　　　B．$\dot{U} = jX_L \dot{I}$　　　　　C．$U = -j\omega LI$

（15）已知某电路端电压 $u = 220\sqrt{2}\sin(\omega t + 30°)$ V，通过电路的电流 $i = 5\sin(\omega t + 40°)$ A，u、i 为关联参考方向，该电路负载是（　　　　）。

　　A．容性　　　　　　　　B．感性　　　　　　　　C．电阻性　　　　　　　D．无法确定

（16）$u(t) = 5\sin(6\pi t + 10°)$ V 与 $i(t) = 3\cos(6\pi t - 15°)$ A 的相位差是（　　　　）。

　　A．25°　　　　　　　　B．5°　　　　　　　　　C．−65°　　　　　　　　D．−25°

（17）下列有关正弦交流电路中电容元件上的伏安关系式中，正确的是（　　　　）。

　　A．$I_C = X_C U_C$　　　　　　　　　　　　　　B．$i_C(t) = \dfrac{U_C}{\omega C}$

　　C．$i_C(t) = U_m \omega C \sin(\omega t + \varphi_u + \dfrac{\pi}{2})$　　　　D．$\dot{U}_C = j\dfrac{1}{\omega C}\dot{I}_C$

（18）在交流电的相量式中，不能称为相量参数的是（　　　　）。

　　A．$\dot{U}$　　　　　　　　B．$\dot{I}$　　　　　　　　C．$\dot{E}$　　　　　　　D．Z

（19）纯电感电路中无功功率用来反映电路中（　　　　）。

　　A．纯电感不消耗电能的情况　　　　　　　　B．消耗功率的多少

　　C．能量交换的规模　　　　　　　　　　　　D．无用功的多少

（20）在 RL 串联电路中，下列计算功率因数公式中错误的是（　　　　）。

　　A．$\cos\varphi = {U_R}/{U}$　　　　B．$\cos\varphi = {P}/{S}$　　　　C．$\cos\varphi = {R}/{|Z|}$　　　　D．$\cos\varphi = {S}/{P}$

（21）某 RLC 串联电路中，已知 R、L、C 元件两端的电压均为 100 V，则电路两端总电压应是（　　　　）。

　　A．100 V　　　　　　　B．200 V　　　　　　　C．300 V　　　　　　　D．0 V

（22）在 RLC 并联交流电路中，电路的总电流为（　　　　）。

　　A．$I = I_R + I_L - I_C$　　　　　　　　　　　B．$I = \sqrt{I_R^2 + (I_L - I_C)^2}$

　　C．$I = \sqrt{i_R^2 + (i_L - i_C)^2}$　　　　　　　D．$I = \sqrt{I_R^2 + (I_L + I_C)^2}$

（23）把一个 30 Ω 的电阻器和 80 μF 的电容器串联后，接到正弦交流电源上，电容器的容抗为 40 Ω，则该电路的功率因数为（　　　　）。

　　A．0.6　　　　　　　　B．0.75　　　　　　　　C．0.8　　　　　　　　D．1

（24）3 只功率相同的白炽灯 A、B、C 分别与电阻器、电感器、电容器串联后，再并联到 220 V 的

正弦交流电源上，灯 A、B、C 的亮度相同，若改接为 220 V 的直流电源后，下述说法正确的是（　　）。

　　A. A 灯比原来亮　　　　　　　　　　　B. B 灯比原来亮

　　C. C 灯比原来亮　　　　　　　　　　　D. A、B 灯和原来一样亮

（25）在 RLC 串联的正弦交流电路中，下列功率的计算公式正确的是（　　）。

　　A. $S = P + Q$　　　　　　　　　　　　B. $P = UI$

　　C. $S = \sqrt{P^2 + (Q_L - Q_C)^2}$　　　　　D. $P = \sqrt{S^2 + Q^2}$

四、简述题

（1）有"110 V、100 W"和"110 V、40 W"两盏白炽灯，能否将它们串联后接在 220 V 的工频交流电源上使用？为什么？

（2）试述提高功率因数的意义和方法。

（3）一位同学在做日光灯电路实验时，用万用表的交流电压挡测量电路各部分的电压，实测路端电压为 220 V，灯管两端电压 $U_1 = 110$ V，镇流器两端电压 $U_2 = 178$ V，即总电压既不等于两分电压之和，又不符合 $U^2 = U_1^2 + U_2^2$，此实验结果如何解释？

五、计算题

（1）正弦电流频率 $f = 50$ Hz，有效值 $I = 15$ A，且 $t = 0$ 时，$i = 15$ A。写出该正弦电流的瞬时值表示式。

（2）正弦电压、电流频率 $f = 50$ Hz，波形如图 3-41 所示。指出电压、电流的最大值、有效值、初相位以及它们之间的相位差，并说明哪个正弦量超前，超前多少角度，超前多少时间。

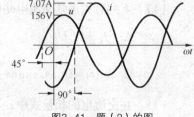

图3-41　题（2）的图

（3）下面有 4 组正弦电量，分别写出每一组电量的相量式，画出相量图，并说明每组内两个电量的超前、滞后关系及其相位差。

① $i_1 = 10\sin(2513t + 45°)$ A，$i_2 = 8\sin(2513t - 15°)$ A

② $u_1 = 20\sin(314t + 45°)$ V，$u_2 = 8\sin(314t - 75°)$ V

③ $u = 8\sin(1000t + 40°)$ V，$i = 2.5\sin(1000t - 40°)$ A

④ $u = 100\sqrt{2}\sin(314t - 45°)$ V，$i = 8\sqrt{2}\sin(314t + 60°)$ A

（4）写出下列各相量所表示的正弦电量的瞬时值表示式。

① $\dot{U} = 220\angle 60°$ V，$f = 50$ Hz；② $\dot{I} = 4.4\angle(-60)°$ A，$f = 50$ Hz

③ $\dot{U} = 220\angle 60°$ V，$\omega = 314$ rad/s；④ $\dot{I} = 50\angle(-45)°$ A，$f = 60$ Hz

（5）已知正弦电流 $i_1 = 70.7\sqrt{2}\sin(\omega t - 30°)$ A，$i_2 = 60\sin(\omega t + 60°)$ A，计算 $i = i_1 + i_2$，并画出相量图。

（6）有一正弦电流的波形图如图 3-42 所示，频率 $f = 50$ Hz，试写出它的解析式、相量式，并画出相量图。

（7）如图 3-43 所示，试求：①电压的三要素；②电压的解析式；③电压的相量，并画出相量图。

（8）3 个正弦电流 i_1、i_2、i_3 的最大值分别为 1 A、2 A、3 A，

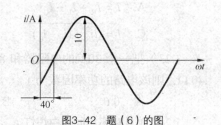

图3-42　题（6）的图

若 i_1 超前 i_2 30°，而滞后 i_3 150°，试以 i_3 为参考正弦量，分别写出它们的解析式。设角频率均为 ω。

（9）在图 3-44 所示的相量图中，已知 $U = 220$ V，$I_1 = 10$ A，$I_2 = 5\sqrt{2}$ A，它们的角频率是 ω，试写出各正弦量的瞬时表达式及相量。

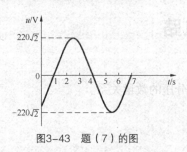
图3-43　题（7）的图

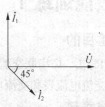
图3-44　题（9）的图

（10）某正弦电流的频率为 20 Hz，有效值为 $5\sqrt{2}$ A，在 $t = 0$ 时，电流的瞬时为 5 A，且此时刻电流在增加，求该电流的瞬时值表达式。

（11）某电阻元件的参数为 8 Ω，接在 $u = 220\sqrt{2}\sin 314t$ V 的交流电源上。试求通过电阻元件上的电流 i，如用电流表测量该电路中的电流，其读数为多少？电路消耗的功率是多少瓦？若电源的频率增大一倍，电压有效值不变，电路消耗的功率又如何？

（12）某线圈的电感量为 $L = 0.1$ H，电阻可忽略不计，接在 $u = 220\sqrt{2}\sin 314t$ V 的交流电源上。试求电路中的电流及无功功率；若电源频率变为 100 Hz（原来的两倍），电压有效值不变，电路中的电流及无功功率又如何？写出电流的瞬时值表达式。

（13）在 RL 串联电路中，已知电阻 $R = 6$ Ω，感抗 $X_L = 8$ Ω，电源端电压的有效值 $U = 220$ V，求电路中电流的有效值 I。

（14）在 RLC 串联交流电路中，已知 $R = 30$ Ω，$L = 127$ mH，$C = 40$ μF，电路两端交流电压 $u = 220\sqrt{2}\sin 314t$ V。求：①电路阻抗；②电流有效值；③各元件两端电压有效值；④电路的有功功率、无功功率和视在功率；⑤判断电路的性质。

（15）RLC 串联交流电路的电路模型如图 3-45 所示，已知 $R = 30$ Ω，$L = 127$ mH，$C = 40$ μF，电源电压 $u = 220\sqrt{2}\sin(314t + 45°)$ V。①计算阻抗 Z；②计算电流 i 和电压 u_R、u_L、u_C；③画出相量图。

（16）RLC 串联交流电路的相量模型如图 3-46 所示，已知 $R = 150$ Ω，$U_R = 150$ V，$U_{RL} = 180$ V，$U_C = 150$ V。计算电流 I、电源电压 U 和它们之间的相位差，并画出相量图。

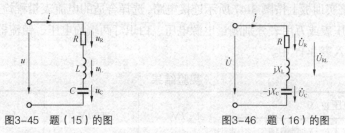
图3-45　题（15）的图　　　　　　　　图3-46　题（16）的图

（17）某线性无源二端网络的端口工频电压和电流分别为 $\dot{U} = 220 \underline{/60°}$ V，$\dot{I} = 10 \underline{/35°}$ A，电压、电流取关联参考方向。①等效阻抗及等效参数，并画出等效电路图；②判断电路的性质。

（18）在 RLC 串联谐振电路中，电阻 $R = 50\ \Omega$，电感 $L = 5$ mH，电容 $C = 50$ pF，外加电压有效值 $U = 10$ mV。求：①电路的谐振频率；②谐振时的电流；③电路的品质因数；④电容器两端的电压。

实验与技能训练 1　RLC 串联电路

一、实验目的

（1）验证 R、L、C 串联交流电路中总电压与各分压的数量关系。

（2）熟悉交流电流表和交流电压表的使用方法。

二、实验器材

实验器材如表 3-10 所示。

表 3-10　　　　　　　　　　　　实验器材

序　号	名　　称	规　　格	数　　量	备　注
1	交流电路实训板		1块	
2	白炽灯（当电阻用）	220 V、25 W	1只	
3	日光灯镇流器（当电感用）	8 W	1个	
4	电容器	2 μF，600 V	1只	
5	交流电压表（或万用表）	D26～V（300 V）	1块	
6	交流电流表	D26～A（0～1 A）	1块	

三、实验原理

RLC 串联电路中总电压与各分压的关系如下。

相量关系：$\dot{U} = \dot{U}_R + \dot{U}_L + \dot{U}_C$

数量关系：$U = \sqrt{U_R{}^2 + (U_L - U_C)^2}$

相位关系：电压超前电流的角度 φ 为

$$\varphi = \arctan\frac{U_L - U_C}{U_R} = \arctan\frac{X_L - X_C}{R} = \arctan\frac{X}{R}$$

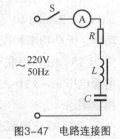

图3-47　电路连接图

四、实验内容与步骤

（1）在交流电路实训板上按图 3-47 所示连接电路，选择合适的电流表量程检查无误后接通电源。

（2）用交流电压表或万用表分别测量电源电压、白炽灯两端的电压、镇流器两端的电压和电容器两端的电压，记入表 3-11 中。

表 3-11　　　　　　　　　　　　实验结果

电源电压 U/V		U_R/V	U_L/V	U_C/V	I/A
计算值	测量值				

（3）读出电流表的计数，记入表 3-11 中。

五、注意事项

（1）强电实验一定要注意人身安全和设备安全。

（2）接好电路后经过指导教师检查无误后方可通电实验。

六、实验报告

（1）根据表 3-11 中的测量数据计算电源电压，并与测量值比较，分析误差产生的原因。由实验数据证明 $U \neq U_R + U_L + U_C$。

（2）根据表 3-11 中的数据，以电流为参考相量画出各电压的相量图。

（3）由表 3-10 中的数据，计算 Z、R、X_L、X_C、$\cos\varphi$、P、Q、S 各量。

实验与技能训练 2
日光灯照明电路及功率因数的提高

一、实验目的

（1）熟悉日光灯电路结构，理解日光灯电路的工作原理，掌握日光灯电路的装接方法。

（2）学会正确使用交流电流表、电压表、功率表及自耦调压器。

（3）学会通过实验求线圈参数。

（4）理解并掌握提高感性负载功率因数的意义和方法。

二、实验原理

感性负载等效电路如图 3-48 所示，感性负载电路可以通过并联电容提高功率因数。日光灯电路是典型的 RL 串联电路，感性负载功率因数补偿等效电路如图 3-49 所示。

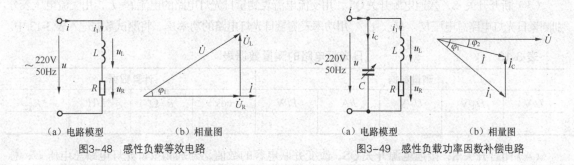

（a）电路模型　（b）相量图	（a）电路模型　（b）相量图
图3-48　感性负载等效电路	图3-49　感性负载功率因数补偿电路

本实验用日光灯电路作为感性负载电路进行实验，可增加实验的直观性。

三、实验器材

实验器材如表 3-12 所示。

表 3-12　　　　　　　　　　实验器材

序　号	名　　称	规　　格	数　量	备　注
1	日光灯交流电路实训板		1块	
2	日光灯及其配件一套	220 V、25 W	1只	
3	电容箱	0～100 μF、可调	1台	

续表

序　号	名　称	规　格	数　量	备　注
4	交流电压表（或万用表）	D26-V（300 V）	1 块	
5	交流毫安表	D26-mA（500mA）	3 块	
6	功率表	D26-W	1 块	
7	单相调压器	1 kV·A、0～250 V	1 台	

四、实验内容与步骤

（1）用万用表检测日光灯。灯管两端灯丝应有几欧姆电阻，镇流器电阻为 20～30 Ω，启动器不导通，电容器应有充电效应。

（2）在交流电路实训板上按图 3-50 所示接线，经过指导教师检查无误后，通电观察日光灯电路是否正常工作。

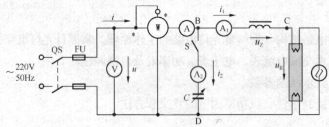

图3-50　感性电路（日光灯电路）实验接线图

功率表表的接法、读数方法及注意事项见第 8 章。

（3）断开开关 S，接通电源开关 QS，用交流电流表测量日光灯电路的电流 $I = I_1$，用交流电压表分别测量日光灯电路总电压 U、U_R、U_Z，用功率表测量日光灯电路的功率 W。将测试数据记入表 3-13 中。

表 3-13　　　　　　　　　　　　　　日光灯电路的测量数据表

测量数据					计算数据			
U/V	U_R/V	U_Z/V	I/A	P/W	cos	R/Ω	*L/H	*R_Z

（4）闭合开关 S，接通电源开关 QS，改变并联电容的数值，分别测量日光灯电路总电压 U、总电流 I、日光灯支路电流 I_1、电容支路电流 I_2 及功率 W，将测量结果记入表 3-14 中。

表 3-14　　　　　　　　　　　　改善电路的功率因数测量数据表

给定条件	U/V	220			
	C/μF	1	2	3	4
测量数据	I				
	I_1				
	I_C				
	P/W				
计算数据	$\cos\varphi$				
	Q/var				

五、注意事项

（1）实验过程中必须注意人身安全和设备安全。

（2）注意日光灯电路的正确接线，镇流器必须与灯管串联。

（3）镇流器的功率必须与灯管的功率一致。

（4）日光灯的启动电流较大，启动时用单刀开关将功率表的电流线圈和电流表短路，防止仪表损坏，操作时注意安全。

（5）每次断开电路前，先将单相调压器输出电压减小至 0 V；每次接通电路后，将单相调压器输出电压逐渐增大至 220 V。

六、实验报告

（1）根据表 3-14 中的数据画出 $I = f(C)$ 曲线及 $\cos\varphi = f(C)$ 曲线。

（2）分析电路中并入电容前后及电容量的大小对功率因数及感性电路的影响。

实验与技能训练 3　白炽灯线路的安装

一、实验目的

（1）了解照明线路的配线及安装的基本知识（见第 9 章）。

（2）能正确安装白炽灯线路。

① 能正确检查和选用白炽灯、灯座及开关。

② 布线整齐美观，走线横平竖直，导线改变方向时转角为圆弧直角。

③ 安全操作、文明生产。

④ 不丢失和损坏设备、工具及器件。

二、实验器材

（1）电工技能综合实训台。

（2）万用表、验电笔、钢丝钳、螺丝刀、电工刀、尖嘴钳、兆欧表、电锤等。

（3）白炽灯（220V、60W）及其组件（平灯座、吊灯座、吊线盒、拉线开关、平开关等）。

（4）导线、木螺丝、胶带等。

三、实验内容

（1）原理图如图 3-51 所示。

（2）检查所用器材确保完好。

（3）在电工技能综合实训台上，完成平灯座、平开关、白炽灯及导线的安装。

（4）经指导教师检查合格后通电实验。

（5）在电工技能综合实训台上，完成吊线盒、吊灯座、拉线开关及导线的安装，如图 3-52 所示。

（6）经指导教师检查合格后通电实验。

四、注意事项

不允许带电安装器件或连接导线。安装结束后，应仔细检查，在有指导教师现场监护的情况下才能接通电源。

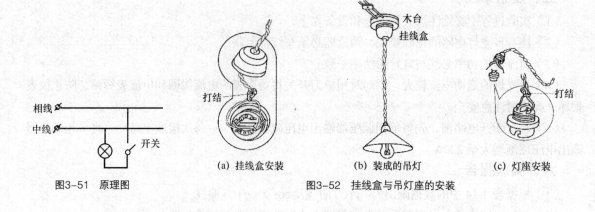

图3-51 原理图

图3-52 挂线盒与吊灯座的安装

(a) 挂线盒安装　　　　(b) 装成的吊灯　　　　(c) 灯座安装

实验与技能训练4　日光灯线路的安装

一、实验目的

（1）了解照明线路的配线及安装的基本知识（见第9章）。

（2）能正确安装日光灯线路。

① 能正确检查、选用和安装日光灯、镇流器、启辉器、灯架和开关。

② 能正确连接日光灯线路。

③ 布线整齐美观，走线横平竖直。

④ 安全操作、文明生产。

⑤ 不丢失和损坏设备、工具及器件。

二、实验器材

（1）电工技能综合实训台。

（2）万用表、验电笔、钢丝钳、螺丝刀、电工刀、尖嘴钳、兆欧表、电锤等。

（3）日光灯（220V、40W）及其组件（电感及电子镇流器各一）、启辉器、吊链、挂线盒、木台、开关等。

（4）导线、木螺丝、黑胶带等。

三、实验内容

（1）仔细检查所用器材确保完好。

（2）日光灯座、起辉器座接线后安装固定。

（3）将镇流器安装固定在灯架上。

（4）按原理图3-36所示连接线路。

（5）将荧光灯管、启辉器装入座内。

（6）用悬吊法安装连接好的日光灯具，如图3-53所示。

（7）检测后通电实验。

（8）实验成功后切断电源，将电感式接线改装成电子式接线重新通电实验。

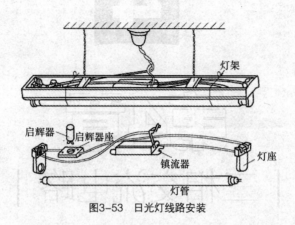

图3-53 日光灯线路安装

四、注意事项

不允许带电安装器件或连接导线。安装结束后应仔细检查，在有指导教师现场指导的情况下才能接通电源。

Chapter 4

第4章
| 三相交流电路 |

前面学习的单相交流电路是一个电源供电的交流电路。目前普遍使用的是由三相电源（3 个电源）组成的供电系统。由三相电源供电的电路称为三相交流电路。三相交流供电系统比单相交流供电系统在电能的产生、输送、分配及应用方面都具有一系列优点。现代电力系统大多采用三相交流电源。单相交流电源可由单相交流发电机产生，也可以从三相电源中取出一相作为单相电源使用。实际上平常应用的单相交流电源就是取自三相交流供电系统。

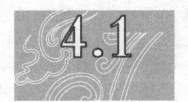

对称三相交流电及其特点

4.1.1 对称三相交流电及其表示法

三相交流电一般是由三相交流发电机产生的。三相交流发电机结构示意图如图 4-1（a）所示，三相交流发电机中有 3 个相同的绕组（三相绕组），嵌放在静止不动的定子中，能绕转轴旋转的转子是绕有通电线圈的磁极，它做成特殊的极靴状，这样定子与转子间的气隙磁场可按正弦规律变化。3 个绕组的首端分别用 U_1、V_1、W_1 表示，末端分别用 U_2、V_2、W_2 表示，这 3 个绕组分别称为 U 相、V 相、W 相，它们在空间的位置互差 120°，称为三相对

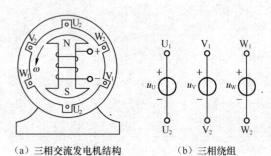

（a）三相交流发电机结构　　　（b）三相绕组

图4-1　三相交流发电机原理示意图

称绕组。

当原动机拖动发电机转子转动时，三相绕组均与气隙中的磁场相互作用，切割磁力线感应出最大值相等、角频率相同、相位互差120°的3个正弦电压，这样一组电压称为对称三相正弦电压。

对称三相正弦电压的参考方向如图 4-1（b）所示。规定各相绕组的首端为电压的"+"极，末端为"－"极。U 相、V 相、W 相三相的电压分别为 u_U、u_V、u_W。

1. 对称三相交流电的特征

最大值相等、角频率相同、相位互差120°的 3 个正弦电量称为对称三相交流电。

2. 对称三相交流电表示方法

对称三相交流电可用以下几种方法表示。

设以 U 相电压为参考正弦量，则三相对称电压对应的瞬时值表达式（解析式）为

$$u_U = \sqrt{2}U_p \sin \omega t$$
$$u_V = \sqrt{2}U_p \sin(\omega t - 120°)$$
$$u_W = \sqrt{2}U_p \sin(\omega t + 120°)$$

其中，U_p 表示电源相电压的有效值。

三相对称电压对应的相量形式为

$$\dot{U}_U = U_p \angle 0°$$
$$\dot{U}_V = U_p \angle -120°$$
$$\dot{U}_W = U_p \angle 120°$$

三相对称电压对应的波形图及相量图如图
4-2 所示。

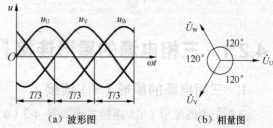

（a）波形图　　　　（b）相量图

图4-2　三相对称电压

4.1.2　对称三相交流电的特点及相序

1. 对称三相交流电的特点

从波形图和相量图可看出，任一瞬间，对称三相电压瞬时值之和及相量和为零，即

$$u_U + u_V + u_W = 0$$

或

$$\dot{U}_U + \dot{U}_V + \dot{U}_W = 0$$

2. 相序

对称三相交流电在相位上的先后顺序称为相序，它表示了三相交流电达到正的最大值（或相应零值）的顺序。

如图 4-2（a）所示，三相电压达到正的最大值的先后顺序是 u_U、u_V、u_W，其相序简计为 U→V→W→U，这样的相序称为正序，而把 W→V→U 称为逆序或负序。若不加说明，三相电源都是指正序。通常在三相发电机或配电装置的三相母线上涂上黄、绿、红 3 种颜色以此区分 U 相、V 相、W 相。

改变三相电源的相序，可改变三相电动机的旋转方向。电动机的正反转控制就是通过改变电源

相序实现的。实际应用中可任意对调两相火线改变电源相序，实现电动机反转控制。

思考与练习

（1）什么是三相电路？说出对称三相交流电的特征。

（2）什么是相序？如何表示电源的相序？

（3）已知三相电源的3个相电压的瞬时值表达式如下。

$$u_U = \sqrt{2}U_p \sin(\omega t + 30°) \text{ V} , \quad u_V = \sqrt{2}U_p \sin(\omega t - 90°) \text{ V} , \quad u_W = \sqrt{2}U_p \sin(\omega t + 150°) \text{ V}$$

①判断该三相电源电压是否对称？②写出三相电源电压的相量式。③画出相量图及波形图。

4.2　三相电源的连接

4.2.1　三相电源的星形连接

1. 三相电源的星形（Y）连接

三相电源的星形（Y）连接方式如图 4-3（a）所示。把三相电压源的负极（三相绕组的尾端）连在一起，向外引出一根输电线N，我们称这根输电线N为电源的中性线，简称中线（俗称零线）；由三相电源的正极（三相绕组的首端）向外引出 3 根输电线称为端线或相线，俗称火线，分别用 U、V、W 表示。电源绕组按这种接线方式向外供电的体制称为三相四线供电制，如图 4-3 所示。

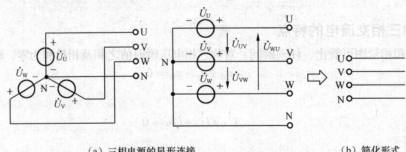

（a）三相电源的星形连接　　　　　　　　（b）简化形式

图4-3　三相电源绕组的星形连接

三相四线供电制能提供以下两种电压。

（1）线电压。火线与火线之间的电压称为线电压，分别用 u_{UV}、u_{VW}、u_{WU} 表示，其对应的相量式分别为 $\dot{U}_{UV}$、$\dot{U}_{VW}$、$\dot{U}_{WU}$。各线电压的下脚标同时表示出了线电压的正方向。

（2）相电压。火线与中线间的电压称为相电压，分别用 u_U、u_V、u_W 表示，其对应的相量式分别为 $\dot{U}_U$、$\dot{U}_V$、$\dot{U}_W$。各相电压的下脚标只有一个字母，实际上表示了相电压的正方向由相线指向中线（或零线）N。

三相电源的星形（Y）连接方式中，各正弦量的相量表示形式及其正方向标注如图 4-3（a）所示。

2. 三相电源星形连接时线电压与相电压的关系

（1）线电压与相电压的相量关系式

$$\dot{U}_{UV} = \dot{U}_U - \dot{U}_V$$

$$\dot{U}_{VW} = \dot{U}_V - \dot{U}_W$$

$$\dot{U}_{WU} = \dot{U}_W - \dot{U}_U$$

$$\dot{U}_{UV} = \dot{U}_U - \dot{U}_V = \dot{U}_U - \dot{U}_U \angle{-120°}$$

$$= \dot{U}_U \left[1 - \left(-\frac{1}{2} - j\frac{\sqrt{3}}{2} \right) \right] = \dot{U}_U \left(\frac{3}{2} + j\frac{\sqrt{3}}{2} \right) = \sqrt{3}\dot{U}_U \angle{30°}$$

同理可得

$$\dot{U}_{VW} = \sqrt{3}\dot{U}_V \angle{30°}$$

$$\dot{U}_{WU} = \sqrt{3}\dot{U}_W \angle{30°}$$

即线电压与相电压的相量式为

$$\dot{U}_L = \sqrt{3}\dot{U}_P \angle{30°}$$

由上述结果可以看出，线电压的有效值是相电压有效值的 $\sqrt{3}$ 倍，线电压的相位超前其对应的相电压 30°。

（2）线电压与相电压的相量图。由三相电源的星形（Y）连接时线电压与相电压的相量关系式，可画出以 U 相电压为参考相量时各线电压与各相电压的相量图，如图 4-4 所示。

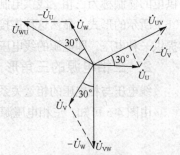

（3）三相线电压的相量式。若以 U 相电压为参考相量，$\dot{U}_U = U_P \angle{0°}$，$U_P$ 为相电压的有效值，则三相线电压的相量式为

$$\dot{U}_{UV} = \sqrt{3}\dot{U}_U \angle{30°} = \sqrt{3}U_P \angle{30°} = U_L \angle{30°}$$

$$\dot{U}_{VW} = \sqrt{3}\dot{U}_V \angle{30°} = \sqrt{3}U_P \angle{-90°} = U_L \angle{-90°}$$

$$\dot{U}_{WU} = \sqrt{3}\dot{U}_W \angle{30°} = \sqrt{3}U_P \angle{150°} = U_L \angle{150°}$$

图4-4　电源绕组Y接时线电压与相电压的相量图

可见，3 个线电压幅值相同，频率相同，相位互差 120°，故三相电源的线电压也是对称的。U_L 表示线电压的有效值。线电压与相电压有效值的关系式可用下式表示：

$$U_L = \sqrt{3}U_P$$

（4）3 个线电压的瞬时值表达式。若以 U 相电压为参考正弦量，可知 $u_U = \sqrt{2}U_P \sin(\omega t + 0°)$，则

$$u_{UV} = \sqrt{2}U_L \sin(\omega t + 30°)$$

$$u_{VW} = \sqrt{2}U_L \sin(\omega t - 90°)$$

$$u_{WU} = \sqrt{2}U_L \sin(\omega t + 150°)$$

例 4-1 已知星形连接的对称三相电源，线电压是 $u_{UV} = 381\sin(314t)(\text{V})$，试求出其他各线电压和各相电压的解析式。

解：（1）各线电压。已知 $u_{UV} = 381\sin 314t(\text{V})$ ，因为三相线电压对称，故

$$u_{VW} = 381\sin(314t - 120°)\text{V}$$

$$u_{WU} = 381\sin(314t - 240°)\text{V} = 381\sin(314t + 120°)\text{V}$$

（2）各相电压。

因为

$$U_1 = \sqrt{3}U_p$$

所示

$$U_p = \frac{U_1}{\sqrt{3}} = \frac{381}{\sqrt{3}}\text{V} = 220\text{V}$$

各相电压在相位上滞后对应的线电压 30°。

$$u_U = 220\sin(314t - 30°)\text{ V}$$

$$u_V = 220\sin(314t - 150°)\text{V}$$

$$u_W = 220\sin(314t + 90°)\text{V}$$

4.2.2　三相电源的三角形连接

1．三相电源的三角形（△）连接

三相电源的三角形（△）连接方式如图 4-5（a）所示。把 3 个电源绕组依次首尾相接连成一个闭环，从两个绕组的连接点分别向外引出 3 根火线 U、V、W，电源绕组按这种接线方式向外供电的体制称为三相三线供电制，可简化为图 4-5（b）所示的形式。显然这种连接方式只能向负载提供一种电压，即电源的线电压。

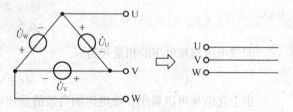

（a）三相电源的三角形（△）连接　　　　（b）简化形式

图4-5　三相三线供电制

2．三相电源的三角形（△）连接时线电压与相电压的关系

线电压与相电压的相量关系介绍如下。

由图 4-5 可知，三相电压源接成三角形时，电源的线电压等于其对应的相电压。

$$\dot{U}_{UV} = \dot{U}_U$$

$$\dot{U}_{VW} = \dot{U}_V$$

$$\dot{U}_{WU} = \dot{U}_W$$

线电压与其对应的相电压的有效值相等，相位相同。

故对称三相电压三角形连接时，电源线电压与相电压的数量关系可表示为

$$U_L = U_p$$

3 个电压源三角形连接时接成一个闭合回路，当三相电源对称时，$u_U + u_V + u_W = 0$ 或 $\dot{U}_U + \dot{U}_V + \dot{U}_W = 0$，该回路内不会产生电流。若三相电压不对称或者把电源始末端顺序接错了，在三相电压源的回路内便产生很大的环流，由于实际电源的内阻抗很小，会导致发电机绕组烧坏，这种情况是不允许发生的。

接线注意事项：为了避免接错，三相电压源采用三角形

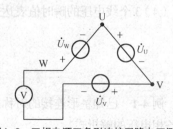

图4-6　三相电源三角形连接回路电压测量

连接时，先不要完全闭合，留下一个开口，并在开口处接上一只交流电压表，如图 4-6 所示，若测得回路总电压等于零，说明三相电压源接线正确，这时再把电压表拆下，将开口处接在一起，构成闭合回路。

因为三相电源不可能完全对称，电源回路内总是有环流，故实际三相发电机均采用星形连接，很少采用三角形连接。三相变压器的两种接法都有使用，三相电力变压器的副边一般接成星形（Y）连接方式。

思考与练习

（1）如何用验电笔或 400 V 以上的交流电压表测出三相四线制供电线路上的火线和零线？

（2）写出星形连接对称三相电源线电压与它所对应相电压的相量关系式。

（3）已知对称三相电源作 Y 形连接，$u_U = 220\sqrt{2}\sin(314t - 30°)$ V，求 u_V、u_W、u_{UV}、u_{VW}、u_{WU}。

（4）对称三相交流电源作 Y 形连接，相电压为 $\dot{U}_V = 220 \angle 30°$ V，写出其他各相电压以及 3 个线电压的相量式。

（5）写出 3 个对称电源作 △ 连接时线电压与相电压的相量关系式。

（6）直流电源不能直接串接，3 个对称交流电源可以串接成三角形供电，为什么？如果误将 U 相接反，会产生什么后果？如何正确接线？

4.3 三相负载的连接

日常生活中我们都有这样的疑问：

① 三相照明负载需要零线，三相变压器、三相电动机等负载不需要零线，这是为什么呢？

② 两台额定电压不同的三相电动机（一台额定电压为 220 V，另一台额定电压为 380 V）接到相同的三相电源上，为什么它们都能正常工作呢？

③ 电源的中线上不允许装保险丝或熔断器，这又是为什么呢？

带着这些问题，我们一起学习三相负载连接的电路形式、特点及其电路的分析计算。

4.3.1　实际负载接入三相电源的原则

1．负载接入三相电源的原则

在工程技术和日常生活中，用电设备种类繁多，归纳起来有单相和三相之分，如电灯、电风扇等家用电器，只需单相电源供电即可，而三相电动机、三相电阻炉、三相空调机等需要三相电源供电才能工作。负载接入三相电源的原则如下。

① 电源电压等于负载额定电压。

② 力求使三相电路的负载均衡、对称。

三相电路中的三相负载有对称和不对称两种情况。

对称三相负载：各相负载的复阻抗相等，即 $Z_U = Z_V = Z_W$（阻抗的模相等，阻抗角相同），称为对称三相负载，如三相变压器、三相电阻炉、三相电动机等。

不对称三相负载：各相负载的复阻抗不相等称为不对称三相负载，如三相照明电路中的负载。

一般情况下，三相电源都是对称的。因此，由对称三相负载组成的三相电路称为三相对称电路。由不对称三相负载组成的三相电路称为三相不对称电路。

2. 负载的连接

（1）单相负载的连接。家用电器等单相负载（如白炽灯、日光灯）的额定电压均为 220 V，根据负载接入三相电源的原则，照明灯应接在三相电源的端线和中线之间方可满足要求。当使用多盏照明灯时，应使它们均匀地分布在各相中，如图 4-7 所示。图中照明灯的开关应加在两根电源线的火线端（即火线进开关）。

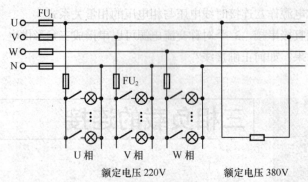

图4-7 单相负载接入三相四线制电源

有的单相负载如接触器、继电器等控制电器，它们的励磁线圈的额定电压是 380 V，这时应将励磁线圈接在两根电源端线之间，若错接在一根端线与中线之间，则控制电器会因为电压不足而不能正常工作。

（2）动力负载与三相四线制电源的连接。动力负载（如三相交流异步电动机等）必须使用三相电源，它们本身的三相绕组就是一组对称三相负载。根据其额定电压的不同，电动机的三相绕组可以按不同的方式接入三相四线制电源。例如，当电动机每相绕组的额定电

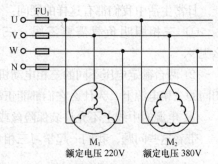

图4-8 动力负载接入三相四线制电源

压为 220 V 时，应将三相绕组按星形方式连接后接入三相电源，如图 4-8 中的 M_1 所示；若电动机每相绕组的额定电压为 380 V 时，则它的三相绕组应按三角形连接方式接入三相电源，如图 4-8 中的 M_2 所示。

下面介绍三相负载的星形、三角形连接方式及其特点。

4.3.2　三相负载的星形（Y）连接

1. 三相负载的星形连接

将每相负载分别接在电源的相线（火线）和中性（零线）之间的连接方式，称为三相负载的星形连接。

图 4-9 所示为三相负载星形连接的两种电路形式，它们的共同特点是，三相负载的一端连在一起与中线相接，另一端分别与电源的相线相接。

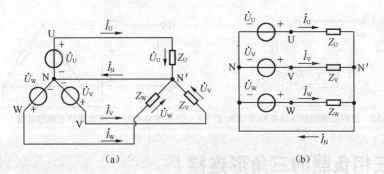

（a）　　　　　　　　　　　　　（b）

图4-9　三相负载的星形连接

其中，Z_U、Z_V、Z_W 为三相负载的阻抗，三相负载连接在一起的点 N′ 为负载的中性点。根据星形连接的定义，图 4-9（b）所示的 3 个单相负载构成的整体也属于星形连接的三相负载。

2. 三相负载星形连接时线电量与相电量之间的关系

（1）三相负载星形连接时线电压与相电压的关系。

① 负载的相电压：负载两端的电压称为负载的相电压。若忽略输电线路上的电压降时，负载的相电压就等于电源的相电压。

② 负载的线电压：相线（火线）与相线之间的电压称为负载的线电压。显然负载的线电压就是电源的线电压。

③ 线电压与相电压的关系：$U_L = \sqrt{3}U_P$，且线电压超前对应的相电压 30°。当 3 个相电压对称时，3 个线电压也对称，则 $\dot{U}_L = \sqrt{3}\dot{U}_P \underline{/30°}$。

（2）三相负载星形连接时线电流与相电流的关系。

① 负载的相电流：流过每相负载的电流称为负载的相电流，分别用 $\dot{I}_U$、$\dot{I}_V$、$\dot{I}_W$ 表示。其正方向与负载相电压的正方向一致。相电流的有效值分别用 I_U、I_V、I_W 表示。对称负载相电流的有效值统一用 I_P 表示。

② 负载的线电流：流过相线或端线的电流称为负载的线电流。对称负载线电流的有效值统一用 I_L 表示。三相线电流的正方向规定为从电源端流向负载端。

由图 4-9 可看出，负载的线电流等于对应相负载的相电流，即 $\dot{I}_L = \dot{I}_P$。

③ 中线电流：中线上通过的电流称为中线电流，正方向规定从负载中性点 N′端流向电源中点 N 端，用 $\dot{I}_N$ 表示，其正方向标定如图 4-9 所示。

三相负载的星形连接简化电路如图 4-10 所示。

3. 三相负载星形连接时的电路特点

三相负载星形连接且连有中线时，不论负载是否对称，均有如下特点。

① 每相电压与对应线电压的关系

数量关系：$U_\mathrm{P} = \dfrac{1}{\sqrt{3}} U_\mathrm{L}$

相位关系：线电压超前对应的相电压30°

② 每相电流与对应线电流相等：$\dot{I}_\mathrm{P} = \dot{I}_\mathrm{L}$

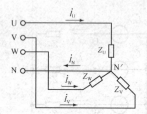

图4-10　三相负载的星形连接的简化形式

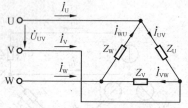

图4-11　三相负载的三角形连接

4.3.3　三相负载的三角形连接

1. 三相负载的三角形连接

当三相负载的额定电压等于电源的线电压时，负载应分别接在3条端线之间。把三相负载分别接在三相电源的每两根端线之间的连接方式，称为三相负载的三角形连接。其简化电路电路如图4-11所示。

2. 三相负载三角形连接时线电量与相电量之间的关系

三相负载三角形连接电路相电压$\dot{U}_\mathrm{UV}$及各相电流、线电流的正方向标定如图4-11所示。

因为各相负载均接在电源的两根相线之间，因此，负载的相电压就等于电源的线电压。

各相电流的参考方向按照与相应的相电压正方向一致的原则标定。如图4-11所示，$\dot{I}_\mathrm{UV}$与$\dot{U}_\mathrm{UV}$正方向标定应一致，即$\dot{I}_\mathrm{UV}$的正方向从U相指向V相，依次类推，则

$$\dot{I}_\mathrm{U} = \dot{I}_\mathrm{UV} - \dot{I}_\mathrm{WU}$$

$$\dot{I}_\mathrm{V} = \dot{I}_\mathrm{VW} - \dot{I}_\mathrm{UV} \tag{4-1}$$

$$\dot{I}_\mathrm{W} = \dot{I}_\mathrm{WU} - \dot{I}_\mathrm{VW}$$

3. 三相负载三角形连接时的电路特点

不论三相负载是否对称，均有以下特点：

① 相电压等于对应的线电压即$U_\mathrm{L} = U_\mathrm{P}$

② 线电流不等于相电流。$\dot{I}_L \neq \dot{I}_\mathrm{P} = \dfrac{\dot{U}_\mathrm{P}}{Z_\mathrm{P}}$

思考与练习

（1）负载接入三相电源的原则是什么？

（2）若干单相负载如何接入三相电路中？

（3）三相照明负载构成的整体是三相负载吗？

（4）三相负载星形连接时线电量与相电量间的关系如何？

（5）三相负载三角形连接时线电量与相电量间的关系如何？

（6）试述负载星形连接三相四线制电路和三相三线制电路的异同。

（7）将图 4-12 所示的两组三相负载分别按星形或三角形接到三相四线制电源上，电源的线电压为 380 V，相电压为 220 V。（白炽灯的额定电压为 220 V，每台电动机的额定电压为 380 V。）

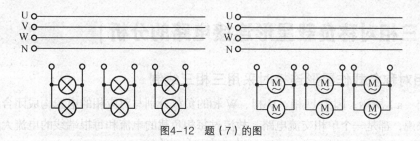

图4-12　题（7）的图

（8）启动 EWB，在 EWB 工作区内建立图 4-13 所示的仿真电路图（仿真开关已闭合）。

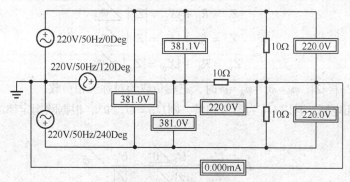

图4-13　三相负载星形连接

根据仿真数据验证三相负载星形连接时负载的线电压与相电压有效值的关系。

（9）启动 EWB，在 EWB 工作区内建立图 4-14 所示的仿真电路图（仿真开关已闭合）。

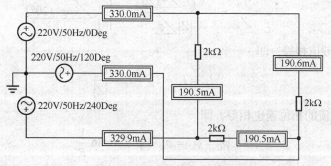

图4-14　三相负载三角形连接

根据仿真数据验证三相负载三角形连接时负载的线电流与相电流有效值的关系。

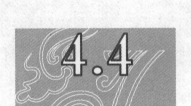

三相负载星形连接电路的分析

4.4.1　三相对称负载星形连接电路的分析

1. 三相对称负载作星形连接时采用三相三线制

如图 4-15（a）所示，因为 U 相、V 相、W 相的负载分别与对应相的电源构成闭合回路，对于每一相负载来说，都是一个单相交流电路，故流过每相负载的电流和每根端线的电流大小相等，即

$$I_\mathrm{L} = I_\mathrm{p} = U_\mathrm{p} / Z$$

设三相负载的复阻抗为

$$Z_\mathrm{U} = R_\mathrm{U} + \mathrm{j}X_\mathrm{U} = |Z_\mathrm{U}| \underline{/\varphi_\mathrm{U}}$$

$$Z_\mathrm{V} = R_\mathrm{V} + \mathrm{j}X_\mathrm{V} = |Z_\mathrm{V}| \underline{/\varphi_\mathrm{V}}$$

$$Z_\mathrm{W} = R_\mathrm{W} + \mathrm{j}X_\mathrm{W} = |Z_\mathrm{W}| \underline{/\varphi_\mathrm{W}}$$

当 $|Z_\mathrm{U}|=|Z_\mathrm{V}|=|Z_\mathrm{W}|=|Z|$，$\varphi_\mathrm{U}=\varphi_\mathrm{V}=\varphi_\mathrm{W}=\varphi$ 时，三相负载为对称三相负载。

若已知电源的相电压，且以 $\dot{U}_\mathrm{U}$ 为参考相量，则 $\dot{U}_\mathrm{U} = U_\mathrm{p}\angle 0°$，根据欧姆定律的相量形式可计算出各相负载的电流。

$$\dot{I}_\mathrm{U} = \frac{\dot{U}_\mathrm{U}}{Z_\mathrm{U}} = \frac{U_\mathrm{p}\underline{/0°}}{|Z|\underline{/\varphi}} = \frac{U_\mathrm{p}}{|Z|}\underline{/-\varphi}$$

$$\dot{I}_\mathrm{V} = \frac{\dot{I}_\mathrm{V}}{Z_\mathrm{V}} = \frac{U_\mathrm{p}\underline{/-120°}}{|Z|\underline{/\varphi}} = \frac{U_\mathrm{p}}{|Z|}\underline{/(-\varphi-120°)}$$

$$\dot{I}_\mathrm{W} = \frac{\dot{I}_\mathrm{W}}{Z_\mathrm{W}} = \frac{U_\mathrm{p}\underline{/+120°}}{|Z|\underline{/\varphi}} = \frac{U_\mathrm{p}}{|Z|}\underline{/(-\varphi+120°)}$$

3 个相电流的有效值相等，即

$$I_\mathrm{U} = I_\mathrm{V} = I_\mathrm{W} = I_\mathrm{p} = \frac{U_\mathrm{p}}{|Z|}$$

每相电压和相电流的相位差也相等，即

$$\varphi_\mathrm{U} = \varphi_\mathrm{V} = \varphi_\mathrm{W} = \varphi = \arctan\frac{X}{R}$$

以上分析表明，三相对称负载接入对称三相电源后，组成了三相对称电路，流过三相负载的电流是对称电流，流过端线的 3 个线电流也是对称的，即它们的最大值相等，频率相同，相位互差 120°。

中线电流为

$$\dot{I}_\mathrm{N} = \dot{I}_\mathrm{U} + \dot{I}_\mathrm{V} + \dot{I}_\mathrm{W} = 0$$

对称负载星形连接（负载为感性）时相电压、相电流的相量图如图 4-15（b）所示。

三相对称负载按星形连接方式连接到三相四线制电源上时中线电流为零。为了节省导线，中线可以省去不用，取消中线也不会影响三相电路的工作，这时三相四线供电制就变为三相三线供电制，电路如图 4-15（a）所示。

因为中线电流为零，能保证负载的中性点 N′ 与电源中点 N 的电位相等。这样去掉中线后，仍然保持负载的相电压等于电源的相电压，即保证负载的相电压仍然对称。

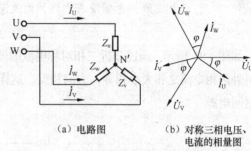

（a）电路图　（b）对称三相电压、电流的相量图

图4-15　三相对称负载星形连接的三相三线供电制

当三相负载不对称时，三相电流也不对称，此时中线电流不为零。因此，中线不允许断开。

例 4-2　已知电源线电压为 380 V，三相对称负载星形（Y）连接，各相负载阻抗均为 $Z = (30 + \mathrm{j}40)\,\Omega$，求各相负载的电流及中线电流。

解：根据电源线电压与相电压的关系可得

各相电压的有效值为

$$U_\mathrm{p} = \frac{U_\mathrm{L}}{\sqrt{3}} = \frac{380}{\sqrt{3}} \approx 220\,(\mathrm{V})$$

三相负载的相电压等于三相电源的相电压，均为对称三相电压。

设 $\dot{U}_\mathrm{U} = 220\,\underline{/0°}\,\mathrm{V}$，则 $\dot{U}_\mathrm{V} = 220\,\underline{/-120°}\,\mathrm{V}$，$\dot{U}_\mathrm{W} = 220\,\underline{/120°}\,\mathrm{V}$

已知 $Z = 3 + \mathrm{j}4 = 5\,\underline{/53.1}\,(\Omega)$，则 U 相电流为

$$\dot{I}_\mathrm{U} = \frac{\dot{U}_\mathrm{U}}{Z} = \frac{220\,\underline{/0°}}{50\,\underline{/53.1°}} = 4.4\,\underline{/-(53.1)°}\,(\mathrm{A})$$

根据三相电流的对称关系可知其余两相电流分别为

$$\dot{I}_\mathrm{V} = 4.4\,\underline{/(-173.1)°}\,(\mathrm{A}), \quad \dot{I}_\mathrm{W} = 4.4\,\underline{/66.9°}\,(\mathrm{A})$$

中线电流为

$$\dot{I}_\mathrm{N} = \dot{I}_\mathrm{U} + \dot{I}_\mathrm{V} + \dot{I}_\mathrm{W} = 0$$

相量图如图 4-15（b）所示，相电压与相应的相电流的相位差 $\varphi = 53.1°$。

2. 对称三相电路的一般解法

根据单相电路的求解方法，先求出其中一相的电压、电流，再根据对称性求出其他相的电压、电流。此时三相电路的分析计算可转化为单相电路的分析计算。

三相三线制在工农业生产中被广泛采用。高压输电时，由于三相负载是对称的三相变压器，

因此采用三相三线制输电；三相异步电动机、三相电阻炉等对称三相负载实际应用时只使用 3 根电源线。

三相三线供电制没有中线，电流怎么流回电源呢？

如图 4-16 所示，通过分析三相对称电流的波形图可知，在任一时刻三相电流中的一相电流恰好与另外两相电流之和大小相等，方向相反。这样，三根相线和电源相互构成电流回路，不用中线也可返回电源。

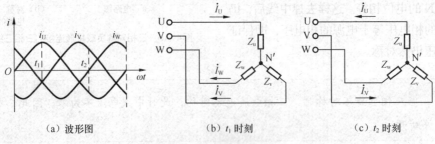

（a）波形图　　　　　　（b）t_1 时刻　　　　　　（c）t_2 时刻

图4-16　三相电流的流通情况

4.4.2　不对称三相负载星形（Y）连接时的分析

1. 三相不对称负载作星形连接时采用三相四线制

不对称三相负载接入对称三相电源时，就构成三相不对称电路，如图 4-17 所示。

2. 三相不对称负载星形连接时的分析

三相不对称负载是指它们的复阻抗不相等，当按星形方式连接时，中线不能省去。当中线存在时，负载的相电压等于电源的相电压，即负载电压仍然是对称的。

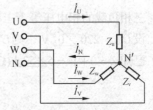

图4-17　三相不对称负载星形连接采用三相四线制

$$U_L = \sqrt{3} U_p, \quad I_L = I_p$$

各相电流分别计算：

$$\dot{I}_U = \frac{\dot{U}_U}{Z_U} \qquad I_U = \frac{U_p}{|Z_U|}$$

$$\dot{I}_V = \frac{\dot{I}_V}{Z_V} \qquad I_V = \frac{U_p}{|Z_V|}$$

$$\dot{I}_W = \frac{\dot{U}_W}{Z_W} \qquad I_W = \frac{U_p}{|Z_W|}$$

$$\dot{I}_N = \dot{I}_U + \dot{I}_V + \dot{I}_W \neq 0$$

可见，三相不对称负载中线电流不为零，因此，中线不允许断开，否则，因为两中性点电压 $U_{N'N}$ 发生位移，三相负载的相电压不再等于电源的相电压，造成三相负载有的相电压过高，有的相电压过低，严重时造成三相负载不能正常工作，甚至电压高的那相负载可能因电压超过额定值而烧坏。

实际应用中三相不对称负载必须采用三相四线制，而且必须保证中线可靠。

3. 不对称三相负载中线的作用

中性线的作用是使星形连接的三相不对称负载成为 3 个独立的电路，不论负载大小如何变动，每相负载承受的对称相电压不变，故各相负载均能正常工作。中性线一旦断开，即使电源线电压对称，但因各相负载所承受的相电压不相等，将使负载不能正常工作，严重时会造成重大的事故。因此在三相四线制供电系统中，中性线起着重要的作用，在中性线上不允许安装开关及熔断器，并且中性线必须安装牢固。

实际应用时，中线常用细钢丝制成，以免中线断开发生事故。为了减少中线电流，应力求三相负载对称。例如，三相照明负载应尽量平均分接在三相电源上，避免出现全部负载集中在一相上的情况。

4. 三相电路不对称负载的典型故障分析

例 4-3　三相照明电路如图 4-18 所示。试分析：（1）中线存在时各相负载的工作情况；（2）若三相照明电路的中线因故断开，当发生一相灯负载全部断开时电路会出现什么情况？（3）若三相照明电路的中线因故断开，当一相发生短路时电路会出现什么情况？

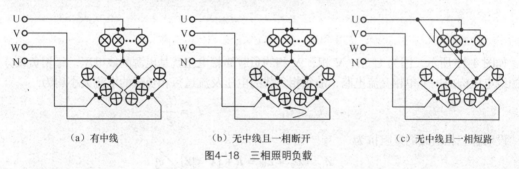

（a）有中线　　　　　　（b）无中线且一相断开　　　　　（c）无中线且一相短路

图4-18　三相照明负载

解：设电源电压为

$$\frac{U_L}{U_P} = \frac{380}{220}$$

（1）三相照明负载的正确接法是，每组灯相互并联，然后分别接至各相电压上。

当有中线时，每组灯的数量可以相等，也可以不等，但每盏灯上都可得到额定的工作电压 220 V，均能正常工作。

（2）如果中线断开，又发生 U 相断路，此时 V、W 两相构成串联，其端电压为电源线电压 380 V。若 V、W 两相负载相同，各相分得电压有效值为 190 V，均低于额定值 220 V，不能正常工作；若 V、W 两相负载不相同，则负载大的一相（电阻小、电流大）分压低，不能正常发光，负载小的一相（电阻大、电流小）分压高于 220 V，易烧损。

（3）如果中线断开，又发生 U 相短路，此时 V、W 相都会与短接线构成通路，两相端电压均为线电压 380 V，因此 V、W 两相的负载由于超过额定值而烧损。

结论：三相四线制星形连接电路中，中线不允许断开。

思考与练习

（1）为什么三相对称负载作星形连接时，可以去掉中性线？或者为什么可将两点中性点 N、N' 短接起来？

（2）什么情况下可将三相电路的计算转变为一相电路的计算？

（3）三相负载星形连接时，测出各相电压相等，能否说明三相负载是对称的？

（4）为什么照明电路都采用星形连接的三相四线制？

（5）为什么电源中性线上不允许安装保险丝和熔断器？

（6）居民家中使用的均是单相用电器，为什么向小区或居民楼中送来的电源常是三相四线制？

*（7）三相电路在何种情况下产生中性点位移？中性点位移对负载工作情况有何种影响？中线的作用是什么？

4.5　三相对称负载三角形连接电路的分析

如图 4-11 所示，因为 U 相、V 相、W 相的负载的相电压就是电源的线电压，每相负载分别与电源线电压构成一个单相交流电路，故每相负载的电压及流过每相负载的电流大小均为

$$U_\mathrm{p} = U_\mathrm{L}, \qquad I_\mathrm{p} = \frac{U_\mathrm{p}}{Z}$$

设对称三相负载的复阻抗为

$$Z_\mathrm{U} = Z_\mathrm{V} = Z_\mathrm{W} = R + \mathrm{j}X = |Z| \angle \varphi$$

因为负载的相电压等于电源的线电压是对称的，现以 $\dot{U}_\mathrm{UV}$ 为参考相量，则

$$\dot{U}_\mathrm{UV} = U_\mathrm{L} \angle 0°$$

$$\dot{U}_\mathrm{VW} = U_\mathrm{L} \angle (-120)°$$

$$\dot{U}_\mathrm{WU} = U_\mathrm{L} \angle 120°$$

根据欧姆定律的相量形式可计算出各相负载的相电流。

$$\dot{I}_\mathrm{UV} = \frac{\dot{U}_\mathrm{UV}}{Z_\mathrm{UV}} = \frac{U_\mathrm{L} \angle 0°}{|Z| \angle \varphi} = \frac{U_\mathrm{L}}{|Z|} \angle (-\varphi)$$

$$\dot{I}_\mathrm{VW} = \frac{\dot{U}_\mathrm{VW}}{Z_\mathrm{VW}} = \frac{U_\mathrm{L} \angle (-120°)}{|Z| \angle \varphi} = \frac{U_\mathrm{L}}{|Z|} \angle (-120° - \varphi)$$

$$\dot{I}_\mathrm{WU} = \frac{\dot{U}_\mathrm{WU}}{Z_\mathrm{WU}} = \frac{U_\mathrm{L} \angle 120°}{|Z| \angle \varphi} = \frac{U_\mathrm{L}}{|Z|} \angle (120° - \varphi)$$

以上分析表明，三相对称负载按三角形连接方式接入对称三相电源后，组成了三相对称电路，流过三相负载的相电流是对称电流。

3 个相电流的有效值相等：$I_{UV} = I_{VW} = I_{WU} = I_P = \dfrac{U_L}{|Z|}$，频率相同，相位互差 120°。每相电压和

相电流的相位差也相等：$\varphi_{UV} = \varphi_{VW} = \varphi_{WU} = \varphi = \arctan \dfrac{X}{R}$。感性负载的相量图如图 4-19 所示。

设以 U 相线电流 $\dot{I}_{UV} = I_P \angle 0°$ 为参考相量，先画出三相对称相电流的相量图。流过端线的 3 个线电流符合式（4-1）。下面通过相量图分析线电流与相电流的关系。

以 U 相线电流 $\dot{I}_U$ 为例。$\dot{I}_U = \dot{I}_{UV} - \dot{I}_{WU}$，由平行四边形法则可求得 $\dot{I}_U$ 相量。同理可得到 $\dot{I}_V$、$\dot{I}_W$ 的相量，如图 4-21（b）所示。

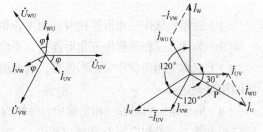

（a）相电压、相电流的相量图　　（b）线电流、相电流的相量图

图4-19　三相对称负载三角形连接时的相量图

分析几何关系可得

$$\dot{I}_U = \dot{I}_{UV} - \dot{I}_{WU} = \sqrt{3}\,\dot{I}_{UV} \angle (-30°)$$

$$\dot{I}_V = \dot{I}_{VW} - \dot{I}_{UV} = \sqrt{3}\,\dot{I}_{VW} \angle (-30°)$$

$$\dot{I}_W = \dot{I}_{WU} - \dot{I}_{VW} = \sqrt{3}\,\dot{I}_{WU} \angle (-30°)$$

即三相对称负载三角形连接时，3 个相电流和 3 个线电流均是对称的。

因此

$$\begin{aligned} I_U &= \sqrt{3}\,I_{UV} \\ I_V &= \sqrt{3}\,I_{VW} \\ I_W &= \sqrt{3}\,I_{WU} \end{aligned} \Rightarrow I_L = \sqrt{3}\,I_P$$

并且线电流滞后对应的相电流 30°。

例 4-4　对称负载接成三角形，接入线电压为 380 V 的三相电源，若每相阻抗 $Z = (6 + \mathrm{j}8)\,\Omega$，求负载各相电流及各线电流。

解： 设线电压 $\dot{U}_{UV} = 380 \angle 0°$ V，则负载各相电流为

$$\dot{I}_{UV} = \frac{U_{UV}}{Z} = \frac{380 \angle 0°}{6 + \mathrm{j}8}\,A = \frac{380 \angle 0°}{10 \angle 53.1°}\,A = 38 \angle (-53.1°)\,A$$

$$\dot{I}_{VW} = \frac{\dot{U}_{VW}}{Z} = \dot{I}_{UV} \angle 120° = 38 \angle (-53.1° - 120°)\,A = 38 \angle (-173.1°)\,A$$

$$\dot{I}_{WU} = \frac{\dot{U}_{WU}}{Z} = \dot{I}_{UV} \angle 120° = 38 \angle (-53.1° + 120°)\,A = 38 \angle 66.9°\,A$$

负载作三角形连接时，各线电流的有效值等于对应相电流的 $\sqrt{3}$ 倍，幅角滞后对应的相电流 30°，则各线电流为

$$\dot{I}_U = \sqrt{3}\,\dot{I}_{UV} = 66\ \underline{/(-83.1°)}\ \text{A}$$
$$\dot{I}_V = \sqrt{3}\,\dot{I}_{VW} = 66\ \underline{/(156.9°)}\ \text{A}$$
$$\dot{I}_W = \sqrt{3}\,\dot{I}_{WU} = 66\ \underline{/36.9°}\ \text{A}$$

思考与练习

（1）三相负载作三角形连接时，测出各相电流相等，能否说明三相负载是对称的？

（2）为什么三相负载作三角形连接，不论负载对称与否，3个相电压的相量和均为零？

（3）对称三相负载作三角形连接，线电流 $\dot{I}_U = 10\ \underline{/-30°}$ A。写出其他各线电流以及 3 个相电流的相量表达式。

（4）星形连接的对称三相负载中，每相的电阻 $R = 24\ \Omega$，感抗 $X_L = 32\ \Omega$，接到线电压为 380 V 的三相电源上，求相电流 I_P 和线电流 I_L。

（5）已知三相四线制电路中，电源线电压为 380 V，星形负载各相阻抗分别为 $Z_U = 10\ \Omega$、$Z_W = 8 + j6\ \Omega$、$Z_V = 3 - j4\ \Omega$，求各相电流及中线电流。

（6）三相不对称负载作三角形连接时，若有一相短路，对其他两相工作情况有影响吗？

（7）对称三相三线制的线电压 $U_1 = 380$ V，每相负载阻抗为 $Z = 10\angle 60° \Omega$，求星形连接情况下负载的相电流、线电流。

（8）三相对称负载接在对称三相电源上，若电源线电压为 380 V，各相阻抗为 $Z = 30 + j40\ \Omega$。求负载作星形连接和三角形连接时的相电压、线电压、相电流和线电流。

（9）在三相四线制供电线路中，三相对称电源的线电压为 380 V，三相负载分别为单一电阻、电感、电容参数电路，已知 $R = X_L = X_C = 100\ \Omega$，求各相电压、相电流和中线电流。

（10）已知三相对称负载作三角形连接，$Z = (12 + j16)\ \Omega$，电源线电压为 380 V，求各相电流和线电流及总有功功率。

（11）三相不对称负载作三角形连接时，若有一相短路，对其他两相工作情况有影响吗？

三相电路的功率

1. 三相电路的功率

（1）三相负载的有功功率。三相电源发出的总有功功率等于每相电源发出的有功功率之和，一个三相负载吸收（或消耗）的总有功功率等于每相负载吸收的有功功率之和。因此，交流电路的总有功功率不论三相负载是否对称，下列公式均成立。

$$P = P_U + P_V + P_W$$
$$= U_U I_U \cos\varphi_U + U_V I_V \cos\varphi_V + U_W I_W \cos\varphi_W$$

式中，U_U、U_V、U_W 是三相负载的相电压，I_U、I_V、I_W 是三相负载的相电流，φ_U、φ_V、φ_W 是各相负载相电压与相电流的相位差角。

（2）三相负载的无功功率。三相交流电路的总无功功率等于各相负载无功功率的总和，即

$$Q = Q_U + Q_V + Q_W$$
$$= U_U I_U \sin\varphi_U + U_V I_V \sin\varphi_V + U_W I_W \sin\varphi_W$$

（3）三相负载的视在功率。

$$S = \sqrt{P^2 + Q^2}$$

（4）三相负载的功率因数。

$$\lambda = \frac{P}{S} = \cos\varphi_Z$$

2. 对称三相电路的功率

对称三相电路中，各相电压、相电流的有效值均相等，功率因数也相同，即

$$P = 3P_P = 3U_P I_P \cos\varphi_Z$$
$$Q = 3Q_P = 3U_P I_P \sin\varphi_Z$$
$$S = \sqrt{P^2 + Q^2} = 3U_P I_P$$

在实际应用中，三角形连接的负载测量其线电流比测量相电流方便，而星形连接没有中线的三相负载测量其线电压比测量相电压方便，所以三相功率的计算常用线电流、线电压来表示。

星形连接时的三相功率为

$$P = 3U_P I_P \cos\varphi_Z = 3\frac{U_L}{\sqrt{3}} I_L \cos\varphi Z = \sqrt{3} U_L I_L \cos\varphi_Z$$

三角形连接时的三相功率为

$$P = 3U_P I_P \cos\varphi_Z = 3U_L \frac{I_L}{\sqrt{3}} \cos\varphi_Z = \sqrt{3} U_L I_L \cos\varphi_Z$$

可见，负载对称时，不论三相负载采用何种连接，求总功率的公式都是相同的，即

$$P = 3U_P I_P \cos\varphi_Z = \sqrt{3} U_L I_L \cos\varphi_Z$$
$$Q = 3U_P I_P \sin\varphi_Z = \sqrt{3} U_L I_L \sin\varphi_Z$$
$$S = \sqrt{P^2 + Q^2} = \sqrt{3} U_L I_L$$

3. 功率标注

三相发电机、三相变压器、三相电动机的铭牌上标注的额定功率均为三相总功率。三相发电机、三相变压器等电源设备一般标注三相视在功率，三相电动机等负载设备标注的是三相有功功率。

　　经过数学推导和实验证明，对称三相电路的瞬时功率是一个与时间无关的常量，在数值上等于三相电路的总的有功功率。这个性质对旋转的变压器及其有利，由于瞬时功率是恒定的，对应的瞬时转矩也是恒定的，避免了机械转矩的变化引起的振动，因此，其运行情况比单相电动机稳定。这是对称三相制的一个优越性能。

例 4-5　对称三相三线制的线电压 $U_L = 100\sqrt{3} \text{ V}$，每相负载阻抗为 $Z = 10 \angle 60°\Omega$，求负载为星形及三角形两种情况下的电流和三相功率。

解：（1）负载星形连接时，相电压的有效值为

$$U_p = \frac{U_L}{\sqrt{3}} = 100\text{V}$$

设 $\dot{U}_U = 100 \underline{/0°}\text{V}$，线电流等于相电流，即

$$\dot{I}_U = \frac{\dot{U}_U}{Z} = \frac{100 \underline{/0°}}{10 \underline{/60°}}\text{A} = 10 \underline{/(-60°)} \text{ A}$$

$$\dot{I}_V = \frac{\dot{U}_V}{Z} = \frac{100 \underline{/(-120°)}}{10 \underline{/60°}}\text{A} = 10 \underline{/(-180°)} \text{ A}$$

$$\dot{I}_W = \frac{\dot{U}_W}{Z} = \frac{100 \underline{/120°}}{10 \underline{/60°}}\text{ A} = 10 \underline{/60°} \text{ A}$$

三相总功率为

$$P = \sqrt{3}U_L I_L \cos\varphi_z = \sqrt{3} \times 100\sqrt{3} \times 10 \times \cos 60°\text{W} = 1\,500 \text{ W}$$

$$Q = \sqrt{3}U_L I_L \sin\varphi_z = \sqrt{3} \times 100\sqrt{3} \times 10 \times \sin 60°\text{var} \approx 2\,598\text{var}$$

$$S = \sqrt{3}U_L I_L = \sqrt{3} \times 100\sqrt{3}\text{V} \times 10\text{A} = 3\,000 \text{ V} \cdot \text{A}$$

（2）当负载为三角形连接时，相电压等于线电压

设 $\dot{U}_{UV} = 100\sqrt{3} \underline{/0°}\text{V}$，则相电流为

$$\dot{I}_{UV} = \frac{\dot{I}_{UV}}{Z} = \frac{100\sqrt{3} \underline{/0°}}{10 \underline{/60°}}\text{A} = 10\sqrt{3} \underline{/(-60°)} \text{ A}$$

$$\dot{I}_{VW} = \frac{\dot{U}_{VW}}{Z} = \frac{100\sqrt{3} \underline{/-120°}}{10 \underline{/60°}}\text{A} = 10\sqrt{3} \underline{/-180°} \text{ A}$$

$$\dot{I}_{WU} = \frac{\dot{U}_{WU}}{Z} = \frac{100\sqrt{3} \underline{/120°}}{10 \underline{/60°}}\text{ A} = 10\sqrt{3} \underline{/60°} \text{ A}$$

线电流为

$$\dot{I}_U = \sqrt{3}\dot{I}_{UV} \underline{/(-30°)} \text{ A} = 30 \underline{/(-90°)} \text{ A}$$

$$\dot{I}_V = \sqrt{3}\dot{I}_{VW} \underline{/(-30°)} \text{ A} = 30 \underline{/(-210°)} \text{ A} = 30 \underline{/150°} \text{ A}$$

$$\dot{I}_W = \sqrt{3}\dot{I}_{WU} \underline{/(-30°)} \text{ A} = 30 \underline{/30°} \text{ A}$$

三相总功率为

$$P = \sqrt{3}U_L I_L \cos\varphi_z = \sqrt{3} \times 100\sqrt{3} \times 30 \times \cos 60°\text{W} = 4\,500\text{W}$$

$$Q = \sqrt{3}U_L I_L \sin\varphi_z = \sqrt{3} \times 100\sqrt{3} \times 30 \times \sin 60°\text{var} \approx 7\,794\text{var}$$

$$S = \sqrt{3}U_L I_L = \sqrt{3} \times 100\sqrt{3}\text{ V} \times 30\text{A} = 9\,000 \text{ V} \cdot \text{A}$$

由此可知，负载由星形连接改为三角形连接后，相电流增加到原来的 $\sqrt{3}$ 倍，线电流增加到原来的 3 倍，功率也增加到原来的 3 倍。

思考与练习

（1）公式 $P = \sqrt{3}U_L I_L \cos\varphi_z$ 中的 φ_z 是相电压与相电流的相位差吗？

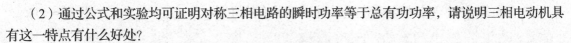
（2）通过公式和实验均可证明对称三相电路的瞬时功率等于总有功功率，请说明三相电动机具有这一特点有什么好处？

（3）不论三相负载作星形连接还是作三角形连接，其三相有功功率都可以用公式 $P = 3U_\mathrm{P}I_\mathrm{P}\cos\varphi_\mathrm{z} = \sqrt{3}U_\mathrm{L}I_\mathrm{L}\cos\varphi_\mathrm{z}$ 来计算。

（4）三相有功功率、无功功率、视在功率的单位相同吗？它们的数量关系如何？三相变压器、三相电动机等电气设备常标注哪种功率？

（5）星形连接的对称三相负载中，每相负载的电阻 $R = 24\,\Omega$，感抗 $X_\mathrm{L} = 32\,\Omega$，接到线电压为 380 V 的三相电源上，求相电压 U_P、相电流 I_P、线电流 I_L 和三相总平均功率 P。

（6）已知对称三相电路的线电压为 380 V，负载阻抗 $Z = (12 + \mathrm{j}16)\,\Omega$。求：①星形连接时负载的线电流及吸收的总功率；②三角形连接时负载的线电流、相电流及吸收的总功率。

仿真实验　三相交流电路

一、实验目的

（1）进一步熟悉 EWB 仿真软件的使用。

（2）熟悉三相负载的星形连接和三角形连接方法。

（3）理解在星形连接和三角形连接时，对称和不对称负载的线电压、相电压及线电流与相电流之间的关系。

（4）加深理解三相四线制中线的作用。

二、实验原理

实际应用中为了保证负载正常工作，负载实际承受的电压必须等于其额定工作电压。在三相供电体系中，负载可根据上述原则连接成星形或三角形，以保证负载的正常工作。负载星形连接时，可采用三相三线制或三相四线制，三角形连接时只能采用三相三线制供电。

（1）星形连接的三相四线、三相三线供电制如图 4-20 所示。

图 4-20 中，中线开关 S 闭合时为三相四线供电制。在三相四线供电制连接方式中，电源的中性点和负载的中性点相连成为中线。

三相负载对称时，负载端相电压对称，中线电流 $I_\mathrm{NN'} = 0$，相当于三相三线供电制；三相负载不对称时，忽略中线电路阻抗，负载端相电压仍然对称，但中线电流 $I_\mathrm{NN'} \neq 0$，其电流值可计算或由实验方法测定。

实际应用研究中，为了保证负载承受的电压等于其额定工作电压，在三相四线制供电电路中，中线上不允许装保险丝或熔断器。

图 4-21 中，中线开关 S 断开时为三相三线供电制。在三相三线供电制连接方式中，若忽略线路阻抗，则负载的线电压等于电源的线电压，分别为 U_UV、U_VW、U_WU。

当三相负载对称时，负载的相电压对称，即 $U_\mathrm{UN'} = U_\mathrm{VN'} = U_\mathrm{WN'}$，且 $U_\mathrm{L} = \sqrt{3}U_\mathrm{P}$；当三相负载不对称时，负载的相电压也不对称，其数值与负载的大小有关。

（2）三角形连接的三相三线供电制如图 4-21 所示。

若三相电源的线电压与三相负载每相所要求的相电压相等，则负载应连接成三角形。

在图 4-20 中，若忽略线路阻抗，无论负载是否对称，则负载的线电压等于电源的线电压，即 $U_\mathrm{UV} = U_\mathrm{VW} = U_\mathrm{WU} = U_\mathrm{L} = U_\mathrm{P}$。

若三相负载对称，则三相电流对称。三相电流的有效值为 $I_{UV} = I_{VW} = I_{WU} = I_P$，且 $I_L = \sqrt{3}I_P$。

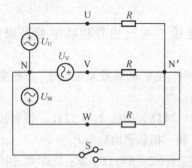

图4-20 星形连接的三相四线、三相三线供电制电路

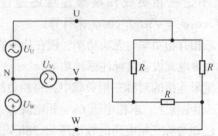

图4-21 三角形连接的三相三线供电制电路

三、实验内容及步骤

（1）验证三相负载星形连接时线电压与相电压、线电流与相电流的关系。

三相负载星形连接仿真电路如图 4-22 所示。

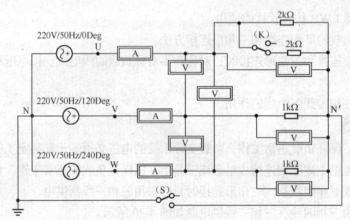

图4-22 三相负载星形连接仿真电路

闭合图 4-22 中的开关 K，得到对称负载星形连接仿真电路，将图 4-23 所示的仿真测试结果记入表 4-1 中，验证中线开关 S 断开与闭合对测量结果有无影响，说明为什么。

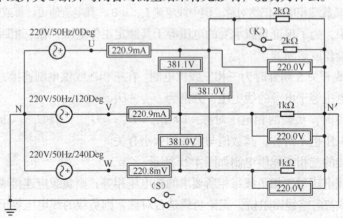

图4-23 对称负载星形连接仿真测试

当图 4-22 中的开关 K 断开时，不对称负载星形连接仿真电路如图 4-24 所示。将测量数据记入表 4-1 中，验证中线开关 S 断开与闭合对测量结果有无影响，并总结中线的作用。

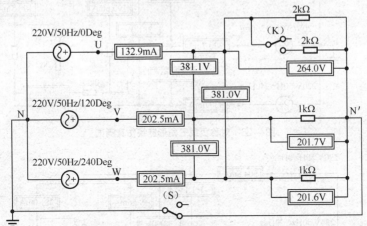

图4-24 不对称负载星形连接仿真测试

表 4-1 仿真结果

	线电压/V			相电压/V			相电流/mA			线电流与对应相电流的数量关系
	U_{UV}	U_{VW}	U_{WU}	$U_{UN'}$	$U_{VN'}$	$U_{WN'}$	$I_{UN'}$	$I_{VN'}$	$I_{WN'}$	
对称负载										$I_L = I_P$
不对称负载										$I_L = I_P$

（2）验证三相负载三角形连接时线电流与相电流的关系。三相负载三角形连接如图 4-25 所示。按图 4-25 在 EWB 环境下建立仿真电路，如图 4-26 和图 4-27 所示，将测量数据记入表 4-2 中。

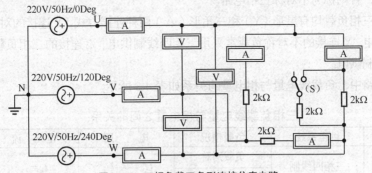

图4-25 三相负载三角形连接仿真电路

表 4-2 仿真结果

	线电压/V			线电流/mA			相电流/mA			线电压与对应相电压的数量关系
	U_{UV}	U_{VW}	U_{WU}	I_U	I_V	$U_{W'}$	I_{UV}	I_{VW}	I_{WU}	
对称负载										$U_L = U_P$
不对称负载										$U_L = U_P$

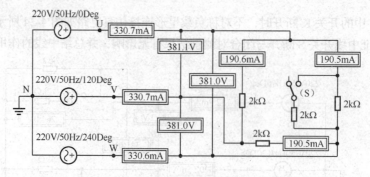

图4-26 对称负载三角形连接仿真测试

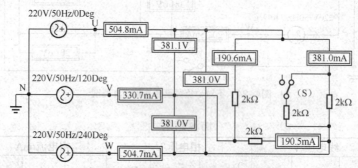

图4-27 不对称负载三角形连接仿真测试

本章小结

三相交流电是由三相发电机产生的。对称三相交流电的特征是幅值相等、频率相同、相位互差120°。

三相电路由三相电源和三相负载组成。若三相电源和三相负载都是对称的，则这个三相电路称为对称三相电路，否则称为不对称三相电路。

三相电源或三相负载均有星形（Y）和三角形（△）两种连接方式。Y连接的对称三相负载多采用三相三线制供电，Y连接的不对称负载常采用三相四线制供电；△连接的三相负载无论对称与否，均采用三相三线制供电。

对称三相电路中，负载线电量与相电量的关系如表4-3所示。

表4-3　　　　　　　　　三相负载线电量与相电量之间的关系

三相负载接法	供电系统	负载情况	电　压	电　流	说　明
星形（Y）接法	三相四线制	负载对称	$U_P = \dfrac{1}{\sqrt{3}}U_L$	$I_P = I_L$	$I_N = 0$
		负载不对称			$I_N \neq 0$
	三相三线制	负载对称	$U_P = \dfrac{1}{\sqrt{3}}U_L$	$I_P = I_L$	
		负载不对称	$U_P \neq \dfrac{1}{\sqrt{3}}u_L$		故障情况
三角形（△）接法	三相三线制	负载对称	$U_P = U_L$	$I_P = \dfrac{1}{\sqrt{3}}I_L$	
		负载不对称		$I_P \neq \dfrac{1}{\sqrt{3}}I_L$	

不对称三相电路的计算中，各相分别按单相电路的计算方法计算。

中线使 Y 连接的不对称负载的相电压保持对称，使负载能正常工作，而且负载若发生故障，也可缩小故障的范围。

对称电路中三相功率的计算采用下列公式。

（1）有功功率：$P = 3U_P I_P \cos\varphi_z = \sqrt{3}U_L I_L \cos\varphi_z$

（2）无功功率：$Q = 3U_P I_P \sin\varphi_z = \sqrt{3}U_L I_L \sin\varphi_z$

（3）视在功率：$S = \sqrt{P^2 + Q^2} = \sqrt{3}U_L I_L$

利用对称关系可使对称三相电路的计算过程简化为单相电路的计算。计算的基本公式是

$$I_P = \frac{U_P}{Z_P}, \quad \varphi = \arctan\frac{X}{R}。$$

一、填空题

（1）三相对称负载作星形连接时，线电压是相电压的_____倍，线电流是相电流的_____倍；三相对称负载作三角形连接时，线电压是相电压的_____倍，线电流是相电流的_____倍。

（2）对称三相电源要满足_____、_____、_____3 个条件。

（3）不对称三相负载接成星形，供电电路必须为_____制，其每相负载的相电压对称且为线电压的_____。

（4）若三相异步电动机每相绕组的额定电压为 380 V，则该电动机应_____连接才能接入线电压为 380 V 的三相交流电源中正常工作。

（5）接在线电压为 380 V 的三相四线制线路上的星形对称负载若发生 U 相负载断路时，则 V 相和 W 相负载上的电压均为_____。

二、判断题

（1）三相四线供电制只能提供一种电压。　　　　　　　　　　　　　　（　　）

（2）三相负载星形连接时必须有中线。　　　　　　　　　　　　　　（　　）

（3）凡三相负载作三角形连接时，线电流必为相电流的 $\sqrt{3}$ 倍。　　　（　　）

（4）三相负载越接近对称，中线电流就越小。　　　　　　　　　　　（　　）

（5）三相负载作星形连接时，线电流必等于相电流。　　　　　　　　（　　）

（6）三相不对称负载作星形连接时，为了使各相电压保持对称，必须采用三相四线制供电。

　　　　　　　　　　　　　　　　　　　　　　　　　　　　　　　（　　）

（7）三相对称负载作星形和三角形连接时，其总有功功率均为 $P = \sqrt{3}U_L I_L \cos\varphi_P$。　（　　）

三、单项选择题

（1）选择三相负载连接方式的依据是（　　　）。

　　A. 三相负载对称时选择△形接法，不对称时选择 Y 形接法

　　B. 希望获得较大功率时选择△形接法，否则选择 Y 形接法

C. 电源为三相四线制时选择 Y 形接法，电源为三相三线制时选择△形接法

D. 选用的接法应保证每相负载得到的电压等于其额定电压

（2）已知三相对称电源中 U 相电压 $\dot{U}_U = 220\angle 0°$ V，电源绕组为星形连接，则线电压 $\dot{U}_{VW} = ($ ） V。

A. $220\angle -120°$ B. $220\angle -90°$ C. $380\angle -120°$ D. $380\angle -90°$

（3）在三相四线制电路的中线上，不准安装开关和熔断器的原因是（ ）。

A. 中线上没有电流

B. 安装开关和熔断器会降低中线的机械强度

C. 开关接通或断开对电路无影响

D. 开关断开或熔断器熔断后，三相不对称负载承受三相不对称电压的作用，无法正常工作，严重时会烧毁负载

（4）有一台三相电动机，每相绕组的额定电压为 220 V，对称三相电源的线电压为 380 V，则三相绕组应采用（ ）。

A. 星形连接，不接中线   B. 星形连接，并接中线

C. A、B 均可   D. 三角形连接

四、计算题

（1）一组额定电压为 220 V 的照明负载和一个额定电压为 380 V 的交流接触器线圈应如何接到三相四线制电源上？试画出接线图。

（2）对称三相电源向对称星形连接的负载供电，如图 4-28 所示，当中线开关 S 闭合时，电流表计数为 2 A。（1）若开关 S 打开，电流表计数是否改变，为什么？（2）若 S 闭合，一相负载断开，电流表计数是否改变，为什么？

（3）在三相四线制供电线路中，测得线电压为 380 V，试求相电压的有效值、最大值及线电压的最大值。

（4）三相对称电源绕组接成星形，已知 $u_U = 220\sqrt{2}\sin(314t - 30°)$ V，试写出其他两相电压的解析式，并画出相量图。

（5）图 4-29 所示电路为对称三相四线制电路，电源线电压有效值为 380 V，$Z = (6 + j8)\ \Omega$，求线电流 $\dot{I}_1$、$\dot{I}_2$、$\dot{I}_3$。

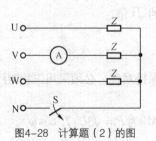

图4-28 计算题（2）的图

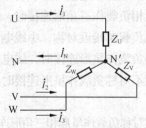

图4-29 计算题（5）的图

（6）对称三相负载 $Z = (17.32 + j10)\ \Omega$，每相负载的额定电压 $U_N = 220$ V。三相四线制电源的线电压 $u_{UV} = 380\sqrt{2}\sin(314t + 30°)$ V。

① 该三相负载如何接入三相电源？

② 计算线电流 i_U、i_V、i_W。

（7）有日光灯 120 盏，每盏灯的功率为 P_N，额定电压为 U_N，功率因数 $\lambda = \cos\varphi = 0.5$。现用三相四线制电源供电，电压为 220 V/380 V。

① 日光灯如何接入三相电源？

② 当日光灯全部点亮时，相电流和线电流各是多少？

（8）在三相对称电路中，电源的线电压为 380 V，每相负载电阻 $R = 10\,\Omega$。试求负载接成星形和三角形时的相电压、相电流和线电流。

（9）一个对称三相负载中，每相的电阻 $R = 6\,\Omega$，$X_L = 8\,\Omega$，分别按星形、三角形接法接到线电压为 380 V 的对称三相电源上。求：

① 负载作星形连接时相电流、线电流的有效值及有功功率；

② 负载作三角形连接时相电流、线电流的有效值及有功功率。

（10）某大楼照明采用三相四线制供电，线电压为 380 V，每层楼均有 "220 V 100 W" 的白炽灯各 110 只，分别接在 U、V、W 三相上，求：

① 三层楼的电灯全部开亮时的相电流和线电流的有效值；

② 当第一层楼的电灯全部熄灭，另两层楼的电灯全部开亮时的相电流和线电流的有效值；

③ 当第一层楼的电灯全部熄灭，且中线因故断开，另两层楼的电灯全部开亮时灯泡两端电压为多少？

（11）对称三相负载 $Z = (26.87 + j26.87)\,\Omega$，每相负载的额定电压 $U_N = 380\,\text{V}$。现用三相四线制电源供电，相电压 $\dot{U}_N = 220\sqrt{2}\sin(\omega t - 30°)\,\text{V}$。

① 三相负载如何接入三相电源？

② 计算负载的相电流和线电流。

③ 计算负载的平均功率、无功功率和视在功率。

实验与技能训练 三相负载的连接

一、实验目的

（1）熟悉并掌握三相负载的星形、三角形连接方法。

（2）理解三相负载星形连接、三角形连接时线电压与相电压、线电流与相电流之间的关系。

（3）深刻理解三相四线制中线的作用。

（4）理解三相调压器的作用及使用方法。

（5）进一步熟悉交流电压表及交流电流表或数字万用表的使用方法。

二、实验原理

（1）三相负载星形连接电路如图 4-30（a）所示，三角形连接电路如图 4-30（b）所示。

（2）三相负载星形连接时的电路特点

当三相负载的额定电压等于电源的相电压时，负载应作星形连接。电路具有如下特点：

① 三相对称负载 $U_L = \sqrt{3}U_P$，$I_L = I_P$，$\dot{I}_N = \dot{I}_U + \dot{I}_V + \dot{I}_W = 0$

② 三相不对称负载有中性线时能正常工作。

$$U_L = \sqrt{3}U_P, \quad I_L = I_P, \quad \dot{I}_N = \dot{I}_U + \dot{I}_V + \dot{I}_W \neq 0$$

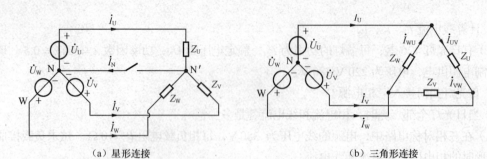

（a）星形连接　　　　　　　　　　　　　　（b）三角形连接

图4-30　三相负载的连接（原理电路图）

③ 在三相四线制供电系统中，三相负载对称且为星形连接时，可以省去中性线；三相负载不对称且为星形连接时，中性线不能省掉。

（3）三相负载三角形连接时的电路特点

当三相负载的额定电压等于电源的线电压时，负载应作三角形连接。不论负载是否对称，每相负载均承受对称相电压。电路具有如下特点：

① 三相对称负载 $U_L = U_P$，$I_L = \sqrt{3} I_P$，$I_P = \dfrac{U_L}{Z}$。

② 三相不对称负载 $U_L = U_P$，$I_L \neq \sqrt{3} I_P$。

三、实验器材

实验仪器、设备如表4-4所示。

表 4-4　　　　　　　　　　　实验仪器、设备

序号	名　称	规　格	数　量	备　注
1	三相调压器	0~380 V	1台	
2	三相负载灯板	220 V、25 W	1块	
3	交流电压表（数字万用表）	500 V	1只	
4	交流电流表	500 mA	多只	

　　　三相四线制供电电源由三相调压器提供，经过开关 QS 与负载灯板连接。三相负载可按要求接成星形或三角形。

四、实验内容与步骤

1. 三相负载的星形连接

（1）按图4-31（a）所示连接电路。

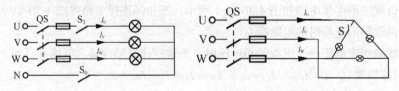

（a）星形连接图　　　　　　　　　　　（b）三角形连接图

图4-31　三相负载接线图

（2）每次测量前将调压器输出调至 0V，经过指导教师检查无误后，合上开关 QS，再将电源线电压逐渐增大至 380V，使负载相电压 $U_p = 220$ V 。分别测量下列情况下负载的线电压、相电压、线电流、相电流及中线电流，将测量结果记入表 4-5 中。

① 负载对称，有中线（开关 S_1、S_0 闭合）。

② 负载对称，无中线（开关 S_1 闭合、S_0 均断开）。

③ 负载不对称，有中线（开关 S_1 断开、开关 S_0 闭合）。

④ 负载不对称，无中线（S_1、S_0 均断开）。

⑤ U 相负载断开（开关 S_1 断开），有中线（开关 S_0 闭合）

⑥ U 相负载断开（开关 S_1 断开），无中线（开关 S_0 断开），其中其余两相灯泡的亮度及电流有无变化。

⑦ U 相负载短路，无中线（开关 S_0 断开），观察其余两相灯泡的亮度变化与电流变化情况。

2. 三相负载的三角形连接

（1）按图 4-31（b）所示连接电路。

（2）每次测量前将调压器输出线电压调至 0V，经过指导教师检查无误后，合上开关 QS，将调压器输出线电压逐渐增大至 220 V，即 $U_p = 220$ V 。分别测量下列情况下负载的线电压、相电压、线电流和相电流，将测量结果记入表 4-6 中。

① 负载对称（开关 S 闭合）。

② W 相负载断开（开关 S 断开）。

五、注意事项

（1）实验过程中必须注意人身安全和设备安全。

（2）每次测量前经过指导教师检查无误后，将调压器旋柄逐渐调大至负载的额定值。

（3）每次改变接线，均需将三相调压器旋柄调回零位，再断开三相电源，以确保人身安全。

六、实验报告

（1）比较表 4-5 中的实验数据，说明：

① 三相对称负载星形连接时线电压与相电压的关系，三相不对称负载星形连接时中线对相电压的影响；

② 为什么中性线上不能安装开关、熔断器，并且中性线本身强度要好，接头处应连接牢固？总结中线的作用；

③ 分析三相负载作星形连接时的使用场合。

表 4-5　　　　　　　　　　　　　　负载星形连接测量数据

		负载对称		负载不对称		故障情况		
		有中线	无中线	有中线	无中线	U 相开路（有中线）	U 相开路（无中线）	U 相短路（无中线）
线电压	U_{UV}							
	U_{VW}							
	U_{WU}							
相电压	U_U							
	U_V							

续表

		负载对称		负载不对称		故障情况		
		有中线	无中线	有中线	无中线	U相开路（有中线）	U相开路（无中线）	U相短路（无中线）
	U_W							
相电流	I_U							
	I_V							
	I_W							
中线电流	I_N							

（2）比较表 4-6 中的实验数据，说明：

① 三相对称负载三角形连接时线电流与相电流的关系；

② 三相不对称负载三角形连接时各相电压是否对称？

③ 分析三相负载作三角形连接时的使用场合。

表 4-6　　　　　　　　　　　负载三角形连接测量数据

	相电压/V			线电流/A			相电流/A		
	U_{UV}	U_{VW}	U_{WU}	I_U	I_V	I_W	I_{UV}	I_{VW}	I_{WU}
负载对称									
W 相负载开路									

Chapter 5

第5章

磁路与变压器

5.1 磁路

磁路是磁场存在的一种特殊形式，是限制在一定空间范围内的磁场。实际电路中有大量电感元件，电感元件的线圈中有铁心，线圈通电后铁心就构成磁路。

5.1.1 磁路的基本物理量

磁铁在自身的周围空间建立磁场，通常用磁力线来形象地描述磁场的存在和分布情况。磁力线是闭合的曲线，磁力线上每一点的切线方向就是该点磁场的方向，磁力线的疏密程度则表示该点磁场的强弱。磁路的基本物理量介绍如下。

1. 磁通

通过与磁力线方向垂直的某一截面内磁力线的总数称为磁通，用 Φ 表示。

在国际单位制中，磁通的单位是伏·秒，通常称为韦[伯]（Wb），工程上也用过麦克斯韦（Mx），$1\ \text{Wb} = 10^4\ \text{Mx}$。

2. 磁感应强度

磁感应强度是描述磁场中某一点磁场强弱和方向的物理量，用字母 B 表示，是一个矢量。

磁感应强度 B 的方向用右手螺旋定则确定，B 的大小等于垂直于磁场方向单位面积的磁力线数目。如果磁场内所有点的磁感应强度 B 大小相等、方向相同，这样的磁场称为均匀磁场。在均匀磁场中，若通过与磁场方向垂直的截面 S 的磁通为 Φ，则磁感应强度为

$$B = \frac{\Phi}{S} \tag{5-1}$$

磁感应强度又称磁通密度。

在国际单位制中，磁感应强度的单位用特斯拉（T）表示，简称特，通常也用高斯（Gs）表示，$1\,\text{T} = 10^4\,\text{Gs}$。

3. 磁导率

通常把反映磁场中介质导磁能力的物理量称为磁导率，磁导率用字母 μ 表示。

在国际单位制中，磁导率的单位是亨利每米，简称亨每米，用符号 H/m 表示。真空磁导率是恒定的，用 μ_0 表示，$\mu_0 = 4\pi \times 10^{-7}\,\text{H/m}$，为一常数。

任何一种介质的相对磁导率是该介质的磁导率与真空磁导率的比值，用 μ_r 表示，即

$$\mu_r = \frac{\mu}{\mu_0} \tag{5-2}$$

磁性材料的相对磁导率远大于 1，有的甚至达到数千、数万。根据相对磁导率的大小可将物质分为两类：磁性材料和非磁性材料。

磁性材料的磁导率随着磁场强度的变化而发生变化。常见的磁性材料有铁、钴、镍、硅钢等。非磁性材料基本不具有磁化性能，相对磁导率接近 1，而且都是常数。常见的非磁性材料有空气、铝、铬、铜等。

4. 磁场强度

磁感应强度与磁场周围的介质有关，这往往给磁场的计算带来不便，为此引入了物理量磁场强度 H。磁场强度 H 是一个矢量，其方向和磁感应强度方向一致，大小是磁感应强度 B 与磁导率 μ 的比值，即

$$H = \frac{B}{\mu} \tag{5-3}$$

在国际单位制中，磁场强度的单位是安培每米，简称安每米，用符号 A/m 表示。

5.1.2 磁场的基本定律

1. 安培环路定律

安培环路定律反映了电流与所激发磁场之间的关系。磁场强度沿任意闭合路径 l 上的线积分等于该闭合路径所包围的导体电流的代数和，即

$$\oint \boldsymbol{H} \cdot \mathrm{d}l = \sum I \tag{5-4}$$

式中若导体电流方向与所激发磁场方向符合右手螺旋定则，则电流为正，否则为负，如图 5-1 所示。其中：

$$\oint \boldsymbol{H} \cdot \mathrm{d}l = I_1 - I_2 + I_3$$

在无分支的均匀磁路（磁路的材料和截面积相同，各处的磁场强度相等）中，如图 5-2 所示，安培环路定律可写成

$$NI = Hl$$

于是磁场强度为

$$H = \frac{NI}{l} \tag{5-5}$$

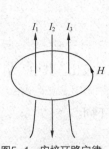

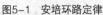

图5-1　安培环路定律

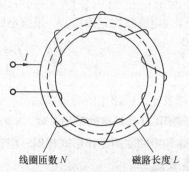

线圈匝数 N　　　磁路长度 L

图5-2　环形线圈的安培环路定律

式（5-5）表明环形铁心内某一点的磁场强度只与励磁电流 I 的大小、线圈的匝数 N 和该点所在位置有关，与磁介质无关。

式（5-5）中，N 为线圈的匝数，I 为通过线圈的电流，NI 称为磁动势，一般用 F 表示；H 为磁路中心处的磁场强度，l 为磁路长度，Hl 称为磁压降。

例 5-1　某变压器一次绕组的匝数为 2 000 匝，测得通过的电流为 0.2 A，绕组平均磁力线的长度为 0.2 m，计算磁场强度。

解：$H = IN/l = 0.2\,\text{A} \times 2\,000/0.2\,\text{m} = 2\,000\,\text{A/m}$。

2. 磁路欧姆定律

在电气设备中，磁性材料的磁导率比周围空气或其他物质的磁导率高得多，绝大部分磁通经过铁心形成闭合路径，通常把磁通集中经过的路径称为磁路；很少一部分磁通经过空气或其他材料闭合，形成漏磁通。磁路是按照电气设备的结构要求做成各种形状，满足形成磁通的需要。常见磁路形式如图 5-3 所示。

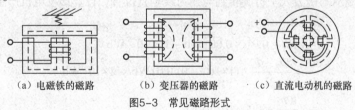

（a）电磁铁的磁路　　（b）变压器的磁路　　（c）直流电动机的磁路

图5-3　常见磁路形式

环形铁心内的磁感应强度为

$$B = \mu H = \mu \frac{NI}{l}$$

假设环形铁心的截面积 S 的半径比环的平均半径 r 小得多，即认为环内磁场线在截面积上的分布是均匀的，这时磁通为

$$\Phi = BS = NI \frac{\mu S}{l}$$

为了更好地分析磁路，引入磁阻的概念，相当于电路中的电阻，用来描述磁性材料对磁通的阻碍作用，用符号 R_m 表示；研究发现磁阻与磁路尺寸和材料的磁导率有关，即

$$R_\text{m} = \frac{l}{\mu S} \tag{5-6}$$

磁阻与电阻相似，磁阻大小与磁路长度成正比，与磁路截面积成反比，与磁性材料的磁导率有很大的关系。当 l 和 S 一定时，μ 越大，则 R_m 越小，μ 越小，则 R_m 越大。

磁路欧姆定律与电路欧姆定律相似，根据电路欧姆定律演绎出磁路欧姆定律，可表示为

$$f = \frac{NI}{\dfrac{l}{\mu S}} = \frac{F}{R_m} \tag{5-7}$$

磁路欧姆定律表明，磁路中的磁通与磁动势成正比，与磁阻成反比。其中，N 为线圈匝数，F 为磁动势，R_m 为磁阻，l 是磁路的平均长度，S 为磁路的截面积。

磁路欧姆定律和电路欧姆定律形式相似，但它们的物理本质不同。

3. 电磁感应定律

线圈在变化的磁通中会产生感应电动势。线圈中感应电动势的大小与穿过该线圈的磁通变化率成正比，这一规律称为法拉第电磁感应定律。线圈产生感应电动势大小为

$$e = -N\frac{\mathrm{d}\Phi}{\mathrm{d}t} \tag{5-8}$$

式中，N 为线圈的匝数，$\mathrm{d}\Phi$ 为单匝线圈中磁通量的变化量，$\mathrm{d}t$ 为磁通变化 $\mathrm{d}\Phi$ 所用时间，e 为产生的感应电动势。线圈中感应电动势的大小与磁通变化速度有关，与磁通大小无关。

感应电动势的方向由 $\dfrac{\mathrm{d}\Phi}{\mathrm{d}t}$ 的符号与感应电动势的参考方向比较确定。当 $\dfrac{\mathrm{d}\Phi}{\mathrm{d}t} > 0$，穿过线圈的磁通增加时，$e<0$，这时感应电动势的方向与参考方向相反，表明感应电流产生的磁场要阻止原磁场的增加；当 $\dfrac{\mathrm{d}\Phi}{\mathrm{d}t} < 0$，即穿过线圈的磁通减少时，$e>0$，这时感应电动势的方向与参考方向相同，表明感应电流产生的磁场要阻止原磁场的减少。

例 5-2 有一台小型发电机，磁感应强度为 0.01 T，线圈面积为 0.001 m^2，该线圈的匝数为 5 000 匝，在 0.01 s 内线圈从与磁力线平行旋转到与磁力线垂直位置，计算该发电机产生的感应电动势。

解：

$\Phi_1 = 0$

$\Phi_2 = BS = 0.01 \times 0.001\,\mathrm{Wb} = 1 \times 10^{-5}\,\mathrm{Wb}$

$\dfrac{\mathrm{d}\Phi}{\mathrm{d}t} = \dfrac{\Phi_2 - \Phi_1}{\Delta t} = (1\times10^{-5} - 0)/0.01\,\mathrm{Wb/s} = 1\times10^{-3}\,\mathrm{Wb/s}$

$e = N\dfrac{\mathrm{d}\Phi}{\mathrm{d}t} = 5000\times10^{-3}\,\mathrm{V} = 5\,\mathrm{V}$

5.1.3 铁磁材料的磁性能

电气设备常用导磁性能好的磁性材料制成铁心，磁性材料在磁场作用下呈现出特殊的磁性能，主要体现在高导磁性、磁饱和性及磁滞性，下面具体介绍磁性材料的这些性能。

1. 高导磁性

研究发现，磁性材料的分子间有一种特殊的作用力而使分子在一定区域整齐排列。这些分子能够整齐排列的区域称为磁畴，如图 5-4（a）所示。

我们知道，物质分子中的电子环绕原子核运动。分子运动形成了分子电流，分子电流也产生一定的磁场，相当于每个分子有一个小磁场。没有外磁场时，磁畴分子形成磁场方向混乱，相互抵消，宏观上没有磁性；有外磁场时，磁畴分子会按外磁场方向一致排列，显示出磁性（见图 5-4（b）），这种原来没有磁性的物质具有磁性的过程称为磁化。

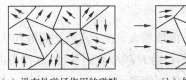

（a）没有外磁场作用的磁畴　　（b）外磁场作用的磁畴

图5-4　磁性物质的磁化

　　随着外磁场的不断增强，磁畴逐渐转到与外磁场相同的方向上，磁性材料内部磁感应强度显著增加，磁性材料被强烈地磁化了，这种磁性材料能够强烈磁化的特性称为高导磁性。

　　对于非磁性材料没有磁畴的结构，不具有磁化的特性。

2. 磁饱和性

　　在磁性材料的磁化过程中，当磁畴分子方向与外磁场方向一致时，外磁场再增加，磁畴几乎没有变化，也就是磁化达到饱和状态，称为磁饱和性。

　　下面分析磁性材料的磁化特性，磁感应强度 B 与外磁场的磁场强度 H 之间的关系曲线称为磁性材料的磁化曲线，又称 B—H 曲线。磁化曲线由实验测得，如图 5-5 所示的曲线 1。

　　磁性材料的磁化曲线所表示的磁化过程大致可以分为以下几个阶段。

　　① Oa 段：磁化初始阶段，磁畴要从无序排列到与外磁场方向一致有序排列，需要克服原来磁畴间的相互作用，曲线变化平缓。

　　② ab 段：线性阶段，外磁场增大，较多磁畴的转向排列整齐，B 随 H 上升很快，曲线很陡。

　　③ bc 段：外磁场继续增大，只使少数零乱的磁畴继续有序排列，这时 B 增加减慢。

　　④ c 点以后：几乎所有的磁畴与外磁场方向一致，再增大外磁场，B 增加很小，表现了磁饱和性质，曲线近于直线。表明在外磁场增加到一定的值之后，磁性材料内部的磁畴全部转向与外磁场一致，B 就达到了磁饱和值。

　　对于铁磁材料来说，磁场强度和磁感应强度之间关系是非线性的，磁导率是磁场强度和磁感应强度的比值，从而证明了铁磁材料磁导率不是一个常数，如图 5-5 中的曲线 2 所示。常见磁性材料的磁化曲线如图 5-6 所示。

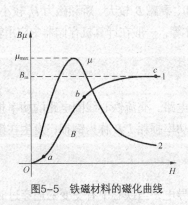

图5-5　铁磁材料的磁化曲线

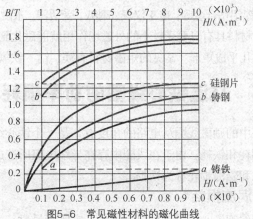

图5-6　常见磁性材料的磁化曲线

3. 磁滞性

　　磁化曲线反映磁性材料在磁场强度由零逐渐增加时的磁化特性。在实际中，磁性材料多处于交变的磁场中，通过实验测出磁性材料在磁场强度的大小和方向作周期变化时的 B—H 曲线，如图 5-7

所示，通常称为磁滞回线。

从图5-7看出，当H从零增大，B沿01曲线增大，在1点处达到饱和状态，达到饱和状态时的磁感应强度称为饱和磁感应强度，用B_m表示；当H减小直到零时，B沿着曲线12减小，当外磁场消失时，还存在一定磁感应强度，这就是磁性材料的剩磁现象。为了消除剩磁，加入反向磁场，通常剩磁用B_r表示。把加入反向的外磁场称为矫顽磁力，用H_c表示。

继续增加反向磁场H，B沿曲线34磁化，在4点处达到饱和状态。05同样为剩磁，06为矫顽磁力。如此反复，最后构成一个闭合的回线。以上现象表明，磁性材料在反复磁化的过程中，磁感应强度B的变化落后于磁场强度H的变化，称为磁滞现象，相应的回线称为磁滞回线。

4. 磁性材料分类及应用

不同的铁磁材料磁滞回线面积和形状是不同的，如图5-8所示。通常将磁性材料分为3类：软磁材料、硬磁材料和矩磁材料。

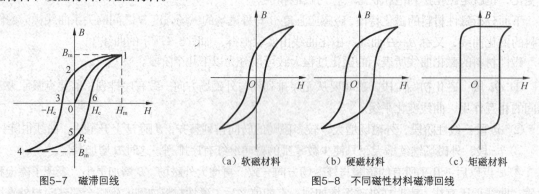

图5-7　磁滞回线　　　　　　　　　图5-8　不同磁性材料磁滞回线

（a）软磁材料　　　（b）硬磁材料　　　（c）矩磁材料

软磁材料具有磁导率高、易磁化、易去磁、矫顽力H_c和剩磁B_r都小、磁滞回线较窄、磁滞损耗小等特点。常用的软磁材料有电工纯铁、硅钢、铁镍合金、铁铝合金、铁氧体等。例如，交流电机、变压器等电力设备中的铁心都采用硅钢制作，收音机接收线圈的磁棒、中频变压器的磁芯等用的是铁氧体。

硬磁材料具有剩磁B_r和矫顽磁力H_c均较大、难磁化、磁化后不易消磁等特点。常见的硬磁材料有碳钢、铁镍铝钴合金等，电工仪表、喇叭、受话器、永磁发电机中的永久磁铁都是用硬磁性材料制作的。

矩磁材料具有只要受较小的外磁场作用就能磁化到饱和、剩磁B_r较大、矫顽磁力H_c较小等特点，磁滞回线几乎成矩形。常见的矩磁材料有镁、锰、铁氧化体等，一般在计算机存储器中应用较多。

5.1.4　交流铁心线圈的功率损耗

磁路中的励磁线圈从电路的角度看，是一个铁心线圈电路。交流铁心线圈电路的功率损耗分为两种：铜耗和铁耗。由于在线圈中存在导线电阻所造成的功率损耗I^2R称为铜损；发生在铁心中的涡流损耗和磁滞损耗称为铁损。

1. 涡流损耗

由于线圈铁心是磁性材料制成的，它既能导磁，又能导电，当铁心中有交变磁通穿过时，不只是在线圈中产生感应电动势，而且在铁心中与磁通方向垂直的平面上也要产生感应电动势，并产生感应电流，称为涡流，如图5-9所示。

涡流的存在不仅造成功率损耗，而且使铁心发热，温度升高，影响设备的运行和使用。为了减小涡流损耗，交流磁路的铁心必须采用硅钢片沿磁力线方向叠压制成，如图 5-10 所示。硅钢具有良好的导磁性能，同时电阻率高，硅钢片又做得很薄，约 0.35mm，其表面涂有绝缘漆，片间彼此绝缘。这就限定涡流只能在每片很小的截面内流动，加长了流通路径，再加上铁心的电阻很大，从而大大减小了涡流和涡流损耗。

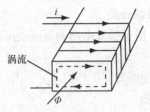
图5-9 铁心中的涡流

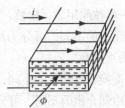
图5-10 减小涡流损耗

2. 磁滞损耗

在交变磁场中，铁心被反复磁化，磁性材料内部的磁畴在反复取向排列，产生功率损耗，并使铁心发热，这种损耗就是磁滞损耗。在交流电流的频率一定时，磁滞损耗与磁滞回线所包围的面积成正比。

磁滞损耗将引起铁心发热，为了减小磁滞损耗，应选用磁滞回线狭小的磁性材料制造铁心。硅钢就是变压器和电机中常用的铁心材料，其磁滞损耗较小。

思考与练习

（1）磁通与磁感应强度的区别是什么？它们之间有何联系？

（2）磁场强度和磁感应强度之间有区别吗？为什么？

（3）什么是磁路？磁路有何作用？举例说明磁路在哪些电气设备中有应用？

（4）为什么感应电动势的大小与磁通变化率有关，而与磁通的大小无关？

（5）什么是剩磁？有何用途？举例说明剩磁的利弊。

（6）磁性材料与非磁性材料的磁导率有什么不同？为什么？

（7）磁性材料磁化后，当外磁场取消，磁性材料还有磁性吗？为什么？

（8）涡流损耗和磁滞损耗是如何产生的？如何减少这两种损耗？

5.2 变压器

变压器是一种静止的电气设备，它通过电磁感应的作用，把一种电压的交流电能变换成频率相同的另一种电压的交流电能，广泛应用于输/配电和电子线路中。

在输电线路中，当输送功率一定及负载的功率因数一定时，输电线路的电压越高，电流就越小。高压输电不仅可以减小输电线的截面积，节省材料，同时还可以减小线路的功率损耗。常用的高压输电电压有 110 kV、220 kV、300 kV、400 kV、500 kV 和 750 kV。

在配电方面，很高的电压不能直接应用，为了保证用电安全和满足电气设备的电压要求，利用降压变压器将电压降低，然后分配到工厂和居民家庭。常用的低电压有 220 V、380 V 等。

除了变换电压之外，变压器还具有变换电流、阻抗变换的作用，在电工测量、电子技术中有较多的应用。

变压器一般按照用途、相数、冷却介质、铁心形式和绕组数分类。

① 按照用途的不同，可分为用于输/配电的电力变压器、用于整流电路的整流变压器和用于测量技术的仪用互感器。

② 按照变换电能相数的不同，可分为单相变压器和三相变压器。

③ 按照冷却介质的不同，可分为油浸变压器和干式变压器。

④ 按照铁心形式的不同，可分为芯式变压器和壳式变压器。

⑤ 按照绕组数的不同，可分为双绕组变压器、自耦变压器、三绕组变压器和多绕组变压器。

尽管变压器的类型很多，但它们的基本结构和工作原理都是相同的，本节介绍单相变压器的工作原理。

5.2.1 变压器的基本结构

变压器由铁心和绕在线圈上的两个或多个线圈组成。

铁心的作用是构成磁路，为了减小涡流和磁滞损耗，采用导磁性能好、厚度较薄、表面涂绝缘漆的硅钢片叠装而成。

根据铁心结构形式的不同，变压器分为芯式和壳式两种。图 5-11（a）所示为芯式变压器，芯式变压器的原、副绕组套装在铁心的两个铁心柱上。其特点是结构简单，电力变压器均采用芯式结构。图 5-11（b）所示为壳式变压器，壳式变压器的铁心包围线圈。其特点是可以省去专门的保护包装外壳，功率较小的单相变压器多采用壳式。

绕组也称线圈，是变压器的导电回路，按结构分为高压绕组和低压绕组。绕组采用纱包线或高强度漆包的扁铜或圆铜线绕成。为了便于绕组与铁心柱之间的绝缘处理，往往把低压绕组置于内圈，高压绕组置于外圈，或者交替放置。

图 5-12 所示为单相双绕组变压器的原理结构及图形符号，通常把连接电源的绕组称为一次绕组，又称原方绕组或初级绕组，凡表示一次绕组各量的字母均标注下标"1"；接负载的绕组称为二次绕组，又称次级绕组或副边绕组，凡表示二次绕组各量的字母均标注下标"2"。虽然一次、二次绕组在电路上是分开的，但两者在铁心上是处在同一磁路上的。为了防止变压器内部短路，绕组与绕组、绕组与铁心之间要有良好的绝缘。

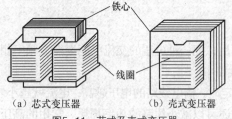

（a）芯式变压器 （b）壳式变压器

图5-11 芯式及壳式变压器

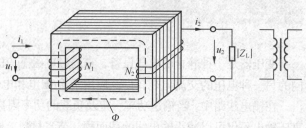

图5-12 双绕组变压器原理结构及图形符号

5.2.2　变压器的工作原理

变压器的工作原理就是电磁感应原理，通过一个共同的磁场，将两个或两个以上的绕组耦合在一起，进行交流电能的传递与转换。下面以具有两个绕组的单相变压器为例来讨论变压器的工作原理。

1. 变压器空载运行

变压器的空载运行是指变压器的一次绕组加正弦交流电源、二次绕组开路的工作情况。图 5-13 所示为变压器空载运行状态的原理图。图中，u_1 为一次电源电压，u_{20} 为二次输出电压。变压器在空载状态下，二次绕组电流 $i_2 = 0$，此时的变压器就相当于一个交流铁心线圈。

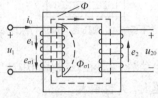

图5-13　变压器空载运行原理图

当一个正弦交流电压 u_1 加在一次绕组两端时，一次绕组中就有交变电流 i_0，称为空载电流，空载电流一般都很小，仅为一次绕组额定电流的百分之几。

空载电流通过一次绕组在铁心中产生交变磁通，由于铁心的磁导率远大于空气的磁导率，所以绝大部分的磁通沿铁心而闭合，与一次、二次绕组交链，因而称为主磁通。在主磁通的作用下，一次、二次绕组会产生感应电动势，分别为 e_1 和 e_2。另外，有很少的一部分磁通不沿铁心而是穿过一次绕组周围的空间而闭合，不与二次绕组交链，这一磁通称为一次绕组的漏磁通 $\Phi_{\sigma 1}$，由于 i_0 很小，故漏磁通很小，那么漏磁通产生的感应电动势 $e_{\sigma 1}$ 很小，可略去不计。

设一次绕组的匝数是 N_1，二次绕组的匝数是 N_2，穿过它们的磁通是 Φ，在绕组中略去极小的电阻压降及漏磁通的影响，根据对交流铁心线圈电路的分析，一次、二次绕组中产生的感应电动势分别是

$$u_1 = -e_1$$
$$\dot{U}_1 = -\dot{E}_1$$

则交流电源电压的有效值为

$$U_1 = E_1 = 4.44\, f\, N_1 F_m \tag{5-9}$$

主磁通与二次绕组交链，据电磁感应定律同样可推导出

$$E_2 = 4.44\, f\, N_2 F_m \tag{5-10}$$

空载状态下二次绕组的端电压用 u_{20} 表示，电压平衡方程为

$$u_{20} = e_2$$

输出电压有效值

$$U_{20} = E_2 = 4.44\, f N_2 F_m \tag{5-11}$$

由式（5-11）可见，由于一次、二次绕组的匝数 N_1 和 N_2 不相等，故 E_1 和 E_2 的大小是不等的，因而输入电压 U_1 和输出电压 U_2 的大小也不等。

一次绕组、二次绕组的电压之比为

$$\frac{U_1}{U_2} \approx \frac{E_1}{E_2} = \frac{N_1}{N_2} = K \tag{5-12}$$

式中，K 是一次、二次绕组的匝数比，称为变压器的变比，是变压器的重要参数之一。

由式（5-12）可知，变压器一次、二次绕组的端电压之比等于这两个绕组的匝数之比。如果 $N_2 > N_1$，则 $U_2 > U_1$，变压器使电压升高，这种变压器称为升压变压器；如果 $N_2 < N_1$，则 $U_2 < U_1$，变

压器使电压降低，这种变压器称为降压变压器。所以改变匝数比就能改变输出电压。

变压器铭牌上所标注的额定电压是用分数形式表示的一、二次绕组的额定电压数值 U_{1N} 和 U_{2N}，其中额定电压 U_{2N} 就是一次绕组加入额定电压 U_{1N} 后二次绕组的空载电压。

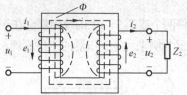

图5-14 变压器有载运行原理图

2. 变压器的有载运行

变压器一次绕组加上额定正弦交流电压，二次绕组接上负载的运行，称为有载运行。图 5-14 所示为变压器有载运行的原理图。

（1）有载运行时的磁动势平衡方程。二次绕组接上负载后，电动势 E_2 将在二次绕组中产生电流 I_2。同时一次绕组的电流从空载电流 I_0 相应地增大为电流 I_1，I_2 越大，I_1 也越大。

在二次绕组感应电压的作用下，有了电流 I_2。二次侧的磁动势 $N_2 I_2$ 也要在铁心中产生磁通，即铁心中的主磁通是由一次、二次绕组共同产生的。但当外加电压、频率不变时，铁心中主磁通的最大值在变压器空载或有负载时基本不变（ $E_1 = 4.44 f N_1 \Phi_m$ ）。因此，空载运行时的磁动势和负载运行时的合成磁动势基本相等，用公式表示为

$$N_1 \dot{I}_1 + N_2 \dot{I}_2 \approx N_1 \dot{I}_0 \qquad (5-13)$$

或

$$N_1 \dot{I}_1 \approx N_1 \dot{I}_0 - N_2 \dot{I}_2 \qquad (5-14)$$

上式称为变压器有载运行时的磁动势平衡方程。它说明有载时一次绕组建立的 $N_1 \dot{I}_1$ 分为两部分，其一是 $N_1 \dot{I}_1$ 用来产生主磁通 Φ，其二是 $N_1 \dot{I}_1$ 来抵偿 $N_2 \dot{I}_2$，从而保持 Φ 基本不变。这个方程揭示了一次、二次绕组电流之间的关系，是分析变压器工作原理的重要公式之一。

（2）变压器的电流变换。由于空载电流很小，在额定情况下，$N_1 I_0$ 相对于 $N_1 I_1$ 或 $N_2 I_2$ 可以略去不计，于是由式（5-14）得到的有效值表示式为

$$N_1 I_1 = N_2 I_2$$

即

$$\frac{I_1}{I_2} = \frac{N_2}{N_1} = \frac{1}{K} \qquad (5-15)$$

可见，变压器具有变电流作用，在额定工作状态下，一次、二次绕组的额定电流之比等于其变比 K 的倒数。

（3）变压器的阻抗变换。变压器除了具有变换电压、变换电流的作用以外，还有变换阻抗的作用。

负载接到变压器的二次侧，而电功率却是从一次侧通过工作磁通传送到二次侧的。按照等效的观点，可以认为，当一次侧交流电源直接接入一个负载电阻 Z'_L 与变压器二次侧接上负载 Z_L 两种情况下，一次侧的电压、电流和电功率完全相同。对于交流电源来说，Z'_L 与二次侧接上负载 Z_L 是等效的。阻抗 Z'_L 就称为负载 Z_L 折算到一次侧的等效阻抗，如图 5-15 所示。

负载阻抗

$$Z_L = \frac{U_2}{I_2}$$

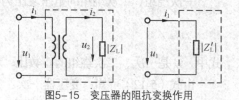

图5-15 变压器的阻抗变换作用

一次侧等效负载阻抗
$$Z'_L = \frac{U_1}{I_1}$$

根据变压器电压变换和电流变换可得

$$\frac{Z'_L}{Z_L} = \frac{U_1}{I_1}\frac{I_2}{U_2} = \frac{U_1}{U_2}\frac{I_2}{I_1} = K^2 = \left(\frac{N_1}{N_2}\right)^2$$

$$Z'_L = K^2 Z_L \tag{5-16}$$

这就是所谓变压器的变阻抗作用，只要配备的变压器变比 K 合适，便可使信号源提供最大功率给负载。

例 5-3 已知输出变压器的变比 $K = 10$，二次侧所接负载电阻为 $8\,\Omega$，一次侧信号源电压为 $10\,V$，内阻 $R_0 = 200\,\Omega$，求负载上获得的功率。

解： 一次侧等效负载阻抗 $Z'_L = K^2 Z_L = 800\Omega$

一次侧电流为 $I_1 = 10/(800 + 200)A = 0.01A$

二次侧电流为 $I_2 = KI_1 = I_1 \times 10 = 0.1A$

负载上获得的功率 $P = I_2^2 R_L = 0.1^2 \times 8W = 0.08W$

5.2.3　变压器的功率损耗与额定值

1. 变压器的功率损耗

变压器工作时本身存在损耗，分为铜耗和铁耗。铁耗是指交变的主磁通在铁心中产生的磁滞损耗和涡流损耗之和；铜耗是一次、二次绕组中电流通过该绕组电阻所产生的损耗，由于绕组中电流随负载变化，所以铜耗是随负载变化的。

变压器输入功率 P_1 与输出功率 P_2 之差就是其本身的总损耗 P，即

$$P_1 - P_2 = P \tag{5-17}$$

输出功率 P_2 与输入功率 P_1 之比称为变压器的效率 η，通常用百分数表示，即

$$\eta = \frac{P_2}{P_1} \times 100\% = \frac{P_2}{P_2 + P} \times 100\% \tag{5-18}$$

变压器空载时，$P_2 = 0$，$\eta = 0$。小型变压器满载时的效率为 $80\% \sim 90\%$，大型变压器满载时的效率可达 $98\% \sim 99\%$。

2. 额定值

为了使变压器能够长时间安全可靠地运行，制造厂家将它的额定值标示在铭牌上或产品说明书中。在使用变压器之前，首先要正确理解各个额定值的意义。

（1）额定电压 U_{1N} 和 U_{2N}。一次、二次绕组的额定电压在铭牌上用分数线隔开，表示为 U_{1N}/U_{2N}。一次绕组的额定电压 U_{1N} 是保证其长时间安全可靠工作应加入的正常的电源电压数值。二次绕组的额定电压是一次绕组加入额定电压 U_{1N} 后二次绕组开路时的电压值。

（2）额定电流 I_{1N} 和 I_{2N}。一次、二次绕组的额定电流 I_{1N} 和 I_{2N} 是根据变压器的允许温升所规定的电流数值。如果实际电流数值超过 I_{1N} 和 I_{2N}，会使变压器温升过高，导致绝缘材料老化，缩短使

用寿命。

（3）额定容量 S_N。二次绕组的额定电压 U_{2N} 与额定电流 I_{2N} 的乘积称为变压器的额定容量，即二次绕组的额定视在功率，单位是 V·A 或 kV·A。

$$S_N = U_{2N}I_{2N} \tag{5-19}$$

如果略去极小的空载电流 I_0，则额定容量 S_N 近似等于一次绕组额定电压 U_{1N} 和额定电流 I_{1N} 的乘积。

$$S_N = U_{2N}I_{2N} = \frac{N_2}{N_1}U_{1N}\frac{N_1}{N_2}I_{1N} \approx U_{1N}I_{1N} \tag{5-20}$$

（4）额定频率 f_N。额定功率是变压器正常工作所加交流电源的频率。我国和世界上多数国家使用的电力系统的标准频率为 50 Hz。

（5）变比 K。变比表示一、二次侧绕组的额定电压之比，即 $K = U_{1N}/U_{2N}$。

（6）温升。温升是指变压器在额定运行情况时，允许超出周围环境温度的数值，它取决于变压器所用绝缘材料的等级。

思考与练习

（1）变压器的一次绕组若接在直流电源上，二次绕组会有稳定直流电压吗？为什么？

（2）变压器铁心的作用是什么？为什么它要用 0.35 mm 厚、表面涂有绝缘漆的硅钢片迭成？

（3）变压器有哪些主要部件？它们的主要作用是什么？

（4）变压器有哪些功率损耗？其效率如何？

（5）常见的变压器额定值有哪些？各表示什么意思？

5.3　特殊变压器

5.3.1　自耦变压器

变压器一般都是将各个线圈相互绝缘又绕在同一铁心上，各线圈之间有磁的耦合而无电的直接联系，输出电压能够根据负载需要连续、均匀地调节，使用起来非常方便。

自耦变压器在结构上的特点是只有一个绕组，且在线圈上安置了一个滑动抽头 a。自耦变压器结构示意及图形符号如图 5-16 所示。图示表明自耦变压器的一次侧、二次侧共用一个线圈，一次、二次绕组既有磁的耦合，还有电的联系。

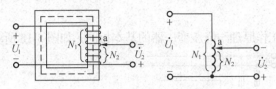

图5-16　自耦变压器结构示意及图形符号

尽管一次侧、二次侧共用一个线圈，但它的工作原理与普通双线圈变压器相同。当一次绕组加入电源电压 U_1 时，在铁心中产生工作磁通，最大值是 Φ_m，则在一次、二次绕组中产生感应电动势 E_1 和 E_2，且

$$E_1 = 4.44 f N_1 \Phi_m$$
$$E_2 = 4.44 f N_2 \Phi_m$$

空载时

$$\frac{U_1}{U_{20}} \approx \frac{E_1}{E_2} = \frac{N_1}{N_2} = K$$

若略去线圈内部导线电阻等的影响，在负载状态下仍可近似认为

$$\frac{U_1}{U_2} \approx \frac{N_1}{N_2} = K \tag{5-21}$$

将二次绕组的滑动抽头 a 做成能沿着裸露的绕组表面滑动的电刷触头，移动电刷的位置，改变二次绕组的匝数 N_2，就能够连续、均匀地调节输出电压 U_2。根据这样的原理做成的自耦变压器又称为调压器。为了便于电压的调节，调压器的铁心做成圆桶状，如图 5-17 所示。

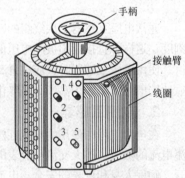

图5-17　自耦变压器的外形

如果将电刷的活动范围加大，使二次绕组的匝数 N_2 多于一次绕组的匝数 N_1，这样，自耦变压器不仅可以用来降压，而且能够用来升压。

自耦变压器具有结构简单、节省用铜量、效率较高等优点。其缺点是一次、二次绕组电路直接连在一起，高压绕组一侧的故障会波及低压绕组一侧，这是很不安全的，因此，自耦变压器的电压比一般不超过 1.5～2。

使用自耦变压器时，必须正确接线，外壳必须接地，并规定安全照明变压器不允许采用自耦变压器的结构形式。

5.3.2　仪用互感器

仪用互感器是用来与仪表、继电器等低压电器组成二次回路，对一次回路进行测量、控制、调节和保护的电路设备。

互感器是应用变压器能够变换电压及电流的功能，将欲测量的一次绕组的高电压、大电流变换为二次绕组的低电压、小电流后，再由测量仪表测量。这样可以使测量仪表与高电压、大电流绝缘隔离，保证工作安全，也具有扩大仪表和继电器等适用范围的作用。

互感器可分为电压互感器和电流互感器两种。

1. 电压互感器

电压互感器的结构和工作原理与降压变压器的基本相同，如图 5-18 所示。

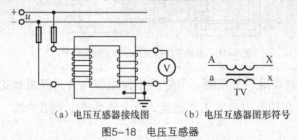

（a）电压互感器接线图　　　（b）电压互感器图形符号

图5-18　电压互感器

电压互感器的二次绕组与交流电压表相连，由于电压表内阻抗很大，故二次绕组电流 I_2 很小，所以一次绕组电流 I_1 近似空载电流 I_0。电压互感器的工作原理与变压器空载运行的工作原理相近似。

电压互感器的一次绕组匝数很多，并联于待测电路两端；二次绕组匝数较少，与电压表或电度表、功率表、继电器的电压线圈并联。

由于
$$\frac{U_1}{U_2} \approx \frac{N_1}{N_2} = K_u$$

若接在二次绕组的电压表读数为 U_2，则被测电压为

$$U_1 = K_u U_2 \tag{5-22}$$

通常电压互感器二次绕组的额定电压均设计为 100 V。为了读数方便，仪表按一次绕组额定值刻度，这样可直接读出被测电压值。电压互感器的额定电压等级有 6 000/100 V、10 000/100 V 等。

使用电压互感器时，应注意二次绕组电路不允许短路，以防产生过流；将其外壳及二次绕组可靠地接地，以防因为高压方绝缘击穿时，将高电压引入低压方，对仪表造成损坏和危及人身安全。

2. 电流互感器

在电力工程中使用的电流互感器也是根据变压器的原理制成的，电流互感器能够按比例变换交流电流的数值，扩大交流电流表的量程。在测量高压电路的电流时，还能够把电流表与高压电路隔开，确保人身和仪表的安全。电流互感器的接线图和图形符号如图 5-19 所示。

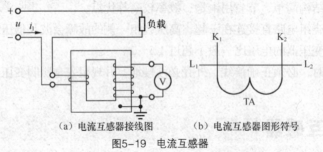

（a）电流互感器接线图　　　（b）电流互感器图形符号

图5-19　电流互感器

一次绕组的匝数很少，通常只有几匝，甚至一匝，用粗导线绕制，允许通过较大的电流。使用时一次绕组串联接入被测电路，流过被测电流 I_1，二次绕组的匝数较多，与电流表、功率表的电流线圈串联接成闭合电路。

根据变压器变换电流的原理，有

$$\frac{I_1}{I_2} = \frac{N_2}{N_1} = K_i$$

若接在二次绕组的电流表读数为 I_2，则被测电流为

$$I_1=K_iI_2 \tag{5-23}$$

通常电流互感器二次绕组额定电流均设计为 5 A。当与测量仪表配套使用时，电流表按一次侧的电流值标出，即从电流表上直接读出被测电流值。电流互感器额定电流等级有 100\5 A、500\5 A、2 000\5 A 等。

使用电流互感器时，其外壳与二次绕组的一端和铁心必须可靠接地，使一次、二次绕组间出现绝缘损坏事故时保障人身及设备安全。

在运行中，二次绕组不允许开路，否则也会造成触电事故及损坏设备。在二次绕组电路中装卸仪表时，必须先将二次绕组短路。

5.3.3　三相变压器

现代交流供电系统都是以三相交流电的形式产生、输送和使用的，三相变压器能够把某一电压值的三相交流电变换为同频率的另一电压值的三相交流电，其工作原理与单相变压器基本相同。三相变压器具有容量大、电压高的特点。三相变压器的结构示意图如图 5-20 所示。

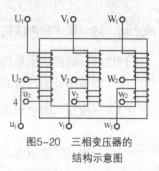

图5-20　三相变压器的结构示意图

三相变压器的铁心有 3 个芯柱，每一相的高、低压绕组同心地绕在同一个芯柱上。高压绕组的首端分别标注大写字母 U_1、V_1、W_1，末端分别标注 U_2、V_2、W_2；低压绕组的首端分别标注小写字母 u_1、v_1、w_1，末端分别标注 u_2、v_2、w_2。高压绕组和低压绕组都有星形和三角形两种接法。

新的国家标准规定，高压绕组星形连接用 Y 表示，三角形连接用 D 表示，中性线用 N 表示；低压绕组星形连接用 y 表示，三角形连接用 d 表示，中线用 n 表示。

三相变压器高、低压绕组各有不同接法，形成 6 种不同的组合形式，其中最常用的有 3 种：Y-yn、Y-d、YN-d。

（1）Y-yn 接法即高压绕组星形连接，低压绕组也是星形连接，且带中性线。这种接法的优点是高压绕组的相电压只是线电压的 $1/\sqrt{3}$，降低了对每相绕组的绝缘要求。其低压边则提供了线电压和相电压两种电压，线电压一般是 400 V，适用于容量不大的三相配电变压器，供给动力和照明混合负载。这时，电动机等动力设备接在线电压上，而照明灯具、家用电器等接在相电压上。

（2）Y-d 连接方式的特点是高压绕组接成星形，低压绕组接成三角形。三角形连接时的相电流只是线电流的 $1/\sqrt{3}$，因而绕组导线的截面积可以缩小，故大容量的变压器多采用此种接法。

（3）YN-d 连接方式主要用在输电线路上，它提供了在高压边电网接地的可能。

思考与练习

（1）自耦变压器有什么特点？

（2）使用电流互感器时应注意什么事项？

（3）三相变压器有什么特点？常用的有哪些接法？

　　磁场的基本物理量包括磁场线、磁通Φ、磁感应强度B、磁场强度H及磁导率μ。

　　磁场线集中通过的路径称为磁路。

　　安培环路定律反映了电流与所激发磁场之间的关系，在闭合路径l上磁场强度H的线积分等于该闭合路径所包围的导体电流的代数和，即$\oint H \cdot \mathrm{d}l = \Sigma I$。

　　磁路的欧姆定律揭示了磁路中磁通Φ与励磁电流I的关系，是分析、计算磁路问题的基本定律之一。$f = \dfrac{F}{R_{\mathrm{m}}}$，$R_{\mathrm{m}} = \dfrac{1}{\mu S}$。

　　线圈在变化的磁通中会产生感应电动势。线圈中感应电动势的大小与穿过该线圈的磁通变化率成正比，这一规律称为法拉第电磁感应定律，即$e = -N \dfrac{\mathrm{d}\Phi}{\mathrm{d}t}$。

　　磁性材料的磁性质是指高导磁性、磁饱和性和磁滞性。

　　变压器是由硅钢片叠成的铁心和绕在铁心上的两个或多个线圈组成的。在运行时：

　　（1）一次、二次电压之比$\dfrac{U_1}{U_2} = \dfrac{N_1}{N_2} = K_{\mathrm{u}}$。

　　（2）一次、二次电流之比$\dfrac{I_1}{I_2} = \dfrac{N_2}{N_1} = K_{\mathrm{i}}$。

　　（3）一次、二次阻抗之比$\dfrac{Z_1}{Z_2} = \left(\dfrac{N_1}{N_2}\right)^2 = K_{\mathrm{u}}^2$。

　　（4）变压器的效率：$\eta = \dfrac{P_2}{P_1} \times 100\% = \dfrac{P_2}{P_2 + P} \times 100\%$。

　　（5）变压器有空载运行和有载运行两种情况。空载运行时，一次绕组的电流很小，有载运行时，一次绕组电流的大小由二次绕组电流的大小决定。

　　变压器存在的损耗分铜耗和铁耗。变压器一、二次绕阻中电流通过该绕组电阻所产生的功率损耗$I^2 R$称为铜损，发生在铁心中的涡流损耗和磁滞损耗称为铁耗。

一、填空题

　　（1）_____经过的路径称为磁路，其单位有_____和_____。

　　（2）通电导体在磁场中受力在_____时最大。

　　（3）垂直通过某一截面的磁力线数目越多，则该面积的磁通_____，磁场强度相应_____。

　　（4）磁导率是反映_____。磁性材料磁导率受_____影响发生变化。

（5）磁路越长，则磁阻_____；磁路截面积越小，则磁阻_____；磁导率越大，则磁阻_____。

（6）磁性材料具有的特性是_____、_____、_____。

（7）铁心损耗是指铁心绕组中的_____和_____的总和。

（8）自然界的物质根据导磁性能的不同一般可分为_____物质和_____物质两大类。其中_____物质内部无磁畴结构，而_____物质的相对磁导率大于1。

（9）根据工程上用途的不同，铁磁性材料一般可分为_____材料、_____材料和_____材料三大类，其中电机、电器的铁心通常采用_____材料制作。

（10）发电厂向外输送电能时，应通过_____变压器将发电机的出口电压进行变换后输送；分配电能时，需通过_____变压器将输送的_____变换后供应给用户。

（11）变压器是既能变换_____和_____，又能变换_____的电气设备。变压器在运行中，只要_____和_____不变，其工作主磁通将基本维持不变。

二、选择题

（1）变压器若带感性负载，从轻载到满载，其输出电压将会（　　　）。

A. 升高　　　　　　　　　B. 降低　　　　　　　　　C. 不变

（2）变压器从空载到满载，铁心中的工作主磁通将（　　　）。

A. 增大　　　　　　　　　B. 减小　　　　　　　　　C. 基本不变

（3）电压互感器实际上是降压变压器，其原边、副边匝数及导线截面情况是（　　　）。

A. 原边匝数多，导线截面小　　　B. 副边匝数多，导线截面小

（4）自耦变压器不能作为安全电源变压器的原因是（　　　）。

A. 公共部分电流太小

B. 原边、副边有电的联系

C. 原边、副边有磁的联系

（5）决定电流互感器原边电流大小的因素是（　　　）。

A. 副边电流　　　　　　B. 副边所接负载

C. 变流比　　　　　　　D. 被测电路

（6）若电源电压高于额定电压，则变压器空载电流和铁耗比原来的数值将（　　　）。

A. 减少　　　　　　　B. 增大　　　　　　　　C. 不变

三、判断题

（1）磁性材料的磁导率会随磁场的变化而变化，则磁场强度越大，磁导率越大。　　（　　）

（2）通过改变变压器的铁心硅钢片的厚度，可以降低变压器的损耗。　　（　　）

（3）变压器的高压线圈匝数少而电流大，低压线圈匝数多而电流小。　　（　　）

（4）变压器绕组的极性端接错，对变压器没有任何影响。　　（　　）

（5）自耦变压器绕组之间只有磁的联系，没有电的联系。　　（　　）

四、简答题

（1）变压器的磁路常采用什么材料制成？这些材料各有哪些主要特性？

（2）变压器的负载增加时，其原绕组中的电流怎样变化？

Chapter 6

第6章

| 常用电工工具 |

常用电工工具是指一般专业电工经常使用的工具，有验电器、螺钉旋具、电工用钳、电工刀、活动扳手、喷灯、电烙铁、登高工具等。对电气操作人员而言，能否熟悉和掌握电工工具的结构、性能、使用方法和规范操作，将直接影响工作效率和工作质量以及人身安全。

6.1 低压验电器

技能要求：掌握各低压验电器的使用方法及注意事项。

低压验电器又称试电笔，是检验导线、电器是否带电的一种常用工具，检测范围为 50～500 V，有钢笔式、旋具式、数显式和组合式多种。低压验电器由笔尖、降压电阻、氖管、弹簧、笔尾金属体等部分组成，如图 6-1 所示。

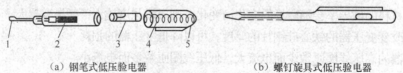

（a）钢笔式低压验电器　　　　　　　　　（b）螺钉旋具式低压验电器

图6-1　低压验电器

1—笔尖；2—降压电阻；3—氖管；

4—弹簧；5—笔尾金属体

使用低压验电器时，必须按照图 6-2 所示的握法操作。注意手指必须接触笔尾的金属体（钢笔式）或测电笔顶部的金属螺钉（螺丝刀式）。这样，只要带电体与大地之间的电位差超过 50 V 时，电笔中的氖泡就会发光。

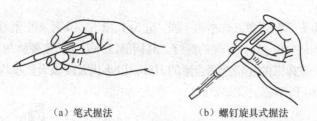

（a）笔式握法　　　　　　（b）螺钉旋具式握法

图6-2　低压验电器握法

低压验电器的使用方法和注意事项介绍如下。

① 使用前，先要在有电的导体上检查电笔是否正常发光，检验其可靠性。验电时应将电笔逐渐靠近被测体，直至氖管发光。只有在氖管不发光时，并在采取防护措施后，才能与被测物体直接接触。

② 在明亮的光线下往往不容易看清氖泡的辉光，应注意避光。

③ 电笔的笔尖虽与螺钉旋具形状相同，但它只能承受很小的扭矩，不能像螺钉旋具那样使用，否则会损坏。

④ 低压验电器可以用来区分相线和零线，氖泡发亮的是相线，不亮的是零线。低压验电器也可用来判别接地故障。如果在三相四线制电路中发生单相接地故障，用电笔测试中性线时，氖泡会发亮；在三相三线制线路中，用电笔测试三根相线，如果两相很亮，另一相不亮，则不亮的一相可能有接地故障。

⑤ 低压验电器可用来判断电压的高低。氖泡越暗，则表明电压越低；氖泡越亮，则表明电压越高。

⑥ 低压验电器可用来区别直流电与交流电，交流电通过验电器时，氖管里的两个极同时发光。直流电通过验电器时，氖管里两个极只有一个发光，发光的一极即为直流电的负极。

6.2 旋具

技能要求：掌握螺丝刀、活络扳手的型号规格及其正确使用方法。

6.2.1 螺钉旋具（螺丝刀）

螺丝刀又称起子或改锥，是用来紧固或拆卸带槽螺钉的常用工具。按头部形状可分为一字形和十字形两种；按其握柄材料又可分为木柄和塑料柄两类，如图 6-3 所示。

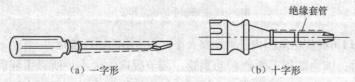

（a）一字形　　　　　　　　　　（b）十字形

图6-3　螺丝刀

一字形螺丝刀以柄部以外的刀体长度表示规格，单位为 mm，电工常用的有 50 mm、75 mm、100 mm、125 mm、150 mm、300 mm 等几种。

　　十字形螺丝刀按其头部旋动螺钉规格的不同，分为1、2、3、4号4个型号，分别用于旋动直径为2～2.5 mm、6～8 mm、10～12 mm等的螺钉。其柄部以外刀体长度规格与一字形螺丝刀相同。

　　使用螺丝刀时，应按螺钉的规格选用合适的刀口，以小代大或以大代小均会损坏螺钉或电气元件。其使用方法如图6-4所示。

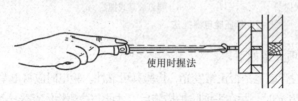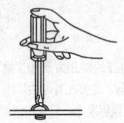

（a）大螺丝钉螺丝刀的用法　　　　　　　　　　（b）小螺丝钉螺丝刀的用法

图6-4　螺丝刀的使用

使用螺丝刀时的注意事项如下。

①　用螺丝刀拆卸或紧固带电螺栓时，手不得触及螺丝刀的金属杆，以免发生触电事故。

②　为避免螺丝刀的金属杆触及带电体时手指碰触金属杆，电工用螺丝刀应在螺丝刀金属杆上穿套绝缘管。

6.2.2　螺母旋具（活络扳手）

　　活络扳手又称活动扳手，是一种旋紧或拧松有角螺丝钉或螺母的工具，如图6-5所示。

　　活络扳手规格较多，电工常用的有 150 mm×19 mm、200 mm×24 mm、250 mm×30 mm 等几种，前一个数表示体长，后一个数表示扳口宽度，使用时应根据螺母的大小选配。

图6-5　活络扳手

　　活络扳手的扳口夹持螺母时，呆扳唇在上，活扳唇在下，如图6-6所示。使用时，右手握手柄，手越靠后，扳动起来越省力。

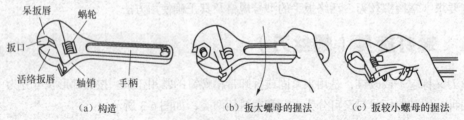

（a）构造　　　　　　　　（b）扳大螺母的握法　　　　　　　（c）扳较小螺母的握法

图6-6　活络扳手的构造和使用

　　活络扳手的钳口可在规格范围内任意调整大小，用于旋动螺杆螺母。

　　扳动小螺母时，因为需要不断地转动蜗轮，调节扳口的大小，所以手应握在靠近呆扳唇，并用大拇指调制蜗轮，以适应螺母的大小。扳动较大螺杆螺母时，所用力矩较大，手应握在手柄尾部，拧不动时，切不可采用钢管套在活络扳手的手柄上来增加扭力，因为这样极易损伤活络扳唇。

使用活络扳手旋动螺杆螺母时，必须把工件的两侧平面夹牢，以免损坏螺杆螺母的棱角。使用活络扳手不能反方向用力，否则容易扳裂活络扳唇；不允许用钢管套在手柄上作加力杆使用；不允许用作撬棍撬重物；不允许把扳手当做手锤，否则将会对扳手造成损坏。

电工电钳

技能要求：知道钢丝钳、尖嘴钳和剥线钳的不同功能，掌握其正确的使用方法。

6.3.1　钢丝钳

钢丝钳是电工用于剪切或夹持导线、金属丝、工件的常用钳类工具.

钢丝钳的规格较多，电工常用的有 150 mm、175 mm、200 mm 3 种。电工用钢丝钳柄部加有耐压 500 V 以上的塑料绝缘套。

属于钢丝钳类的常用工具还有尖嘴钳、剥线钳等。

钢丝钳的结构及使用方法如图 6-7 所示。其中，钳口用于弯绞和钳夹线头或其他金属、非金属物体；齿口用于旋动螺钉螺母；刀口用于切断电线、削剥导线绝缘层等；铡口用于铡断硬度较大的金属丝，如钢丝、铁丝等。

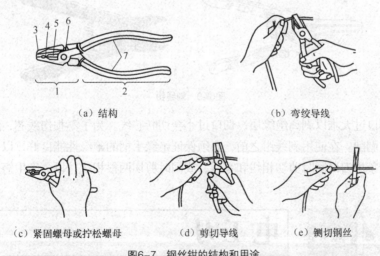

（a）结构　　　　　　　　　　（b）弯绞导线

（c）紧固螺母或拧松螺母　　　（d）剪切导线　　　（e）铡切钢丝

图6-7　钢丝钳的结构和用途

1—钳头；2—钳柄；3—钳口；4—齿口；

5—刀口；6—铡口；7—绝缘套

使用钢丝钳时的注意事项如下。

① 在使用钢丝钳之前，必须保证绝缘手柄的绝缘性能良好，以保证带电作业时的人身安全。

② 用钢丝钳剪切带电导线时，严禁用刀口同时剪切相线和零线；或同时剪切两根相线，以免发

生短路事故。

③ 不可将钢丝钳当锤使用，以免刃口错位、转动轴失灵，影响正常使用。

6.3.2 尖嘴钳

尖嘴钳的头部尖细，适用于在狭小的空间操作，其外形如图 6-8 所示。钳头用于夹持较小的螺钉、垫圈、导线和把导线端头弯曲成所需形状，小刀口用于剪断细小的导线、金属丝等。尖嘴钳规格通常按其全长分为 130 mm、160 mm、180 mm 和 200 mm 4 种。

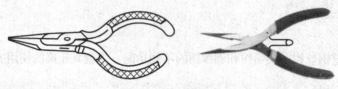

图6-8 尖嘴钳

尖嘴钳手柄套有绝缘耐压 500 V 的绝缘套。其使用注意事项与钢丝钳注意事项相同。

6.3.3 剥线钳

剥线钳用来剥削直径 3 mm 及以下绝缘导线的塑料或橡胶绝缘层，它由钳口和手柄两部分组成。剥线钳钳口分有 0.5～3 mm 的多个直径切口，用于与不同规格线芯线的直径相匹配。剥线钳也装有绝缘套，其外形如图 6-9 所示。

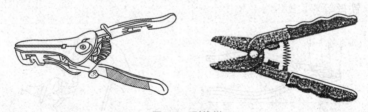

图6-9 剥线钳

剥线时，切口过大难以剥离绝缘层，切口过小会切断芯线。为了不损伤线芯，线头应放在稍大于线芯的切口上剥削。在使用剥线钳之前，必须保证绝缘手柄的绝缘性能良好，以保证带电作业时的人身安全，严禁用刀口同时剪切相线和零线，或同时剪切两根相线，以免发生短路事故。

6.4 电工刀

技能要求：掌握电工刀的使用方法。

电工刀在安装维修中用于切削导线的绝缘层、电缆绝缘、木槽板等。其规格有大号、小号之分，其外形如图 6-10 所示。大号刀片长 112 mm，小号刀片长 88 mm。有的电工刀上带有锯片和锥子，可用来锯小木片和钻削锥孔。

图6-10　电工刀

使用电工刀时的注意事项如下。

① 电工刀没有绝缘保护，禁止带电作业。

② 使用电工刀应避免切割坚硬的材料，以保护刀口。剖削导线绝缘层时，应使刀面与导线成较小的锐角，以免割伤导线。

③ 工作时应将刀口朝外剖削，并注意避免伤及手指。

④ 如果电工刀刀刃部分损坏较重，可用砂轮磨，但必须防止退火。

⑤ 使用完毕，随即将刀身折进刀柄。

技能训练 1　导线绝缘层的剖削

一、实训目的

（1）了解常用电工刀的类型和用途。

（2）掌握常用电工刀的使用与导线绝缘层的剖削。

二、实训器材

电工刀、塑料硬线、塑料护套线、橡皮线、花线、铅包线和漆包线。

三、实训内容

1. 塑料硬线绝缘层的剖削

有条件时，用剥线钳去除塑料硬线的绝缘层较为方便，但电工必须会用电工刀来剖削。对于规格大于 4 cm² 的塑料硬线的绝缘层，可用电工刀剖削。先根据线头所需长度，用电工刀刀口对导线成 45° 角切入塑料绝缘层，注意掌握刀口刚好削透绝缘层而不伤及线芯，然后调整刀口与导线间的角度以 15° 角向前推进，将绝缘层削出一个缺口，接着将未削去的绝缘层向后扳翻，再用电工刀切齐，如图 6-11 所示。

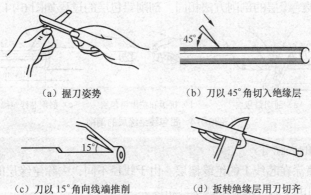

（a）握刀姿势　　　　　　（b）刀以 45° 角切入绝缘层

（c）刀以 15° 角向线端推削　　　（d）扳转绝缘层用刀切齐

图6-11　塑料硬线绝缘层的剖削

2. 塑料护套线绝缘层的剖削

塑料护套线绝缘层分为外层的公共护套层和内部每根芯线的绝缘层。公共护套层一般用电工刀

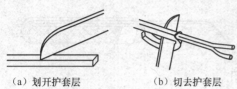

（a）划开护套层　　　　（b）切去护套层

图6-12　塑料护套线的剖削

剖削，先按线头所需长度，将刀尖对准两股芯线的中缝，划开护套层，并将护套层向后扳翻，然后用电工刀齐根切去，如图 6-12 所示。

切去护套后，露出的每根芯线绝缘层可用电工刀按照剖削塑料硬线绝缘层的方法分别除去。切削时切口应离护套层 5～10 mm。

3. 橡皮线绝缘层的剖削

橡皮线绝缘层外面有一层柔韧的纤维编织保护层，先用剖削护套线护套层的办法，用电工刀尖划开纤维编织层，并将其扳翻后齐根切去，再用剖削塑料硬线绝缘层的方法除去橡皮绝缘层。如果橡皮绝缘层内的芯线上包缠着棉纱，可将该棉纱层松开，齐根切去。

4. 花线绝缘层的剖削

花线绝缘层分为外层和内层，外层是一层柔韧的棉纱编织层。剖削时选用电工刀在线头所需长度处切割一圈拉去，然后在距离棉纱编织层 10 mm 左右处用钢丝钳按照剖削塑料软线的方法将内层的橡皮绝缘层勒去。

有的花线在紧贴线芯处还包缠有棉纱层，在勒去橡皮绝缘层后，再将棉纱层松开扳翻，齐根切去，如图 6-13 所示。

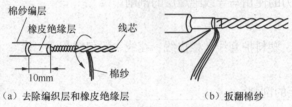

（a）去除编织层和橡皮绝缘层　　　　（b）扳翻棉纱

图6-13　花线绝缘层的剖削

5. 铅包线护套层和绝缘层的剖削

铅包线绝缘层分为外部铅包层和内部芯线绝缘层，剖削时先用电工刀在铅包层切下一个刀痕，然后上下左右扳动折弯这个刀痕，使铅包层从切口处折断，并将它从线头上拉掉。内部芯线绝缘层的剖削方法与塑料硬线绝缘层的剖削方法相同。剖削铅包层的过程如图 6-14 所示。

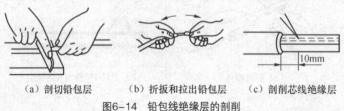

（a）剖切铅包层　　　（b）折扳和拉出铅包层　　　（c）剖削芯线绝缘层

图6-14　铅包线绝缘层的剖削

6. 漆包线绝缘层的去除

漆包线绝缘层是喷涂在芯线上的绝缘漆层。由于线径不同，去除绝缘层的方法也不一样。直径在 1 mm 以上的，可用电工刀、细砂纸或细纱布擦去。

四、实训报告

（1）说明用电工刀剖削导线绝缘层的操作方法。

（2）简述使用电工刀的注意事项。

喷灯

技能要求：掌握喷灯的使用方法及其注意事项。

喷灯是利用高温喷射火焰对工件进行加热的一种工具，火焰温度可达 900℃左右。在电工作业中，常用喷灯制作电力电缆终端头或中间接头、锡焊、焊接电缆接地线等，如图 6-15 所示。

按照使用燃料油的不同，喷灯分为煤油喷灯和汽油喷灯两种。

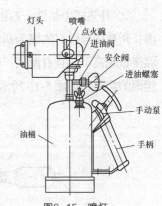

图6-15　喷灯

1. 喷灯的使用方法

① 根据喷灯所用燃料油的种类，加注燃料油。首先旋开加油螺塞，注入燃料油，注入油量不得超过油桶最大容量的 3/4，然后旋紧加油螺塞。

② 预热喷头。先操作手动泵增加油桶内的油压，加压切勿过高，然后在点火碗中加入燃料油，点燃烧热喷嘴后，再慢慢打开进油阀门，观察火焰喷灯。如果火焰喷射力达到要求即可开始工作。

③ 工作时，手持手柄，使喷灯保持直立，将火焰对准工件即可。

2. 喷灯的使用注意事项

由于喷灯是手持工具，其稳定性差，火焰温度高，又有一定的压力，使用时必须谨慎。

① 喷灯使用前应进行检查：油桶不得漏油，喷嘴不得漏气，油桶内的油量不得超过油桶容积的 3/4，加油的螺丝塞应拧紧。

② 打气加压时，首先检查并确认进油阀能可靠地关闭，喷灯点火时喷嘴前严禁站人。

③ 严禁在火炉上加热喷灯。

④ 严禁在有易燃易爆物的场所使用喷灯，在有带电体的场所使用喷灯时，喷灯火焰与带电体距离应符合下列要求：10 kV 及以下电压不得小于 1.5 m，10 kV 以上电压不得小于 3 m。

⑤ 油桶内的油压应根据火焰喷射力掌握。喷灯的加油、放油及维修应在喷灯熄灭火焰并待冷却后放尽油压方可进行。

⑥ 喷灯用完后应卸压，待冷却后倒出剩余燃料油并回收，然后进行维护，妥善保管。

电烙铁

技能要求：掌握电烙铁的分类、使用方法及其注意事项。

电烙铁是熔解锡进行焊接的工具。

1. 常用电烙铁的种类和功率

（1）常用电烙铁的分类。常用电烙铁分为内热式和外热式两种。

① 内热式电烙铁由连接杆、手柄、弹簧夹、烙铁心和烙铁头（也称铜头）5个部分组成。烙铁心安装在烙铁头内（发热快，热效率高）。烙铁心采用镍铬电阻丝绕在瓷管上制成，一般 20 W 的电烙铁的电阻为 2.4 kΩ 左右，35 W 的电烙铁的电阻为 1.6 kΩ 左右。

② 外热式电烙铁一般由烙铁头、烙铁心、外壳、手柄、插头等部分组成。烙铁头安装在烙铁心内，用热传导性好的铜为基体的铜合金材料制成。烙铁头的长短可以调整（烙铁头越短，烙铁头的温度就越高），且有凿式、尖锥形、圆面形、圆、尖锥形、半圆沟形等不同的形状，以适应不同焊接面的需要，如图6-16所示。

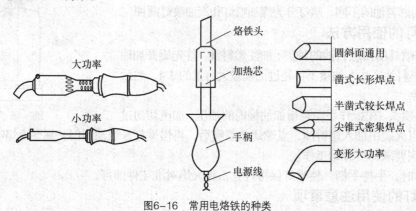

图6-16　常用电烙铁的种类

（2）电烙铁的功率。电烙铁的工作电源一般采用 220 V 交流电。电工通常使用 20 W、25 W、30 W、35 W、40 W、45 W、50 W 的烙铁。

一般来说，电烙铁的功率越大，热量越大，烙铁头的温度越高。焊接集成电路、印制线路板、CMOS 电路一般选用 20 W 内热式电烙铁。使用的烙铁功率过大，容易烫坏元器件（一般二极管、三极管节点温度超过 200℃时就会烧坏），或使印制导线从基板上脱落；使用的烙铁功率太小，焊锡不能充分熔化，焊剂不能挥发出来，焊点不光滑，不牢固，易产生虚焊。若焊接时间过长，也会烧坏元器件，一般每个焊点在 1.5～4 s 内完成。

2. 其他烙铁

（1）恒温电烙铁。恒温电烙铁的烙铁头内装有磁铁式的温度控制器，以控制通电时间，实现恒温的目的。在焊接温度不宜过高、焊接时间不宜过长的元器件时，应选用恒温电烙铁，但它的价格高。

（2）吸锡电烙铁。吸锡电烙铁是将活塞式吸锡器与电烙铁溶于一体的拆焊工具，它具有使用方便、灵活、适用范围宽等特点，不足之处是每次只能对一个焊点进行拆焊。

（3）汽焊烙铁。汽焊烙铁是一种用液化气、甲烷等可燃气体燃烧加热烙铁头的烙铁，适用于供电不便或无法供给交流电的场合。

3．电烙铁使用前的处理

在使用前先通电给烙铁头"上锡"。首先用挫刀把烙铁头按需要挫成一定的形状，然后接上电源，当烙铁头温度升到能熔锡时，将烙铁头在松香上沾涂一下，等松香冒烟后再沾涂一层焊锡，如此反复进行两三次，使烙铁头的刃面全部挂上一层锡即可使用。

电烙铁不宜长时间通电而不使用，这样容易使烙铁心加速氧化而烧断，缩短其寿命，同时也会使烙铁头因长时间加热而氧化，甚至被"烧死"，不再"吃锡"。

4．焊料、焊剂

用电烙铁焊接导线时，必须使用焊料和焊剂。

（1）焊料。焊料是一种易熔金属，它能使元器件引线与连接点焊接在一起。锡（Sn）是一种质地柔软、延展性大的银白色金属，熔点为232℃，在常温下化学性能稳定，不易氧化，不失金属光泽，抗大气腐蚀能力强。铅（Pb）是一种较软的浅青白色金属，熔点为327℃，高纯度的铅耐大气腐蚀能力强，化学稳定性好，但对人体有害。锡中加入一定比例的铅和少量其他金属可制成熔点低、流动性好、对元件和导线的附着力强、机械强度高、导电性好、不易氧化、抗腐蚀性好、焊点光亮美观的焊料，一般称焊锡。

焊锡按含锡量的多少可分为15种，按含锡量和杂质的化学成分分为S、A、B 3个等级。手工焊接常用丝状焊锡。

（2）焊剂。焊剂分为助焊剂和阻焊剂。

助焊剂一般可分为无机助焊剂、有机助焊剂和树脂助焊剂，能溶解去处金属表面的氧化物，并在焊接加热时包围金属的表面，使之与空气隔绝，防止金属在加热时氧化；可降低熔融焊锡的表面张力，有利于焊锡的湿润。

阻焊剂限制焊料只在需要的焊点上进行焊接，把不需要焊接的印制电路板的板面部分覆盖起来，保护面板，使其在焊接时受到的热冲击小，不易起泡，同时还起到防止桥接、拉尖、短路、虚焊等情况。

使用焊剂时，必须根据被焊件的面积大小和表面状态适量施用，用量过小则影响焊接质量，用量过多，焊剂残渣将会腐蚀元件或使电路板绝缘性能变差。

5．电烙铁的使用

（1）电烙铁的握法。电烙铁的握法没有统一的要求，以不易疲劳、操作方便为原则，一般有笔握法和拳握法两种，如图6-17所示。

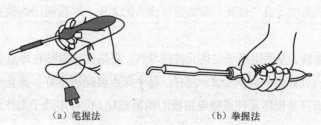

（a）笔握法　　　　　　　　（b）拳握法

图6-17　电烙铁的握法

（2）焊锡丝的拿法。焊锡丝一般有两种拿法，如图6-18所示。由于在焊丝的成分中，铅占一定比例，众所周知，铅是对人体有害的重金属，因此操作时应戴手套或操作后洗手，避免食入。

（a）连续焊接时焊锡丝的拿法　　　（b）断续焊接时焊锡丝的拿法

图6-18　焊锡丝的拿法

使用电烙铁要配置烙铁架，一般放置在工作台右前方，电烙铁用后一定要稳妥地放置在烙铁架上，并注意导线等物不要碰烙铁头，以免被烙铁烫坏绝缘后发生短路。

（3）准备施焊。准备好焊锡丝和烙铁，烙铁头部要保持干净，即可以沾上焊锡（俗称"吃锡"）。

（4）加热焊件。将烙铁接触焊接点，注意首先要保持烙铁加热焊件各部分，如印制板上引线和焊盘都使之受热，其次要注意让烙铁头的扁平部分（较大部分）接触热容量较大的焊件，烙铁头的侧面或边缘部分接触热容量较小的焊件，以保持焊件均匀受热。

（5）熔化焊料。当焊件加热到能熔化焊料的温度后将焊丝置于焊点，焊料开始熔化并润湿焊点。

（6）移开焊锡。当熔化一定量的焊锡后将焊锡丝移开。

（7）移开烙铁。当焊锡完全润湿焊点后移开烙铁，注意移开烙铁的方向应该是大致45°的方向。

上述过程对一般焊点而言需要两三秒钟。这是掌握手工烙铁焊接的基本方法。特别是各步骤之间停留的时间，对保证焊接质量至关重要，只有通过实践才能逐步掌握。

对焊接的基本要求是：焊点必须牢固，锡液必须充分渗透，焊点表面光滑有泽，应防止出现"虚焊"和"夹生焊"现象。产生"虚焊"的原因是因为焊件表面未清除干净或焊剂太少，使得焊锡不能充分流动，造成焊件表面挂锡太少，焊件之间未能充分固定；造成"夹生焊"的原因是因为烙铁温度低或焊接时烙铁停留时间太短，焊锡未能充分熔化。

6. 电烙铁使用注意事项

① 根据焊接对象合理选用不同类型的电烙铁。

② 新烙铁在使用前要使头部上锡，接通电源后烙铁头的颜色变黄，用焊锡丝放在松香上使锡溶化并反复拉动烙铁头就"吃"上锡，烙铁头部保持常有锡，焊接时锡就容易熔化。

③ 为了防止烙铁温度太高"烧死"而加速烙铁头的老化，尽量使用烙铁架和带"自动恒温"或"调温"功能的烙铁。

④ 一般右手持烙铁，左手用镊子夹住元件或导线。将烙铁头紧贴在焊点处，烙铁与水平面约成60°角，烙铁头在焊点处停留的时间为2 s左右。每个焊点要接触良好，防止"虚焊"。

⑤ 焊接时间过长容易损坏元件或使电路板的铜箔翘起，也可用镊子夹住管脚帮助散热。焊接集成电路时，电烙铁要可靠接地，或断电后利用余热焊接，防止损坏电路。

⑥ 使用过程中不要任意敲击电烙铁头，以免损坏。内热式电烙铁连接杆钢管壁厚度只有0.2 mm，不能用钳子夹以免损坏。在使用过程中应经常维护，保证烙铁头挂上一层薄锡。

6.7　手电钻

技能要求：掌握手电钻的分类及其使用注意事项。

手电钻的种类较多，常见的有手枪式和手提式，其外形如图 6-19 所示。手电钻主要利用钻头来钻削金属、塑料、木材等构件上的孔洞，通常使用 220 V 单相交流电源，在潮湿的环境中多采用安全低电压。

使用手电钻时的注意事项如下。

① 较长时间未用的手电钻在使用前应测试其绝缘电阻，一般不应小于 0.5 MΩ。

② 根据所钻孔的大小，合理选择钻头尺寸，钻头装夹要合理、可靠。

③ 钻孔时不要用力过大，当电钻运转吃力、转速变低时，应减轻压力，以防电钻烧毁。

④ 被钻孔的构件应固定，以防其随钻头一起旋转，造成事故。

(a) 手枪式　　　　(b) 手提式

图6-19　手电钻

6.8　登高工具

技能要求：掌握各登高工具的组成、技术要求、使用方法及其注意事项。

电工常用的登高工具有梯子、踏板、脚扣、腰带、保险绳、腰绳等。

6.8.1　梯子

登高用的梯子有直梯和人字形梯两种，如图 6-20 所示。

人字形梯主要用于周围无依靠体时，如吊灯安装就用到它。在用人字形梯子登高作业时，人字形梯脚宽支开的角度不大于 30°，并且应设有限制滑开的拉绳。操作时，脚踏人字形梯两边，两脚用力踏一下，看梯子放置是否稳固。

使用直梯时，梯子与地面之间的角度以 60°

防滑拉绳

防滑橡胶

(a) 直梯　　　　(b) 人字形梯

图6-20　梯子

左右为宜。在水泥地面上使用直梯时，要有防滑措施。对于没有搭钩的梯子，在工作中要有人扶持。

6.8.2 踏板

踏板又称蹬板、升降板或三角木，由脚板、绳索、套环及钩子组成，是用于电杆登高的工具。其尺寸、承重及绳长如图 6-21 所示。

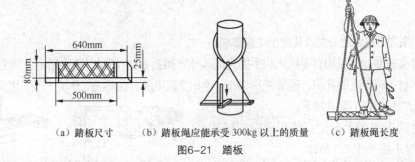

（a）踏板尺寸　（b）踏板绳应能承受 300kg 以上的质量　（c）踏板绳长度

图6-21　踏板

踏板是由质地坚韧的木材制成的，踏板绳采用白棕绳或锦纶绳制成，绳的两端牢固地绑扎在踏板两端槽内，绳的中间穿有一个铁制挂钩。踏板和踏板绳应能承受 300 kg 以上的质量。

6.8.3 脚扣

脚扣有木杆用脚扣和水泥杆用脚扣两种，每副脚扣由左右两只组成，用于电杆登高。

1. 脚扣的构造

每只脚扣主要由活动钩、扣体、踏盘、顶扣、扣带和防滑橡胶垫组成。其构造如图 6-22 所示。

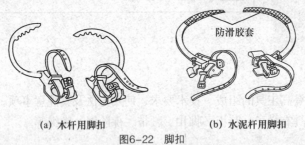

（a）木杆用脚扣　　　（b）水泥杆用脚扣

图6-22　脚扣

2. 脚扣登高操作程序

① 准备：检查安全带（保险带）和脚扣是否完好，穿好工作服，戴好手套，系好安全带，穿好脚扣。

② 上杆：双手抱杆，两臂略弯曲，使上身远离电杆，腿蹬直，小腿与电杆成一角度，张开臂部向后下方坐式，使身体成弓形。左脚蹬实后，身体重心移至左脚，右脚抬起向上移一步，手随之向上移动，两脚交替上移，如图 6-23（a）所示。

③ 作业：将两脚靠近，将保险绳绕过电杆系好，即可进行杆上作业，如图 6-23（b）、（c）所示。

④ 下杆：解开保险绳，双手抱杆，两臂略弯曲、使上身远离电杆，腿蹬直、小腿与电杆成一角度张开臂部向后下方坐式，使身体成弓形。左脚蹬实后，身体重心移至左脚，右脚抬起向下移一步，手随之向下移动，两脚交替，一步一步往下移。

（a）上杆

（b）作业

（c）杆上作业站立姿势

图6-23　脚扣登高操作

3．脚扣登高练习注意事项

① 安全带（绳）使用前必须经过严格检查，确保坚固、可靠才能使用。

② 切勿使用一般绳索或各种绝缘皮带代替安全带。

③ 脚扣应经常检查是否完好，勿使过于滑钝和锋利的，脚扣带必须坚韧耐用；脚扣踏盘与钩处必须铆固；脚扣的大小要适合电杆的粗细，切勿因为不合适而把脚扣扩大或缩小，以防折断；水泥杆脚扣上的胶管和胶垫根应保持完整，破裂露出胶管里的线时应更换。

④ 上杆前必须认真检查杆根有无折断危险，如果发现不牢固的电杆，在未加固前，切勿攀登；还应观察周围附近地区有无电力线或其他障碍物等情况。

⑤ 杆上有人工作时，杆下一定范围内不许有人，高空作业所用材料应放置稳妥，所用工具应随手装入工具袋内，防止坠落伤人。

6.8.4　腰带、保险绳和腰绳

腰带、保险绳和腰绳是安装、检修架空线路高空作业必不可少的工具，如图 6-24 所示。其主要用途是防止高空作业人员发生摔跌。

1．使用方法

① 腰带是用来系保险绳、腰绳和吊物绳的，使用时应系在臀部上部，而不是系于腰部，否则既不灵活，又容易扭伤腰部。

② 杆上作业时，保险绳绳扣一头应系在坚固的构件上，另一头与腰带上的挂环扣好。

③ 腰绳应围过电杆，两端与腰带扣牢。

2．注意事项

① 腰绳的长短应视工作的情况而调整。

② 每次工作前，必须检查绳扣、挂环是否卡牢。

③ 工作位置变动时，不得失去保护。

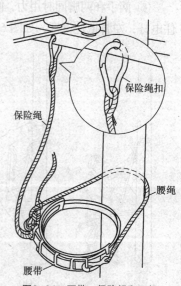

保险绳扣

保险绳

腰绳

腰带

图6-24　腰带、保险绳和腰绳

技能训练2 踏板登高

一、实训目的

（1）熟悉踏板登高工具及其操作方法。

（2）掌握保证登高安全的技术措施。

二、实训器材

踏板、腰带、保险绳、腰绳、安全帽和手套。

三、实训内容

1. 准备工作

① 上杆前应检查杆根是否牢固。新立的电杆在杆基础未完全稳固时严禁攀登。遇有冲刷、起土、上拔的电杆时，应先培土加固，支好架杆或打临时拉线后，再行上杆。凡松动导线、拉线的电杆应打好临时拉线或支架后再上杆。

② 上杆前应检查登杆工具，如踏板、腰带、保险绳、腰绳等是否完整、牢靠。

③ 做好防护工作，必须戴安全帽。

④ 做好心理准备。

2. 登杆训练

① 挂钩操作如图 6-25 所示。先把一块踏板钩挂在电杆上，挂钩必须正勾，高度以登高操作者能跨上为准。

图6-25 挂钩操作

② 把另一块踏板背挂在肩上，接着右手握住两根踏板绳，并使大拇指顶住挂钩，左手握住左边贴近踏板的绳子，然后把右脚跨上踏板，如图 6-26（a）所示。

③ 踏上第一块踏板时，操作者应在踏板上用力踏击进行检查，登上第二块踏板时仍然要做踏击检查。

④ 两手和两脚同时用力，使人体上升，待人体重心转到右脚，左手应及时松开，并趁势立即扶住电杆，左脚抵住电杆，如图 6-26（b）所示。

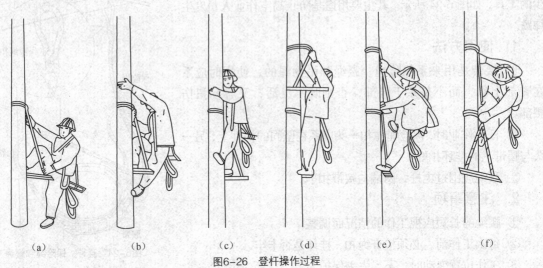

(a)　　　　(b)　　　　(c)　　　　(d)　　　　(e)　　　　(f)

图6-26 登杆操作过程

⑤ 待人体上升到一定高度，右手应及时松开，向上扶住电杆，并趁势使人体直立，接着把刚提上去的左脚围绕左边的踏板绳，如图 6-26（c）所示。

⑥ 左脚绕过左边踏板绳后踩入踏板内，待人体站稳后，才可在电杆上钩挂另一块踏板，如图 6-26（d）所示。

⑦ 右手紧握上一块踏板的两根踏板绳，并使大拇指顶住挂钩，左手握住左边贴近踏板的绳子，然后把左脚从左边的踏板绳外退出，改成正踏在踏板内，接着才可使右脚跨上上一块踏板，如图 6-26（e）所示。

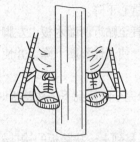

图6-27　每登完一步双脚的站法

⑧ 两手和两脚同时用力，使人体上升，待人体重心转到右脚，人体离开下边一块踏板时，左脚立即抵住电杆，左手把下边一块踏板解下，如图 6-26（f）所示。

⑨ 以后重复上述步骤进行攀登，直到需要的高度为止。登杆过程中，每登完一步，双脚一定要踩在板的内侧，双脚跨住绳子，脚尖顶住电杆，如图 6-27 所示，这样就不用担心踩板左右摆动，登杆才稳定、安全。此外，登杆时双手一定要用力抓紧绳子。

3. 下杆训练

下杆操作过程如图 6-28 所示。踏板下杆训练的方法和步骤如下。

① 如图 6-28（a）所示，人体站稳在现用的一块踏板上，把另一块踏板钩挂在现用踏板下方，别挂得太低。

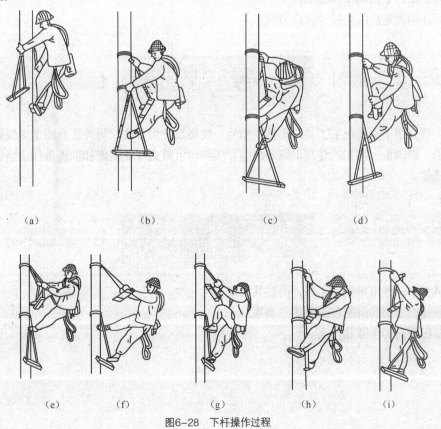

（a）　　　　（b）　　　　（c）　　　　（d）

（e）　　（f）　　（g）　　（h）　　（i）

图6-28　下杆操作过程

② 如图 6-28（b）所示，右手紧握现用踏板钩挂处的两根绳索，并使大拇指顶住挂钩，以防人体下降时踏板跟着下降，左脚下移，登高工具抵住电杆。同时，左手握住下一块踏板的挂钩处，人体随左脚的下移而下降，并使左手配合人体的下降而把另一块踏板下放到适当位置。

③ 如图 6-28（c）所示，人体下降至适当位置时，使左脚插入下一块踏板的两根绳索和电杆之间。

④ 如图 6-28（d）所示，左手握住上一块踏板左端的绳索，同时左脚用力抵住电杆，这样既可防止踏板滑下，又可防止人体摇晃。

⑤ 如图 6-28（e）所示，双手紧握上一块踏板的两根绳索，使人体重心下降。

⑥ 如图 6-28（f）所示，双手随人体下降而下移紧握的绳索位置，直至贴近两端木板，左脚不动，但用力支撑住电杆，使人体向后仰开，同时右脚从上一块踏板退下，使人体不断下降，并使右脚能准确地踏到下一块踏板。

⑦ 如图 6-28（g）所示，当右脚刚一落到下一块踏板而人体重量尚未完全降落到下一块踏板时，就应立即把左脚从两根绳索中抽出，并趁势使人体贴近电杆站稳。

⑧ 如图 6-28（h）所示，左脚下移，并准备绕过左边的绳索，右手上移到上一块踏板的钩挂处。

⑨ 如图 6-28（i）所示，在踏板上站稳后，双手解下上一块踏板。

以后重复上述步骤进行，直至人体着地为止。

四、实训报告

（1）简述踏板登高的注意事项。

（2）简述踏板登高的要领及操作方法。

本章主要介绍了常用电工工具的用途、型号、规格及使用方法；另外还介绍了导线连接；焊接技术；梯子、踏脚板、脚扣的登高训练等内容。实训时可根据专业需要和训练条件适当调整课题项目及训练难度。

（1）试举出一些常用电工工具，简述其用途。

（2）导线绝缘层的剖削应注意哪些事项？

（3）踏板登高的步骤是什么。

Chapter 7

第7章
| 常用电工材料 |

7.1 导电材料

通常把能够通过电流的材料称为导电材料，其电阻率一般为 $0.1\,\Omega\cdot m$ 以下，常见的导电材料有铜、铝、金、银、锡、铅、锌等纯金属材料，也有合金和非金属导电材料。随着科学技术的发展和新型导电材料的研究及应用，将推动工业的快速发展和方便人民的生活。

7.1.1 铜

纯铜呈紫红色，导电性和导热性好，稍硬、极坚韧，耐磨损，还有很好的延展性，耐氧化、耐腐蚀，容易连接。

经过冷作变形后抗拉强度提高的铜，称为硬铜，在输电线、架空线、整流子片和开关零件中应用较多。经过 $450℃\sim600℃$ 退火的铜，称为软铜，用作电动机、变压器等电气设备的线圈。

电缆电线及导电元件用的铜其纯度在 99.9%以上。变压器和电动机用的铜其纯度为 $99.5\%\sim99.95\%$。电真空器件、电子仪器零件、耐高温导体、超导线和微细线使用含氧量小于 0.003%的无氧铜。

纯铜中加入一定合金材料称为铜合金。常见的铜合金有锆铜合金和钴铍铜合金，锆铜合金具有优良的耐热性能和机械强度，可以代替银铜合金；钴铍铜具有高强度和高弹性；铜合金材料广泛用于制作接触导线、换向器、集电环、刀开关、导电嘴等。

7.1.2 铅

纯铝呈银白色，具有良好的导热性、导电性和延展性。在室温下能生成致密的氧化膜，能阻止

铝的进一步氧化腐蚀，但导电性能和机械强度低于铜。铝的密度低于铜，资源丰富，价格便宜。

电线电缆用的铝其纯度在99.5%以上。在铝中加入合金元素称为铝合金。常见的铝合金有铝镁合金、铝镁硅合金、铝锆合金、铝硅合金等，铝镁合金用于制作架空导线、接触线和各种电线电缆的线芯，铝镁硅合金用于制作架空导线，铝锆合金用于制作架空导线和汇流排，铝硅合金用于制作电子工业连接线。

7.1.3　导线

导线常采用铜、铝或其他合金材料为线芯，线芯有单股、7股、19股、37股等。导线按用途分为裸电线、电磁线、电气设备用线缆、电力电缆、通信电缆及光缆几类。

1．裸导线

裸导线是指不带绝缘层的导线，具有较好的耐氧化、耐腐蚀性能。常见的裸导线有圆单线、绞线和型线型材，主要用作各种电线电缆的线芯，以及高低压输电线路和安装配电设备。

2．电磁线

电磁线用于各种电气设备中的线圈或绕组，实现电能与磁能相互转换。常见的电磁线有以下4种。

① 漆包线：广泛应用于中小型电机、电器和微电工电子产品中。

② 绕包线：在大中型电机及高压电机中应用。

③ 无机绝缘电磁线：主要用于高温、辐射场合。

④ 有特殊绝缘结构和性能的特种电磁线：用于潜水电机绕组、大容量变压器和高、中频设备中的绕组等。

3．电气设备用线缆

电气设备用线缆一般由线芯、绝缘层和防护层组成，特殊的还有屏蔽层、加强芯等。其线芯有实芯单线和多芯绞线；常采用橡胶、塑料为绝缘层和防护层材料，也有玻璃纤维编织的防护层材料。常用的电气设备用线缆有B系列橡皮塑料电线、R系列橡皮塑料软线、Y系列通用橡套电缆等。

① B系列橡皮塑料电线：结构简单，电气性能和机械性能好，常用的B系列橡皮塑料电线的型号、名称和用途，如表7-1所示。

表7-1　　　　　常用的B系列橡皮塑料电线名称、型号和用途

名　称	型　号		用　途
	铜　芯	铝　芯	
橡胶绝缘线	BX	BLX	用于直流1 000 V和交流500 V以下的电气设备和照明装置
氯丁橡胶绝缘线	BXF	BLXF	
橡胶绝缘软电线	BXR	—	
聚氯乙烯绝缘电线	BV	BLV	用于各种交、直流电器装置，以及电工仪器仪表、家用电器、电信设备、照明、动力线路的固定敷设
氯乙烯绝缘和护套电线	BVV	BLVV	
聚氯乙烯绝缘和护套电线	BVVB	BLVVB	
茧自缚聚氯乙烯绝缘软电线	BVR	—	
耐热105℃聚氯乙烯绝缘电线	BV-105	BLV-105	

② R系列橡皮塑料软线：线芯采用多根细铜丝绞合而成，结构简单、柔软，电气性能和机械性

能好。常用的 R 系列橡皮塑料电线型号、名称和用途如表 7-2 所示。

表 7-2　　　　　常用的 R 系列橡皮塑料电线型号、名称和用途

名　称	型　号	用　途
聚氯乙烯绝缘软线	RV	用作各种交、直流电器装置，以及电工仪器、家用电器、小型电动工具和照明、动力装置的连接线
聚氯乙烯绝缘平行软线	RVB	
聚氯乙烯绝缘绞型软线	RVS	
聚氯乙烯绝缘和护套圆型连接软线	RVV	
聚氯乙烯绝缘和护套平型连接软线	RVVB	
耐热 105℃聚氯乙烯绝缘连接软线	RV-105	
复合物绝缘平型软线	RFB	用作直流 500 V、交流 250 V 以下移动电器装置和照明灯座的连接
复合物绝缘绞型软线	RFS	
橡胶绝缘棉纱编织双绞线	RXS	用于直流 500 V、交流 250 V 以下电器、仪表及照明装置中
橡胶绝缘棉纱编织软电线	RX	

③ Y 系列通用橡套电缆：用作常用电气设备、电动工具和家用电器的移动电源线。

4. 电力电缆

电力电缆用于电力系统中电能的传输、分配等方面。它通常由线芯、绝缘层和防护层 3 个主要部分组成，如图 7-1 所示。

① 线芯：截面形状有圆形、半圆形、扇形等，常见的有单芯、双芯、三芯、四芯等。

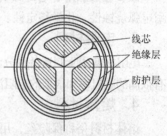

图7-1　电力电缆的结构

② 绝缘层：主要采用橡胶或塑料，还有绝缘纸、绝缘油、绝缘漆、纤维等。

③ 防护层：包括护套和铠装层。护套可以提高力学性能和使用寿命，方便敷设，多采用橡胶、塑料或纤维编织。铠装层用于受力较大的电缆，常用钢丝、钢带、铁丝等制成。

常见的电力电缆有塑料绝缘电缆、橡皮绝缘电缆、油浸纸绝缘电缆和充油电缆，还有压缩气体电缆、超导电缆、低温电缆、耐高温电缆、耐辐射电缆等。

5. 通信电缆及光缆

通信电缆用于传输电话、电报、电视、广播、网络数据信息等，包括市内通信电缆、长途对称电缆和同轴电缆；传输频率不高，通常在几百 kHz 以下。通信光缆由两个或多个玻璃或塑料光纤芯组成。光纤芯位于保护性的覆层内，塑料 PVC 外部套管覆盖。光纤一般使用红外线进行信号传输。光缆具有抗电磁干扰性好、保密性强、速度快、传输容量大等优点。

7.1.4　特种导电材料

1. 电热材料

电热材料是一种能将电能转变成热能的材料。常见的电热材料有镍铬合金、铁铬铝合金、纯金属材料等几种。

镍铬合金电阻率高，加工性能好，高温强度高，用后不变脆，基本无磁性；常用于1 000℃以下的加热设备或移动式设备。

铁铬铝合金高温抗氧化性和耐温性高于镍铬，高温强度低于镍铬，电阻率高，有磁性，高温长期使用易变脆；可以加工成各种形状的元件，功率范围广，适应高精度控温，在工业电热设备中应用较多。

纯金属电热材料有铂、钼、钽、钨等，使用温度高，电阻率低，电阻温度系数大；铂可在空气中使用；钨、钽、钼要在惰性气体、真空中使用，用于特殊高温设备中。

2. 电碳制品

常用的电碳制品有电机电刷、碳棒和碳石墨触点。

电机电刷具有良好的导电、润滑、耐磨及抑制火花作用等特性，用于电机的换向片或集电环上，作为导入或导出电流的滑动接触体。常用的电刷有石墨电刷、电化石墨电刷、金属石墨电刷和人造树脂石墨电刷。

碳棒具有良好的导电性和导热性，杂质含量低。照明碳棒用于电影放映、照相制版、探照灯、摄影、显微镜等的光源。碳弧气刨碳棒用于金属开沟槽、坡口、切割有色金属等。干电池碳棒用作电池的阳极。

碳石墨触点用于电力机车碳石墨滑板和无轨电车碳石墨滑块。它具有良好的导电性、导热性、耐电弧烧蚀性、化学稳定性、与金属不熔接性、自润滑性及接触稳定性等特性。

3. 电阻材料

电阻材料用于制造各种分流、限流、调整等电阻器和变阻器的合金材料，又称为电阻合金。它具有很高的电阻率和很低的电阻温度系数。常见的电阻合金有康铜丝、新康铜丝、锰铜丝、镍铬丝等。

4. 熔体材料

熔体材料俗称保险丝，用于熔断器中，对电路的短路和过载具有保护作用。它可分为低熔点材料和高熔点材料。低熔点材料用于小电流情况下，熔体熔化时间长，常用的有铅、锡、铅锑合金、铅锡合金等。铅、锡用作照明和小型电机电路，铅锑合金和铅锡合金用于照明电路及一般场合。高熔点材料用于大电流情况下，熔体熔化时间短，常用的有铜、银等。

7.1.5 电线电缆的选用

在选用电线电缆时，一般包括电线电缆型号和规格（导体截面）的选择。

1. 电线电缆型号的选择

选用电线电缆时，要考虑用途、敷设条件及安全性。

根据用途，可选用电力电缆、架空绝缘电缆、控制电缆等。

根据敷设条件，可选用一般塑料绝缘电缆、钢带铠装电缆、钢丝铠装电缆、防腐电缆等。

根据安全性要求，可选用阻燃电缆、无卤阻燃电缆、耐火电缆等。

2. 电线电缆规格的选择

对于电线电缆规格（导体截面）的选择，一般应考虑长期工作电流、电压损失、经济电流密度、机械强度等。

低压动力线的负荷电流较大，先按长期工作电流选择截面，然后验算其电压损失和机械强度。低压照明线对电压要求较高，根据允许电压损失条件选择截面，再验算长期工作电流和机械强度。对于高压线路，则先按经济电流密度选择截面，然后验算其长期工作电流和允许电压损失，还应验算其机械强度。

导线的选用要从多方面综合考虑。具体选择可查有关手册，尽量降低成本、减少损耗，提高系统稳定性。

技能训练 1　导线的连接

一、实训目的

熟练掌握常用导线接头的连接方法。

二、实训器材

（1）钢丝钳、尖嘴钳、剥线钳、压接钳、电工刀和螺钉旋具。

（2）BV2.5 mm^2、BV4 mm^2、BV16 mm^2（7/1.7）、BLV16 mm^2（7/1.7）4 种导线。

（3）针孔式熔断器、平压式接线开关。

三、实训内容

在进行导线连接前，先根据前面技能学习的知识，对导线的绝缘层进行剖削。

1. 单股铜线的直线连接

（1）将两线芯相交，呈 X 形，如图 7-2（a）所示。

（2）紧密绞合 2～3 圈，接着把两端线头扳直，如图 7-2（b）所示。

（3）将一端线头围绕芯线紧密缠绕 6 圈，切去多余的芯线，如图 7-2（c）所示。

（4）将另一端线头围绕芯线紧密缠绕 6 圈，切去多余的芯线，如图 7-2（d）所示。

2. 单股铜线的 T 字形连接

（1）导线直径较小，可按图 7-3（a）所示方法绕制成结状，再把支路芯线线头拉紧扳直，紧密地缠绕 6～8 圈，切去多余芯线。

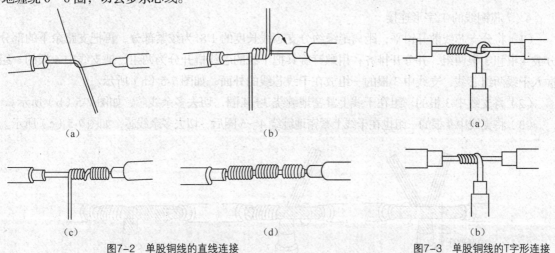

图7-2　单股铜线的直线连接　　　　　　图7-3　单股铜线的T字形连接

（2）导线直径较大，将支路芯线的线头缠绕在干线芯线上 6～8 圈，切去多余的芯线，如图 7-3（b）所示。

3. 7 芯铜线的直线连接

（1）将芯线头散开并拉直，线芯靠近绝缘层约 1/3 为绞紧部分，余下的 2/3 芯线为伞状部分，

如图 7-4（a）所示。按照同样的方法制作另一芯线头。

（2）将两个线芯的伞状部分隔根相对交叉，绞紧部分相接触，并拉平芯线，如图 7-4（b）所示。

（3）将芯线按两根、两根和三根分成 3 组，扳起其中第 1 组的两根线芯，如图 7-4（c）所示。

（4）沿其余线芯紧密地缠绕两圈后，将余下的芯线向右拉直，然后扳直第 2 组的两根芯线，如图 7-4（d）所示。

（5）压着前第 1 组的两根芯线和其余线芯，紧密地缠绕两圈，将余下的芯线向右拉直，然后扳直第 3 组的 3 根芯线，如图 7-4（e）所示。

（6）压着前 4 根扳直的芯线，紧密地缠绕 3 圈，切齐每组多余的芯线，如图 7-4（f）所示。

（7）另一端缠绕方法除了芯线缠绕方向相反外，制作方法与图 7-4 相同。

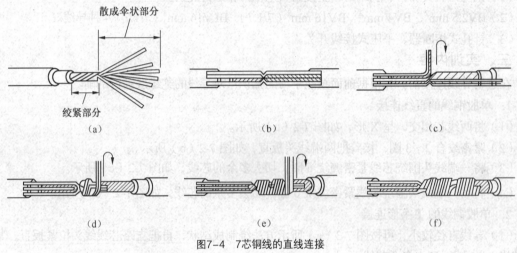

图7-4　7芯铜线的直线连接

4. 7 芯铜线的 T 字形连接

（1）将分支芯线散开钳平，距离绝缘约分支芯线长度的 1/8 为绞紧部分，再把支路余下的部分分成 4 根和 3 根两组，并分开排齐；用螺钉旋具把干线的芯线撬开分为两组，把支线中 4 根的一组插入干线两组芯线，支线中 3 根的一组放在干线芯线的外面，如图 7-5（a）所示。

（2）将支线中 3 根的一组在干线上紧密地缠绕 3～4 圈，切去多余线芯，如图 7-5（b）所示。

（3）将支线中 4 根的一组也在干线上紧密地缠绕 4～5 圈后，切去多余线芯，如图 7-5（c）所示。

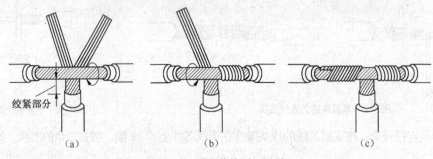

图7-5　7芯铜线的T字形连接

对于 19 芯铜线连接，基本和 7 芯铜线连接相似，只是芯线太多，可剪去几根芯线后进行连接。

5. 铜芯导线接头的锡焊处理

在连接处进行锡焊处理，可以改善导电性能和增加力学强度。对于导线截面积较小的线芯，常用电烙铁锡焊；对于截面积大的线芯可采用浇焊法，即将焊锡熔化后浇在涂有无酸焊锡膏的导线接头上，直到线芯接头缝隙焊满，除去焊渣即可。

6. 铝导线的连接

铝氧化后的氧化膜电阻率很高，严重影响导电性能。为了防止铝芯导线的氧化，不宜采用铜芯导线的方法进行，常用压接管连接和接线桩连接。

（1）压接管连接。压接管连接多用于负荷较大的多根铝线的连接。根据多股导线规格选择合适的压接管，清除铝芯线和压接管的氧化层或其他污物，在铝芯线上涂一层中性凡士林。将两根导线线头相对插入压接管，两线端穿出压接管 25～30 mm，如图 7-6（a）所示。用压接钳压紧，如图 7-6（b）所示。根据压接管的长度和连接强度确定压坑的数目。

（2）接线桩连接。接线桩连接在电气设备中应用较多。

① 针孔式接线柱。根据图 7-7（a）所示对导线进行弯制。将导线插入接线桩孔的底部，先压紧外边的螺钉，再压紧里面的螺钉。

② 平压式接线桩。根据如图 7-7（b）所示，对导线进行羊眼圈弯制，羊眼圈的直径要与压紧螺钉直径大小一致。连接时，羊眼圈弯曲方向要与螺钉旋紧方向一致。

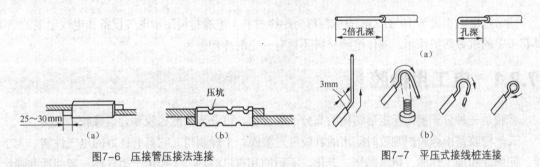

图7-6　压接管压接法连接　　　　图7-7　平压式接线桩连接

四、实训报告

（1）简述铜导线连接操作方法。

（2）简述铜导线浇锡处理的原因。

（3）简述铝导线连接操作方法。

（4）分析铝导线采用压接管压接法连接的原因。

五、评分标准

成绩评分标准如表 7-3 所示。

表 7-3　　　　　　　　　　　　　　　　成绩评分标准

序号	主 要 内 容	评 分 标 准	配分	扣分	得分
1	单股铜线的直线连接	导线缠绕方法错误扣 10 分 导线缠绕不整齐扣 5 分	20		
2	单股铜线的 T 字形连接	导线缠绕不紧密扣 5 分	20		
3	7 芯铜线的直线连接	导线切口不平整，每处扣 5 分	20		

续表

序号	主 要 内 容	评 分 标 准	配分	扣分	得分
4	7芯铜线的T字形连接		20		
5	单股铜线接头的电烙铁锡	焊接不牢扣5分	10		
6	7芯铜线接头的浇焊	表面不光滑扣5分	10		
7	安全文明生产	违反安全文明操作规程扣5～20分			
备注		合计	100		
		教师签字		年　月　日	

绝缘材料

通常把电阻率大于 $10^7 \Omega \cdot m$ 的材料称为绝缘材料。绝缘材料用于电气设备和电线电缆的绝缘，具有一定的机械防护作用，液体绝缘材料还具有一定的冷却作用。

7.2.1　电工用橡胶

橡胶是一种分子链为无定形结构的高分子聚合物，可分为天然橡胶和合成橡胶两大类。

天然橡胶是由橡胶树割胶时流出的乳胶经过凝固、干燥制得。它具有良好的电气性能、力学性能、回弹性和加工性能，但易燃烧、老化，不耐油和有机溶剂，主要用于柔软性、弯曲性和弹性要求较高的电线电缆绝缘和护层材料。

合成橡胶是人工合成的高弹性聚合物。经过硫化加工之后，才具有实用性和使用价值。常见的合成橡胶有丁苯橡胶、乙丙橡胶、丁基橡胶、氯丁橡胶、丁腈橡胶、硅橡胶、氟橡胶等，主要用于各种电线电缆的绝缘和护套材料。

7.2.2　电工用塑料

塑料具有质量轻，电气性能优良，耐热、耐腐蚀且容易加工成型等优点。

电工用塑料按树脂的类型分为热塑性塑料和热固性塑料两大类。

1.　热塑性塑料

热塑性塑料在热挤压成型后，仍具有可熔可溶性，可以反复多次成型。常用的热塑性塑料的种类、特性及用途如表7-4所示。

表 7-4　　　　　　　　　常用的热塑性塑料的名称、特性和用途

名　称	特　性	用　途
聚酰胺 （尼龙）	常温下具有较好的强度和韧性，自润滑性能和电气性能良好	用于线圈骨架、插座、接线板及导线的绝缘、护层材料
苯乙烯—丁二烯—丙烯腈 共聚物	综合性能好，冲击强度较高，化学稳定性、电气性能良好，表面可进行镀铬、喷漆处理	用于仪表、电器外壳、接线柱等
聚甲基丙烯酸甲酯 （有机玻璃）	透明性好，强度较高，有一定的耐热、耐寒和耐腐蚀性，绝缘性良好，但质脆，易熔于有机熔剂，表面硬度稍低	用于仪表、仪器外壳及仪表、仪器的读数透镜
聚氯乙烯	电气性能和力学性能优良，耐化学性、耐潮性和耐电晕性良好，不延燃	用于电线电缆的绝缘、护套材料
聚乙烯	电气性能、耐化学性和耐寒性好	用于通信电缆、电力电缆的绝缘和护套材料

2. 热固性塑料

热固性塑料利用第一次加热的软化流动，固化成确定形状和尺寸的制品，再次加热不能变软流动，在熔剂中也不能熔解。常用的热固性塑料的品种、特性及用途如表 7-5 所示。

表 7-5　　　　　　　　　常用的热固性塑料的名称、特性和用途

名　称	特　性	用　途
酚醛塑料 （电木粉）	硬而脆，强度高，尺寸稳定，耐腐蚀，电绝缘性能优异	用于电机、电器、仪表、开关等绝缘部件
氨基塑料	耐电弧性和电绝缘性良好，耐水、耐热性较好	用于电机、电器、电动工具、高低压电器绝缘部件、灭弧罩等耐弧部件
环氧塑料	电气性能、耐酸碱、耐冷热交变性好	用于多空连接器、低压电器和通信用各种绝缘部件
耐热塑料	优良的耐磨性、自润滑性、耐化学腐蚀性，吸水性小，尺寸稳定、阻燃性好	用作耐高温的电气的绝缘材料

7.2.3　云母绝缘制品

云母是一种天然矿物。电工用天然云母有白云母和金云母，电气性能和机械性能良好，耐热性、化学稳定性和耐电晕性也很好。白云母的电气性能比金云母好；金云母柔软，耐热性能比白云母好。

云母带具有良好的机械、电气和耐热性能，在150℃～800℃的温度范围内使用，适用于电机、电器绝缘及耐温等级800℃的防火电缆绝缘。

云母板具有较高的机械强度与耐热性能，可在550℃～800℃范围内长期使用。硬质云母板、塑型云母板可塑性好，用于塑制绝缘管/环等电机和电器的绝缘制品。柔软云母板主要用于工作温度为155℃的大中型电机槽绝缘、匝间绝缘及其他电机、电器绝缘。

云母管具有较高的机械强度，长度为 300～500 mm，内径为 6～300 mm，用于各种电动机、电器设备中。

7.2.4　绝缘浸渍纤维制品

绝缘浸渍纤维制品主要有绝缘漆布、漆管和绑扎带。

绝缘漆布用于电机电器的衬垫绝缘和线圈绝缘。常用的有醇酸玻璃漆布，电气性能和力学性能良好，耐潮、耐油性较好，但弹性差。

绝缘漆管用作电动机、电器等设备引出线和连接线的绝缘套管，长度为 250～1 000 mm。常用的有醇酸玻璃漆管，具有良好的电气性能和机械性能，耐热、耐油性也较好，但弹性差。

绑扎带机械性能高，绝缘性能好，本身无磁滞和涡流损耗，用于电动机转子端部线圈、直流电机电枢和变压器铁心的绑扎。

7.2.5　绝缘油

绝缘油主要包括矿物绝缘油、合成绝缘油、植物绝缘油几种。

矿物绝缘油是从石油原油中提炼出的一种中性液体，呈金黄色，具有很好的化学稳定性和电气稳定性，使用最为广泛，用于电力变压器、断路器、高压电缆、油浸纸电容器等设备中。

合成绝缘油是通过人工合成的液体绝缘材料，由于矿物绝缘油是多种碳氢化合物的混合物，难以除净降低绝缘性能的成分，并且制取工艺复杂，易燃烧，耐热性低，介电常数不高，因而研究、开发了多种性能优良的合成油，常用的有十二烷基苯、聚乙丁烯和硅油，在电缆、电容器和变压器中应用较多。

植物绝缘油主要是蓖麻油，它无毒，难燃，介电常数高，耐电弧，击穿时无碳粒，用作交、直流脉冲电容器浸渍剂。

7.2.6　绝缘漆

绝缘漆具有对电气设备的电气、力学和环境保护的作用。绝缘漆分为以下几种。

（1）浸渍漆。用于浸渍电机、电器的线圈。浸渍漆具有以下特点：黏度低，流动性好，固体含量高，便于渗透和填充被浸渍物；固化快，干燥性能好，黏结力强，有热弹性，固化后能经受电动机转动时的离心力；优异的电气性能和化学稳定性，耐潮、耐热、耐油；不腐蚀导体和其他材料。

（2）漆包线漆。用于电磁线芯的绝缘。导线在绕制线圈、嵌线等过程中，将经过受热、化学和多种机械力的作用，因此要求漆包线漆有良好的涂覆性，漆膜附着力强，表面光滑、柔软，有韧性，有一定的耐磨性和弹性，电气性能好，耐热，对导体无腐蚀等特性。

（3）覆盖漆。用于涂覆经过浸渍处理的线圈和绝缘零部件，在其表面形成厚度均匀的绝缘保护层，以防止设备绝缘受机械损伤及大气、化学药品的侵蚀，提高表面绝缘强度。

（4）硅钢片漆。用于涂覆硅钢片，作为铁心叠片间的绝缘，降低铁心的涡流损耗，增强耐腐蚀能力。硅钢片漆涂覆后需要经过高温短时烘干。其特点是涂层薄，附着力强，坚硬、光滑，厚度均匀，耐油、耐潮，电气性能良好。大型高压电动机采用硅钢片漆，不仅电气性能好，还具有良好的耐热性、力学性能和压装性能。

（5）防电晕漆。由绝缘清漆和非金属导体（炭黑、石墨、碳化硅）粉末混合而成，主要用于高压线圈，如大型高压电动机中电压较高的线圈端部。

7.2.7　常用绝缘材料基本性能及选用

1．绝缘材料基本性能

① 绝缘强度：作用在绝缘物质上的电压超过某临界值时，致使绝缘物质局部破坏，丧失绝缘性能，反映绝缘材料在外电压达到某一极限值时保持绝缘性能的能力。

② 绝缘电阻：绝缘材料电阻很高，但绝缘材料所处的温度和表面状态不同，绝缘电阻也会有很大差异。例如，受到温度和湿度的影响，引起电介质的介电常数增加、绝缘电阻下降、损耗增大和承受电场作用的能力降低。表面污物也会使绝缘电阻下降。

③ 介质损耗：在交变电场作用下，电介质将部分电能转变成热能，这部分能量叫做电介质的损耗，简称介质损耗。介质损耗是绝缘材料的重要品质指标之一，电容器的介质不容许有大量的能量损耗，否则会降低电路的工作质量，严重时会引起介质过热而损坏绝缘。

④ 耐热性：指绝缘材料及制品承受高温而不致损坏的能力。耐热性有 7 个不同的温度级别。

⑤ 机械强度：主要包括材料的抗拉、抗压、抗弯、抗剪及耐磨性等各项强度要求。

另外，各种不同的绝缘材料还要具有不同的性能指标，如渗透率、耐油性、伸长率、耐熔剂性、耐电弧性等。

需要强调的是，电气设备能否在其额定状态下长期、安全、稳定地运行，与其采用绝缘材料的绝缘性能有着直接的关系，绝缘材料的绝缘性能又极易受到各种外界因素的影响，这些因素包括绝缘材料的湿度、纯净度、温度、老化程度等。因此，在使用电气设备以前必须用合适的兆欧表对电气设备的绝缘性能进行测试，符合有关技术要求以后才能安全使用。

2．绝缘材料选用

① 介质材料用作电容器的介质，要求介电常数大，损耗小。

② 装置和结构材料用作开关、接线柱、线圈骨架、印制电路板等，要求有高的机械强度。高频应用的材料还要求介质损耗小和介电常数小，以减小损耗和分布电容。

③ 浸渍、灌封材料的电气性能好，黏度小，化学稳定性高，吸水性小，阻燃、无毒等。

④ 涂敷材料要求有良好的附着性。

技能训练2　导线绝缘层的恢复

一、实训目的

熟练掌握导线绝缘层的恢复方法。

二、实训器材

（1）电工刀、钢丝钳、尖嘴钳等常用电工工具。

（2）BV2.5 mm²、BV16 mm²（7/1.7）导线，宽度为 20 mm 的黄蜡带和黑胶带。

三、实训内容

导线绝缘层破损或导线连接后，一定要恢复导线的绝缘，通常采用黄蜡带作为底层绝缘，黑胶布作为外层绝缘。

1. 直线连接接头的绝缘恢复

（1）将黄蜡带从完好的绝缘层两倍带宽起包缠，如图 7-8（a）所示。

（2）将黄蜡带与导线保持约 55° 倾斜角，后一圈要压前一圈 1/2 左右，如图 7-8（b）所示。

（3）包缠到另一端完好的绝缘层两倍带宽后，黑胶布接在黄蜡带的尾端，如图 7-8（c）所示。按另一斜叠方向包缠一层黑胶布，方法与黄蜡带相同，如图 7-8（d）所示。

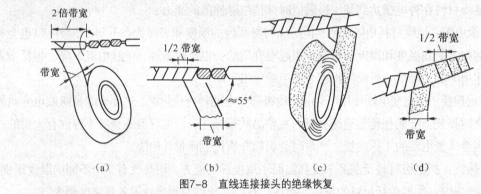

（a）　　　　　（b）　　　　　（c）　　　　　（d）

图7-8　直线连接接头的绝缘恢复

2. T 字形连接接头的绝缘恢复

（1）首先将黄蜡带从接头左端开始包缠，每圈叠压带宽的 1/2 左右，如图 7-9（a）所示。

（2）缠绕至支线时，用左手拇指顶住左侧直角处的带面，使它紧贴于转角处芯线，而且要使处于接头顶部的带面尽量向右侧斜压，如图 7-9（b）所示。

（3）围绕到右侧转角处时，用手指顶住右侧直角处带面，将带面在干线顶部向左侧斜压，使其与被压在下边的带面呈 X 状交叉，然后把带面再回绕到左侧转角处，如图 7-9（c）所示。

（4）将黄蜡带从接头交叉处开始在支线上向下包缠，使黄蜡带向右倾斜，如图 7-9（d）所示。

（5）在支线上绕至绝缘层上约两个带宽时，黄蜡带折回向上包缠，并使黄蜡带向左侧倾斜，绕至接头交叉处，使黄蜡带围绕过干线顶部，然后开始在干线右侧芯线上进行包缠，如图 7-9（e）所示。

（6）包缠至干线右端绝缘层后，用黑胶带按上述方法包缠一层即可，如图 7-9（f）所示。

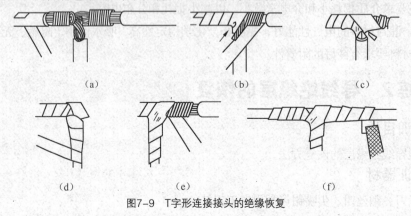

（a）　　　　　　　（b）　　　　　　　（c）

（d）　　　　　　　（e）　　　　　　　（f）

图7-9　T 字形连接接头的绝缘恢复

3. 注意事项

（1）以工作电压为 380 V 的导线恢复绝缘时，必须先包缠 1～2 层黄蜡带，再包缠一层黑胶带。以工作电压为 220 V 的导线恢复绝缘时，包缠一层黄蜡带，再包缠一层黑胶带，也可包缠两层黑胶带。

（2）包缠绝缘带时，要均匀、紧密，不能露出芯线。

（3）绝缘带应放在阴凉处，不能沾染油污、灰尘等其他污物。

（4）以上恢复导线绝缘层的方法只适用于室温、干燥的环境中。在室外及潮湿环境中，应使用防水自黏绝缘带恢复导线的绝缘；在高温环境下，应使用陶瓷套管、玻璃纤维等耐高温的绝缘材料恢复导线的绝缘。

四、实训报告

（1）简述单股和多芯导线直线连接的绝缘层恢复操作方法。

（2）简述单股和多芯导线 T 字形连接的绝缘层恢复操作方法。

五、评分标准

成绩评分标准如表 7-6 所示。

表 7-6　　　　　　　　　　　　成绩评分标准

序号	主 要 内 容	评 分 标 准	配分	扣分	得分
1	单股导线接头绝缘恢复	包缠方法错误扣 10 分	40		
2	多芯导线接头绝缘恢复	有水渗入绝缘层扣 10 分 有水渗到导线上扣 20 分	40		
3	安全文明生产	违反安全文明操作规程扣 5～20 分	20		
备注		合计	100		
		教师签字		年　月　日	

 ## 常用安装材料

电气设备安装及线路敷设要用到许多安装材料，常用的安装材料有塑料安装材料和金属安装材料。

7.3.1　塑料安装材料

1. 塑料安装底座与槽板

塑料安装底座用来安装照明设备。常用的塑料底座有圆台和方台两种。

塑料槽板具有良好的电气性能和机械强度，呈乳白色，外观光洁，应用广泛。它由盖板和底板组成，通过底板与盖板的卡口进行配合。为了满足布线时的转弯、分支等需要，还有角弯、三通、槽线盒等，安装、维修极为方便。

2. 塑料线卡

塑料线卡用于室内、外的明敷布线，如图 7-10 所示。

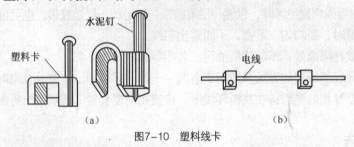

图7-10 塑料线卡

3. 塑料套管和塑料膨胀螺栓

塑料套管用于照明线路的明敷、暗敷穿线，常见的有硬圆管、波纹管等。塑料膨胀螺栓用来固定线路或设备。

7.3.2 金属安装材料

金属安装材料众多，有金属线片、膨胀螺栓、金属线材、管材、型材等。

1. 金属线片和膨胀螺栓

金属线片主要是指铝卡线片，用来固定塑料护套线，其结构简单，安装方便。常见的型号有 0 号、1 号、2 号、3 号、4 号、5 号。

膨胀螺栓主要用于安装固定受力较大的线路和电器设备。它由金属胀管、锥形螺栓、垫圈、弹簧垫和螺母组成。

2. 金属线材

常用的金属线材有钢丝、钢丝绳和钢绞线。

钢丝是用热轧线材（盘条）为原料，经过冷态拉拔加工而成，用于捆绑、牵引等。

钢丝绳是用多根或多股细钢丝拧成的挠性绳索，具有强度高、工作平稳、不易骤然整根折断等特性，工作可靠，用于跨度大的照明线路配线、高压线杆（塔）等定位。

钢绞线用作吊架、悬挂、通信电缆、架空电力线及固定物件、拴系等。

3. 金属管材

金属管材分为无缝钢管和焊接钢管两大类。在钢管上镀锌的称为镀锌管。

金属管材在高压送电线路和城市路灯照明中应用。钢管构件具有风压小、刚度大、结构简洁、受力合理等特点。

挠性金属电线保护管用作电线保护管，常见的有镀锌金属软管和不锈钢金属软管。

电线套管管壁较薄，大多进行涂层或镀锌后使用，常用的公称直径为 13～76 mm，用作工业与民用建筑、安装机器设备等电气安装工程中的保护电线，有时兼作接地装置。

4. 金属型材

金属型材主要有型材工字钢、槽钢、角钢等，在电力铁塔及变电站应用较多。其材料一般使用 Q235 和 Q345 两种，各种塔架用型材通过螺栓连接，个别部件采用钢板焊接组合件，外表面采用热镀锌防腐。

常用磁性材料

磁性材料是基础工业、前沿科学和现实生活中必不可少的功能材料，广泛应用于电机、变压器、电信和仪器仪表中，还用作记录语言、音乐、图像信息的磁带，计算机的存储设备、各类磁性卡等。

7.4.1　电工用纯铁

电工用纯铁的含铁量在 99.5%以上，含碳量为 0.04%左右，低硫、低磷。电工用纯铁按用途分为原料纯铁、电子管纯铁和电磁纯铁 3 种。

① 原料纯铁：含超低碳，且硅、锰、硫、磷含量很低，用于制作各类精密合金、电工用合金材料、软磁、非晶态合金、永磁合金等。

② 电子管纯铁：主要特征是钢质内部纯净度高，组织致密、均匀，具有优良的电磁性能加工性能，用于电子管中的导磁零件。

③ 电磁纯铁：磁化特性优良，具有很高的饱和磁感应强度、高磁导率和低矫顽磁力等特点。其缺点是电阻率低，涡流损耗大，不适用于交流场合。它主要用于电磁继电器铁心、磁粉离合器、电子锁、磁屏蔽等设备中。

7.4.2　铝镍钴合金

铝镍钴合金是一种永磁材料，通过铸造或粉末冶金的方法制造。铸造铝镍钴合金的加工性能差，多采用粉末冶金制作体积小、尺寸精准的永磁体。

铝镍钴合金的特点是磁体结构稳定，剩磁较大，矫顽磁力和磁能积在永磁材料中处于中等水平，具有良好的磁稳定性和热稳定性，用于磁电式仪表、扬声器、传声器、永磁电动机等电气设备中。

7.4.3　硅钢片

硅钢片是在铁中加入 0.5%～4.5%的硅，经过轧制成厚度为 0.05～1 mm 的片状材料。加入硅可提高铁的电阻率和最大磁导率，降低矫顽力和铁心损耗。

1. 热轧硅钢片

热轧硅钢片是磁性无取向硅钢片，分为低硅片和高硅片两种。低硅片含硅 1%～2%，饱和磁感应强度高，具有一定的机械强度，厚度一般为 0.5 mm，用于制造电机转子。高硅片含硅 3%～5%，磁性好，但较脆，厚度多为 0.35 mm，用于制造变压器铁心。

2. 冷轧硅钢片

冷轧硅钢片分为无取向硅钢片和单取向硅钢片。

　　冷轧无取向硅钢片含硅 0.5%～3.0%，经过冷轧到成品厚度，冷轧时与热处理相互配合，破坏晶粒取向；磁导率与轧制方向无关，具有更高的饱和磁感应强度，厚度多为 0.35 mm 和 0.5 mm，主要用于制造电机铁心。

　　冷轧单取向硅钢片含硅 2.5%～3.5%，磁导率与轧制方向有关，沿轧制方向导磁率最高，与轧制方向垂直时导磁率最低；铁心损耗要比无取向硅钢片低得多，与热轧硅钢片相比，冷轧单取向硅钢片具有更优越的磁性能和表面质量、塑性，主要用作变压器的铁心。

　　硅钢片比电工纯铁的电阻率增加了几倍，磁导率比电工纯铁高，损耗降低，显著改善了磁老化现象。其缺点是饱和磁感应强度降低，材料的硬度和脆性增大，导热系数降低，因此含硅量限制在 4.5%左右。

7.4.4　非晶合金和微晶合金

　　非晶态金属合金是 20 世纪 70 年代问世的一种新兴材料。采用冷却速度大约 10^6℃/s 的超急冷凝固技术，从钢液到薄带成品一次成型。由于进行了超急冷凝固，合金凝固时的原子来不及有序地排列结晶，晶态合金没有晶粒、晶界的存在，故称为非晶态合金。

　　微晶合金是晶粒直径为 10～20 nm 的微晶，因此称为超微晶材料。它具有高的初始磁导率和高饱和磁感应强度（1.2T）。

7.5　电机常用轴承及润滑脂

7.5.1　电机常用轴承

　　轴承是一个支撑轴的零件，有滚动轴承和滑动轴承两类，一般说的轴承指的是滚动轴承。滚动轴承摩擦阻力小，发热量小，效率高，启动灵敏、维护方便，并且已标准化，便于选用与更换，因此使用十分广泛。

图7-11　滚动轴承结构
1—外圈；2—内圈；
3—滚动体；4—保持架

　　滚动轴承一般由内圈、外圈、滚动体和保持架组成，如图 7-11 所示。

　　电机用轴承基本都是单列轴承，常用的有深沟球轴承、圆柱滚子轴承和推力调心轴承，如图 7-12 所示。

　　深沟球轴承结构简单，使用方便，主要用来承受径向载荷，轴承摩擦系数小，极限转速高，但不耐冲击，不适宜承受重载荷；轻窄系列向心球轴承负载能力小，主要用于微电机中；中窄系列向心球轴承负载能力较大，用于中小型电机中。

　　圆柱滚子轴承的滚动体与滚道呈线接触，径向载荷能力大，适用于承受重载荷与冲击载荷，可承受一定程度的单向轴向载荷，主要用在电机的轴伸端，但极限转速低、功率大的两极电机不宜采用。

推力调心滚子轴承的球面与滚子倾斜排列，由于座圈滚道呈球面，具有调心性能，轴向负荷能力非常大，同时还可承受一定的径向负荷，主要用于水力发电机和立式电动机中。

(a) 深沟球轴承   (b) 圆柱滚子轴承   (c) 推力调心滚子轴承

图7-12 常用电机轴承

7.5.2 常用润滑脂

润滑脂俗称黄油，主要由矿物油（或合成润滑油）和稠化剂调制而成，用于机械的摩擦部分，起润滑和密封作用；也用于金属表面，起填充空隙和防锈作用。常用的润滑脂有钙基润滑脂、钠基润滑脂、钙钠基润滑脂、复合钙基润滑脂、锂基润滑脂、二氧化钼润滑脂等。

① 钙基润滑脂：使用温度不能超过 60℃，超过这一温度，润滑脂会变软，甚至结构破坏，不能保证润滑。具有良好的抗水性，适于潮湿环境或与水接触的部位润滑；具有较短的纤维结构，良好的剪断安定性、触变安定性、润滑性能和防护性能；一般用于中转速、轻负荷、电动机滚动轴承的润滑。

② 钠基润滑脂：具有较长的纤维结构和良好的拉丝性，用在振动较大、温度较高的滚动轴承上，尤其适用于低速、高负荷轴承上。钠基脂耐水性差，不能用于与潮湿空气或与水接触的润滑部位。用于中型电动机、发电机轴承的润滑，适用于-10℃～110℃温度范围内。

③ 钙钠基润滑脂：具有钙基和钠基润滑脂的特点，既有钙基脂的抗水性，又有钠基脂的耐温性，使用温度范围为 90℃～100℃，具有良好的机械安全性。用于不太潮湿条件下各种类型的电动机、发电机轴承润滑。

④ 锂基润滑脂：具有多种优良性能，能长期在 120℃左右的环境下使用；具有良好的机械稳定性、化学稳定性、低温性和优良的抗水性等特点；适用于中小型电动机轴承的润滑。

⑤ 复合钙基润滑脂：具有较好的耐温性、机械稳定性和化学稳定性，具有较好的极压性，使用温度可在150℃左右。用于较高温度场合中和高速电机轴承的润滑。

⑥ 二氧化钼润滑脂：抗水性好，适用度范围为-40℃～200℃，用于高温工作条件及严重潮湿场合的电机轴承润滑。

本章小结

导线连接和绝缘恢复是本章的重点内容，要熟练掌握这些基本技能，对常用的导电材料、绝缘材料、安装材料、磁性材料、电机轴承及润滑脂等知识也要了解。

（1）铜、铝在电工中的应用有哪些优点及用途？

（2）常用的电线电缆分类及用途有哪些？

（3）电热材料、电阻合金和熔体材料有何特性？举出在生活中应用的例子。

（4）导线选用基本原则是什么？

（5）常用绝缘材料有哪些？举出在生活中应用的例子。

（6）绝缘材料的基本性能是什么？

（7）常用的安装材料有哪些？举出在生活中应用的例子。

（8）常用的磁性材料有哪些？它们有何特性和用途？

（9）举例说明电机用轴承的类型及应用场合。

（10）简述常用润滑脂的特性和应用场合。

第8章

常用电工测量仪器仪表及测量技术

8.1 电工仪表的基本知识

8.1.1 电工仪表的分类

电工仪表的种类繁多，根据其在进行测量时得到被测量数值的方式不同可分为指示仪表、比较仪表和数字仪表 3 类。

1. 指示仪表

指示仪表是先将被测量数值转换为可动部分的角位移，从而使指针发生偏转，通过指针偏转角度大小来确定待测量数值的大小，如各种指针式电流表、电压表等。指示仪表目前应用仍然十分广泛。

① 指示仪表按测量对象可分为电流表（包括微安表、毫安表、安培表等）、电压表（包括伏特表和毫伏表等）、功率表、电能表、功率因数表、频率表、相位表、欧姆表、绝缘电阻表（兆欧表或摇表）、万用表等。

② 指示仪表按工作电流性质可分为直流表、交流表及交、直流两用表。

③ 指示仪表按使用方式可分为安装式（配电盘式）和便携式。

④ 指示仪表按工作原理可分为磁电系、电磁系、电动系、感应系、静电系、整流系等。

⑤ 指示仪表按使用环境条件可分为 A、A1、B、B1、C5 个组。其中 C 组环境条件最差，各组的具体使用条件在国标 GB776—1976 中都有详细说明。例如，A 组的使用条件是环境温度应为 0℃～

40℃，在25℃时的相对湿度为95%。

⑥ 指示仪表按防御外界电磁场的能力可分为Ⅰ、Ⅱ、Ⅲ、Ⅳ4个等级。Ⅰ级仪表在外磁场或外电场的影响下，允许其指示值改变±0.5%，Ⅱ级仪表允许改变±1.0%，Ⅲ级仪表允许改变±2.5%，Ⅳ级仪表允许改变±5.0%。

⑦ 指示仪表按准确度等级可分为0.1、0.2、0.5、1.0、1.5、2.5、5.0共7级。数字越小，仪表的准确度等级越高。

2. 比较式仪表

比较式仪表是指在进行测量时，通过被测量与同类标准量进行比较，然后根据比较结果确定被测量的大小。它包括直流比较式仪表和交流比较式仪表两类。例如，直流电桥、电位差计都是直流比较式仪表，而交流电桥属于交流比较式仪表。比较式仪表的测量准确度比较高，但操作过程复杂，测量速度较慢。

3. 数字式仪表

数字式仪表是指在显示器上能用数字直接显示被测量值的仪表。它采用大规模集成电路，把模拟信号转换为数字信号，并通过液晶屏显示测量结果。它具有速度快、准确度高、读数方便、容易实现自动测量等优点，是未来测量仪表的主要发展方向。

8.1.2 电工仪表常用面板符号

为了便于正确选择和使用电工仪表，通常将仪表的类型、测量对象的种类及单位、准确度等级等以文字或图形符号的形式标注在仪表的面板上，作为仪表的表面标志。根据国家标准规定，每个仪表都必须有表示该仪表的型号、被测量的单位、准确度等级、正常工作位置、防御外磁场的等级、绝缘强度等标记。常用的仪表表面标志和电工测量符号如表8-1和表8-2所示。

表8-1　　　　　　　　常用的电工仪表表面标志

分　类	符　号	名　称	被测量的种类
电流种类	—	直流电表	直流电流、电压
	∼	交流电表	交流电流、电压、功率
	≂	交、直流两用表	直流电量或交流电量
	≋ 或3∼	三相交流电表	三相交流电流、电压、功率
测量对象	Ⓐ mA μA	安培表、毫安表、微安表	电流
	Ⓥ kV	伏特表、千伏表	电压
	Ⓦ kW	瓦特表、千瓦表	功率
	kW·h	千瓦时表	电能量
	φ	相位表	相位差
	f	频率表	频率
	Ω MΩ	欧姆表、兆欧表	电阻、绝缘电阻

表 8-2　　　　　　　　　　　常用的电工测量符号

分　类	符　号	名　称	被测量的种类
工作原理	⌒	磁电式仪表	电流、电压、电阻
	⚡	电磁式仪表	电流、电压
	▭	电动式仪表	电流、电压、电功率、功率因数、电能量
	⌒▷	整流式仪表	电流、电压
	⊙	感应式仪表	电功率、电能量
准确度等级	1.0	1.0 级电表	以标尺量限的百分数表示
	(1.5)	1.5 级电表	以指示值的百分数表示
绝缘等级	⚡2kV	绝缘强度试验电压	表示仪表绝缘经过 2 kV 的耐压试验
工作位置	▯	仪表水平放置	
	⊥	仪表垂直放置	
	∠60°	仪表倾斜 60° 放置	
端钮	+	正端钮	
	−	负端钮	
	± 或 ✳	公共端钮	
	⊥ 或 ⏚	接地端钮	

8.1.3　电工仪表的误差及准确度

1. 仪表误差的分类

在任何测量中，由于各种原因，仪表的读数和真值之间总是存在着一定的差值，这个差值就称为误差。根据引起误差的原因，可将误差分为基本误差和附加误差两种。仪表在正常工作条件下进行测量时，由于内部结构和制作不完善所引起的误差称为基本误差。仪表偏离正常工作条件而产生的除上述基本误差外的误差称为附加误差。

仪表的正常工作条件是指指针调零、位置正确、无外来电磁场、环境温度适合及频率、波形满足要求等。

2. 误差的几种表示方法

（1）绝对误差。测量值 A 与被测量的真值 A_0 之间的差值称为测量的绝对误差，用 ΔA 表示，即

$$\Delta A = A - A_0$$

（2）相对误差。绝对误差 ΔA 与被测量的真值 A_0 之比称为相对误差，通常以百分数 γ 表示，即

$$\gamma = \frac{\Delta A}{A_0} \times 100\%$$

因为 A_0 难以测得，事先又不知道，就用 A 代替 A_0，则

$$\gamma = \frac{\Delta A}{A} \times 100\%$$

（3）引用误差。引用误差用仪表的绝对误差 ΔA 与测量仪表量程 A_m 之比的百分数表示，即

$$\gamma_m = \frac{\Delta A}{A_m} \times 100\%$$

例 8-1　假设用电压表测量 220 V 的电压，甲表测得结果为 221 V，乙表测得结果为 217 V；用丙表测量 50 V 的电压，结果为 50.5 V。试求上述测量值的绝对误差和相对误差。

解：

甲表：绝对误差 $\Delta A_1 = (221 - 220)V = 1V$，相对误差 $\gamma_1 = 1/220 \times 100\% = 0.45\%$

乙表：绝对误差 $\Delta A_2 = (217 - 220)V = -3V$，相对误差 $\gamma_2 = -3/220 \times 100\% = -1.36\%$

丙表：绝对误差 $\Delta A_3 = (50.5 - 50)V = 0.5V$，相对误差 $\gamma_3 = 0.5/50 \times 100\% = 1\%$

以上结果可以看出，测量同一量时绝对误差可以较好地反映不同测量仪表的精度，但是测量不同量时使用绝对误差比较困难，相对误差可以较方便地表示在不同量之间的区别。

3. 仪表的准确度

仪表的准确度说明仪表的读数与被测量的真值相符合的程度，误差越小，准确度越高。一般按最大引用误差来表示仪表的准确度等级，其定义是：

仪表的最大绝对误差 ΔA_m 与仪表最大读数 A_m 比值的百分数，叫做仪表的准确度（$\pm K\%$），准确度用百分数表示，即

$$\pm K\% = \frac{\Delta A_m}{A_m} \times 100\%$$

最大引用误差越小，仪表的基本误差也越小，准确度就越高。计算仪表误差便于在众多仪表中选择误差最小的仪表进行测量。

根据国家标准规定，我国生产的电工仪表的准确度共分 7 级，各等级的仪表在正常工作条件下使用时，其基本误差不得超过表 8-3 中的规定。

表 8-3　　　　　　　　　　　　　仪表的准确度等级及基本误差

准确度等级	0.1	0.2	0.5	1.0	1.5	2.5	5.0
基本误差（%）	±0.1	±0.2	±0.5	±1.0	±1.5	±2.5	±5.0

例 8-2　为了测量三相交流电路中 220 V 的电压，现有几个电磁式电压表，如表 8-4 所示，在同样条件下，确定哪个表相对误差更小。

表 8-4　　　　　　　　　　　　电磁式电压表量程及准确度等级

电　压　表	量程/V	准确度等级
1	250	1.0
2	150	2.5
3	300	1.5
4	600	0.5

解：要准确测出相电压，必须选出恰当的电压表，表中电压表 2 的量程只有 150 V，不能用于

测量 220 V 相电压，其余表的最大相对误差计算结果如下：

表 1：
$$\gamma_1 = (\pm 1.0\%) \times \frac{250}{220} = \pm 1.14\%$$

表 3：
$$\gamma_3 = (\pm 1.5\%) \times \frac{300}{220} = \pm 2.05\%$$

表 4：
$$\gamma_4 = (\pm 0.5\%) \times \frac{600}{220} = \pm 1.36\%$$

由以上结果可以看出，电压表 1 的准确度等级并不最高，但由于量程适当，所以其相对误差最小；电压表 4 虽然准确度等级最高，但在该测量中量程最大，误差反而较大。因此，要保证所测量电压的误差最小，仅仅选用准确度高的电压表是不够的，还必须选择具有恰当量程的电压表，一般能使电压表工作在 2/3 量程以上。

8.1.4　常用电工仪表的选择

电工测量中要提高测量精度，就必须明确测量的具体要求，并且根据这些要求合理选择测量方法、测量线路及测量仪表。

1. 仪表类型的选择

根据被测量是直流或交流，可分别选用直流或交流类型的仪表。测量直流电量采用磁电式仪表；测量交流电量一般采用电磁式或电动式仪表，以便测量正弦交流电量的有效值。此外，电磁式和电动式电流、电压表还可做到测交流、直流电量两用。

2. 仪表准确度的选择

从提高测量精度的观点出发，测量仪表的准确度越高越好，但高准确度仪表的造价高，并且对外界使用条件要求高，所以仪表准确度的选择还是要从测量的实际出发，既要满足测量的要求，又要本着合理的原则。

通常将 0.1 级、0.2 级及以上仪表作为标准仪表进行精密测量，0.5 级和 1.0 级作为实验室进行检修与试验用的测量仪表，1.5 级及以下仪表作为一般工程的测量及安装式仪表使用。另外，与仪表配合试验的附加装置，如分流器、附加电阻器、电流互感器、电压互感器等，其准确度等级应比仪表本身的准确度等级高 2～3 挡，才能保证测量结果的准确度。

3. 仪表量程的选择

选择仪表量程时，首先应根据被测量的值的大小，使所选量程大于被测量的值。在不能确定被测量的值的大小时，应先选用较大的量程测试，再换成适当的量程。其次，为了提高测量精度，应力求避免使用标尺的前 1/4 段量程，尽量使被测量范围在标尺全长的 2/3 以上。

在选择电工仪表时，为了提高读数的准确性，还应选择有良好的读数装置和阻尼程度的仪表。为了保证测量时的安全，还必须选择有足够绝缘强度及过载能力的仪表。

思考与练习

（1）电工仪表按照准确度可以分为哪几种？这里的准确度是指什么？

（2）测量同一电压时，用 1.0 级的电压表一定比用 1.5 级的电压表准确吗？准确度还与什么因素有关？

电工测量的基本知识

8.2.1　电工测量的主要对象

电工测量就是借助于测量设备，把未知的电量或磁量与作为测量单位的同类标准电量或标准磁量进行比较，从而确定这个未知电量或磁量（包括数值和单位）的过程。

电工测量的对象主要是反映电和磁特征的物理量，如电流（I）、电压（V）、电功率（P）、电能（W）、磁感应强度（B）等；反映电路特征的物理量，如电阻（R）、电容（C）、电感（L）等；反映电和磁变化规律的非电量，如频率（f）、相位（φ）、功率因数（$\cos\varphi$）等。

8.2.2　电工测量的特点

电工测量是以电工测量仪器和设备为手段，以电量或非电量（可转化为电量）为对象的一种测量技术。电工测量的特点如下。

① 测量仪器的准确度、灵敏度更高，测量范围更宽。

电工测量的量值范围很宽。例如，一只普通万用表的测量范围为几伏至几百伏，约2个数量级，而毫伏表的测量范围可从毫伏至几百伏，达5个数量级；数字电压表可达7个数量级。

② 应用了电子技术，电工测量技术向着快速测量、小型化、数字化、多功能、高准确度、高灵敏度、高可靠性等方面发展。

电工测量的精度与测量方法、测试技术及所选用的仪器等因素有关。单就电工仪器的精度而言，目前已经可达到相当高的水平，测量精度有了飞跃的提高。

③ 实现了遥测遥控、连续测量、自动检测及非电量的电测等。

8.2.3　电工测量方法

在电工测量中，由于不同的场合、不同的仪器仪表、不同的测量精度要求等因素的影响，因而出现了多种测量方法。测量方法是获得测量结果的手段或途径，测量方法可分为以下3类。

1. 直接测量法

从测量仪器上直接得到被测量值的测量方法叫做直接测量法。此方法简单方便，测量目的与测量对象一致。例如，用欧姆表测量电阻、电压表测量电压、用电流表测量电流等都属于直接测量。

由于仪表接入电路后，会使电路工作状态发生变化，所以测量的精度受到一定影响。

2. 间接测量法

间接测量时，根据被测量和其他量的函数关系，先测得其他量的值，然后按函数式把被测量计算出来的方法叫做间接测量法。例如，测量导体的电阻系数时，可以通过直接测出该导体的电阻 R、长度 l 和截面 S 之值，然后按电阻与长度、截面的关系式 $R = r\dfrac{l}{S}$，求出电阻率 ρ。

间接测量法由于涉及的测量值较多，加上计算的误差等，测量精度低于直接法。

3. 比较测量法

将被测量与同种类标准量进行比较后才能得出被测量的数值，这样的测量方法称为比较测量法。常用的比较测量法分为以下 3 种。

（1）零值法。在测量过程中，通过改变标准量使它和被测量相等，当两者差值为零时，确定出被测量数值的测量方法叫做零值法。例如，电桥测量电阻采用的就是零值法。用电桥测量电阻时，调节已知电阻值使电桥平衡，得到 $R_{\mathrm{x}} = \dfrac{R_0 R_1}{R_2}$。

（2）差值法。在测量过程中，通过测出被测量与已知量的差值，从而确定被测量数值的测量方法叫做差值法。例如，用不平衡电桥测量电阻。

（3）替代法。在测量过程中，将被测量与已知的标准量分别接入同一测量装置，若维持仪表读数不变，这时被测量即等于已知标准量。这种测量方法叫做替代法。

比较测量法的测量准确度高，但也存在测量设备复杂、操作麻烦的特点，一般只用于对精度要求较高的测量。

采用什么样的测量方法，要根据测量条件、被测量的特性、对准确度的要求等进行选择，目的是得到合乎要求的科学、可靠的实验结果。

8.2.4　测量误差及消除

在实际测量中，总会受到各种因素的影响，使得测量结果不可能是被测量的真值，只能是其近似值。由于被测量的真值通常是难以获得的，所以在测量技术中常常把标准仪表的读数当做真值，而把测得的实际值称为测量结果，被测量的测量结果与真值之间的差值叫做测量误差。

1. 测量误差的分类

不论用什么测量方法，也不论怎样进行测量，测量的结果与被测量的实际数值总存在差别，测量结果与被测量真值之差称为测量误差。

根据误差的性质，测量误差分为 3 类：系统误差、偶然误差和疏失误差。

（1）系统误差。在相同的测量条件下，多次测量同一个量时，测量结果向一个方向偏离，其数值恒定或按一定规律变化，这种误差称为系统误差。它的来源有以下 4 种。

① 仪器误差：这是由于仪器本身的缺陷而造成的误差。

② 附加误差：没有按规定条件使用仪器而造成的误差。

③ 理论（方法）误差：由于测量方法、测量所依据的理论公式的近似，或实验条件不能达到理

论公式所规定的要求等而引起的误差。

④ 个人误差：由于测试人员的自身生理或心理特点造成的误差。

（2）偶然误差。由于人的感官灵敏度和仪器精密度有限，周围环境的干扰以及随测量而来的其他不可预测的偶然因素造成的误差。

（3）疏失误差。疏失误差由测量中的疏失所引起，是一种明显地歪曲测量结果的误差。

2. 测量误差的消除方法

（1）系统误差的消除。对测量仪器仪表进行修正。

采用合理的测量方法和配置适当的测量仪表，改善仪表安装质量和配线方式。

采用特殊的测量方法。

① 正负消去法。正负消去法就是对同一量反复测量两次，如果其中一次误差为正，另一次误差为负，求取它们的平均值，就可以消除这种系统误差。例如，为了消除一定的外磁场对电流表读数的影响，可以将电流表放置的位置调转 180° 后再测量一次，两种测量结果产生的误差符号正好相反。

② 替代法。将被测量用已知量代替，替代时使仪表的工作状态不变。这样，仪表本身的不完善和外界因素的影响对测量结果不发生作用，从而消除了系统误差。

（2）偶然误差的消除。通常采用增加重复测量次数的方法来消除偶然误差对测量结果的影响。测量次数越多，其算术平均值就越接近于实际值。

（3）疏失误差的消除。疏失误差严重歪曲了测量结果，因此包含有疏失误差的测量结果应该抛弃。

思考与练习

（1）测量误差与仪表误差有什么差别？

（2）简述产生系统误差、偶然误差、疏失误差的原因及其消除方法。

（3）常用的电工测量方法有哪些？各有什么优缺点？

8.3 电流表

8.3.1 电流表的结构及工作原理

电流表分为检测微小电流的检流计和测量较大电流的毫安表、安培表等。由于测量的电流大小不同，它们在结果组成上也有各自的特点。

磁电式测量机构的指针偏转角 α 与流过线圈的电流 I 成正比，所以它本身就是一个电流表，如图 8-1 所示。

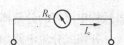

图8-1　磁电式电流表原理线路图

直接用磁电式仪表测量电流的最简单电路如图 8-2 所示。R_c 是仪表的内阻，它包括线圈和游丝（引线）的电阻；I_c 是满刻度电流，即量程，也称灵敏度，量程越小，其灵敏度越高，这就是通常所说的表头。

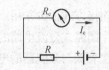

图8-2　用电流表测量电流的简单电路

表头只能用作微安表或毫安表，因为线圈的导线很细，电流又要流过游丝，过大的电流会因为发热而烧坏线圈的绝缘或使游丝过热而变质、失去弹性。所以，要测量毫安以上电流时，需要采用分流电阻扩大量程。分流电阻的作用是将被测电流分流，使大部分电流从并联电阻中分走，而测量机构中只流过其允许的电流 I_c。

根据并入电阻的不同，磁电系电流表又可以分为单量程电流表和多量程电流表。

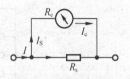

图8-3　单量程电流表电路图

1. 单量程电流表

图 8-3 所示为单量程电流表，在表头上并联一个分流电阻 R_s，测量时，被测电流大部分都通过分流电阻，只有小部分通过表头。

它们的关系为

$$I_c R_c = \frac{R_s R_c}{R_s + R_c} I \ \ \text{或} \ \ I_c = \frac{R_s}{R_s + R_c} I$$

由上式可得

$$\frac{I}{I_c} = \frac{R_s R_c}{R_s}$$

由于 R_c 和 R_s 为常数，所以 I_c 和 I 成正比。因此，只要将仪表标尺刻度放大 I/I_c 倍，即可用测量机构的偏转角来直接反映被测电流 I 的大小。

当电流扩大为 $I = nI_c$ 时（其中 n 表示量程的扩大倍数）：

$$n = \frac{I}{I_c} = 1 + \frac{R_c}{R_s}$$

分流器的电阻值为

$$R_s = \frac{R_c}{n-1}$$

可见欲将表头量程扩大到 n 倍，分流电阻应为表头内阻的 $1/(n-1)$。量程 I 越大，分流电阻 R_s 要越小。

考虑到分流电阻的散热 z 和安装尺寸，当被测电流小于 30 A 时，分流电阻可以安装在电流表内部，称为内附分流器；当被测电流超过 30 A 时，分流电阻一般安装在电流表的外部，称为外附分流器。

外附分流器有两对接线端钮，外侧粗的一对叫做电流端钮，使用时串联于被测的大电流电路中；内侧细的一对叫做电位端钮，使用时与表头并联。采用这种连接方式可使分流电阻中不包括电流端钮的接触电阻，因而减小了测量误差，如图 8-4 所示。

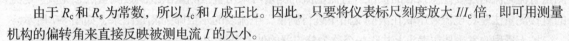

图8-4　分流器接线法

2. 多量程电流表

便携式电流表一般为多量程仪表。磁电系测量机构采用不同的分流器，构成了多量程电流表。

多量程电流表的分流器有开路式连接和闭路式连接两种接法。

开路式分流电路如图 8-5 所示。它的优点是各量程之间相互独立、互不影响；缺点是其转换开关的接触电阻包含在分流电阻中，可能引起较大的测量误差，特别是在分流电阻较小的挡误差更大。另外，当触头接触不良导致分流电路断开时，被测电流将全部流过表头而使其烧毁，因此并联分流的连接方式很少采用。

闭路式分流电路的电路图如图 8-6 所示。这种方式的优点是转换开关的接触电阻处在被测电路，不在表头与分流器的电路，对分流准确度没有影响。这种方式的缺点是各个量程之间相互影响，计算分流电阻较复杂。因为分流电阻越小，电流表量程越大，量程 $I_1 > I_2 > I_3$。

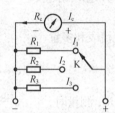
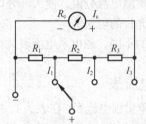

图8-5　开路式分流电路　　　　图8-6　闭路式分流电路

8.3.2　电流的测量

1．直流电流的测量

测量直流电流通常采用磁电式电流表。电流表必须与被测电路串联，否则将会烧毁电表。此外，测量直流电流时还要注意仪表的极性。直流电流的测量可采用直接测量法或间接测量法来完成。电流的直接测量法是将电流表串联在被测支路中进行测量，电流表的示数即为测量结果，如图 8-7 所示。

扩大量程的方法是在表头上并联一个称为分流器的低值电阻 R_s，如图 8-8 所示，分流器的阻值为 $R_s = R_c/(n-1)$。式中 R_c 为表头内阻，$n = I/I_c$ 为分流系数，其中 I_c 为表头的量程，I 为扩大后的量程。

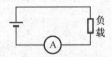
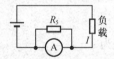

图8-7　直接测量直流　　　　图8-8　电流表量程的扩大

电流的直接测量法是断开电路后再将电流表接入，这样容易损坏电流表。通常采用间接测量法进行测量，即当被测支路内有一定电阻可以利用时，可以测量电阻两端的直流电压，然后根据欧姆定律计算出被测电流。

2．交流电流的测量

测量交流电流主要采用电磁式电流表，进行精密测量时使用电动式仪表，电流表必须与被测电路串联。通常交流电流的测量采用间接测量法，即先用电压表测出电压后，再利用欧姆定律换算成电流。若被测电流很大时，可配以电流互感器来扩大量程，用互感器扩大交流电流表量程的接线图参见图 5-19。

思考与练习

（1）磁电式仪表一般用来测量什么？磁电式电流表由什么组成？

（2）外附分流器为什么有两对端钮？应该如何连接？为什么？

（3）某磁电式仪表的表头额定电流为 50 μA，内阻为 1 kΩ，将它并联一个电阻为 0.1001 Ω的分流器后，所制成的毫安表的量程是多少？

8.4　电压表

8.4.1　电压表的结构、工作原理

磁电式测量机构不仅可以构成电流表，还可以构成电压表。将测量机构的两端施加一个允许电压，将有电流流过表头，当被测电压为 U，表头电阻为 R_c 时，通过表头的电流与电压的关系为 $U = IR_c$。

磁电式测量机构的偏转角 α 可以反映流过它的电流的大小，既然流过测量机构的电流与被测电压成正比，偏转角 α 就可以反映被测电压的大小。标尺可以按电压标注刻度，这就成了一只简单的电压表。

但是，磁电式测量机构允许通过的电流是很小的，所以它只能直接测量很低的电压，所能直接测量电压的上限为 $U_c = I_c R_c$，大约为几十毫伏。

可见，这不能满足测量较高电压的要求。为了扩大量程，一般采用附加电阻和磁电式测量机构相串联。

1. 单量程电压表

磁电式电压表是根据电路分压原理来扩大量程的，方法是将测量机构与附加电阻串联。如图 8-9 所示。这个串联电阻叫做分压电阻，串联分压电阻后流过测量机构的电流为

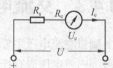

图8-9　单量程电压表电路图

$$I_c = \frac{U}{R_c + R_s}$$

根据被测电压选择合适的附加电阻，可以使通过测量机构的电流限制在允许的范围内，但同时 I_c 仍与被测电压成正比，仪表可以用偏转角 α 来反映被测电压的大小。

根据 $U = I_c(R_c + R_s)$ 和 $U_c = I_c R_c$ 有

$$\frac{U}{U_c} = \frac{R_c + R_s}{R_c}$$

$\dfrac{U}{U_c}$ 是电压量程扩大倍数，用 m 表示，则

$$m = \frac{R_c + R_s}{R_c}$$

故
$$R_s = (m-1)R_c$$

上式说明，当电压量程扩大 m 倍时，需要串入的附加电阻是表头内阻的（$m-1$）倍。

2. 多量程电压表

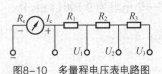

图8-10　多量程电压表电路图

磁电式多量程电压表由磁电式测量机构与多个分压电阻串联构成，如图 8-10 所示。

多量程电压表的内阻是表头内阻和附加的分压电阻之和，各个量程的附加电阻不同，内阻也就不同，量程越大，其内阻也就越大。

8.4.2　直流电压的测量

测量直流电压通常采用磁电式电压表，测量交流电压主要采用电磁式电压表。电压表必须与被测电路并联，否则将会烧毁电表，如图 8-11 所示。

电压表扩大量程的方法是在表头上串联一个称为倍压器的高值电阻 R_s，如图 8-12 所示，倍压器的阻值为 $R_s=(m-1)R_c$。式中 R_c 为表头内阻；$m = U/U_c$，为倍压系数，其中 U_c 为表头的量程，U 为扩大后的量程。

图8-11　直接测量电压

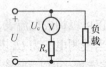

图8-12　电压表量程的扩大

电压的测量通常采用直接测量，电压的直接测量就是将电压表直接并联在被测支路的两端，电压表的示数即是被测支路两点间的电压值。此外，实际电压表的内阻不可能为无穷大，因此直接测量必定影响被测电路，造成一定的测量误差。需要注意，测量直流电压时不要将电压表的极性颠倒了。

8.4.3　交流电压的测量

测量交流电压主要采用电磁式电压表，电压表必须与被测电路并联，否则将会烧毁电表。在测量范围内将电压表直接并入被测电路即可。测量 600 V 以上的电压时，一般要配以电压互感器降压后再测量，用电压互感器来扩大交流电压表的量程接线图参见图 5-18。

思考与练习

（1）磁电式电压表由什么组成？

（2）某磁电式仪表的表头额定电流为 50 μA，内阻为 1 kΩ，若要用它测量 50 V 以下的电压，应如何扩大量程？求其分压电阻的值并画出电路图。

万用表

万用表是一种多功能、多量程的便携式电工仪表，可以测量直流电流、直流电压、交流电压和电阻等，是电工测量的必备仪表之一。

8.5.1　MF500 型万用表的介绍

MF500 型万用表是一种高灵敏度、多量程的便携式整流式仪表，能分别测量交、直流电压，直流电流，电阻及音频电平等，并具有较高的电压灵敏度。另外，它还具有外壳坚固、表盘较大、读数清晰等特点，故在生产实践中得到了广泛的应用。

MF500 型万用表主要由表头（测量机构）、测量线路和转换开关组成。其外型结构如图 8-13 所示。

表头通常采用灵敏度、准确度高的磁电式直流微安表，其满刻度电流为几微安到几百微安。

测量电路中，用一只表头能测量多种电量，并且有多种量程，其关键是通过测量线路变换，把被测电量变成磁电式表头所能接受的微小直流电流。测量交流电压线路还有整流元件。

转换开关用来选择不同被测量和不同量程时的切换元件。

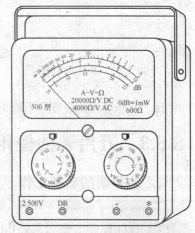

图8-13　MF500型万用表外形图

8.5.2　磁电式万用表的结构和工作原理

1．内部结构

磁电式万用表的内部结构如图 8-14 所示。

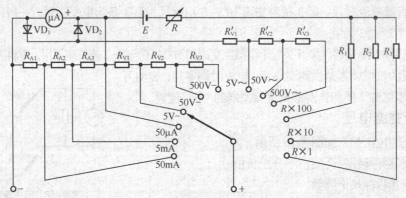

图8-14　磁电式万用表内部结构图

2．测量原理

① 直流电流的测量。将转换开关置于直流电流挡，被测电流从 "+"、"−" 两端接入，构成直流电流测量电路。图 8-14 中 R_{A1}、R_{A2}、R_{A3} 是分流器电阻，与表头构成闭合电路。通过改变转换开关的挡位来改变分流器电阻，从而达到改变电流量程的目的。

② 直流电压的测量。将转换开关置于直流电压挡，被测电压接在 "+"、"−" 两端，构成直流电压的测量电路。图中 R_{V1}、R_{V2}、R_{V3} 是倍压器电阻，与表头构成闭合电路。通过改变转换开关的挡位来改变倍压器电阻，从而达到改变电压量程的目的。

图8-15　500型万用表标尺

③ 交流电压的测量。将转换开关置于交流电压挡，被测交流电压接在"+"、"−"两端，构成交流电压测量电路。测量交流时必须加装整流器，二极管 VD_1 和 VD_2 组成半波整流电路，表盘刻度反映的是交流电压的有效值。R'_{V1}、R'_{V2}、R'_{V3} 是倍压器电阻，电压量程的改变与测量直流电压时相同。

④ 电阻的测量。将转换开关置于电阻挡，被测电阻接在"+"、"−"两端，便构成电阻测量电路。由于电阻自身不带电源，因此接入电池 E。电阻的刻度与电流、电压的刻度方向相反，且标度尺的分度是不均匀的，如图 8-15 所示。

8.5.3　万用表的使用

1. 使用前的准备工作

① 接线柱（或插孔）选择。测量前检查表笔插接位置，红表笔一般插在标有"+"的插孔内，黑表笔插在标有"*"的公共插孔内。

② 测量种类选择。根据所测对象是交直流电压、直流电流、电阻的种类，将转换开关旋至相应位置上。

③ 量程的选择。根据测量大致范围，将量程转换开关旋至适当量程上，若被测电量数值大小不明，应将转换开关旋至最大量程上，先测试，若读数太小，可逐步减小量程，绝对不允许带电转换量程，切不可使用电流挡或欧姆挡测量电压，否则会损坏万用表。

④ 正确读数。万用表的表盘上有4条标度尺。上面第1条为欧姆（电阻）挡读数尺，第2条为交直流电压、直流电流标尺，第3条为交流 10 V 专用标尺，第4条为电平标尺。一般读数应在表针偏转满刻度的 1/2～2/3 为宜。

⑤ 万用表用完后，应将转换开关置于空挡或交流挡 500 V 位置上。若长期不用，应将表内电池取出。

⑥ 万用表的机械调零是供测量电压、电流时调零用。旋动万用表的机械调零螺钉，使指针对准刻度盘左端的"0"位置。

2. 测量交流电压

① 使用交流电压挡，如图 8-16 所示。

② 将两表笔并接线路两端，不分正负极。

③ 在相应量程标尺上读数。

④ 当交流电压小于 10 V 时，应从专用表度尺读数。

⑤ 当被测电压大于 500 V 时，红表笔应插在 2 500 V 的交、直流插孔内，并且必须戴绝缘手套。

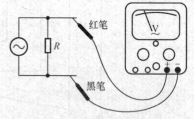

图8-16　万用表测交流电压

3. 测量直流电压

① 使用直流电压挡，如图 8-17 所示。

② 红表笔接被测电压的正极，黑表笔接被测电压的负极，两表笔并接在被测线路两端，如果不知道极性，将转换开关置于直流电压的最大处，然后将一根表笔接被测一端，另一表笔迅速碰一下另一端，观察指针偏转。若正

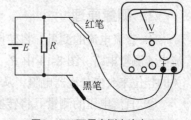

图8-17　万用表测直流电压

偏，则接法正确；若反偏，则应调换表笔接法。

③ 根据指针稳定时的位置及所选量程正确读数。

4. 测量直流电流

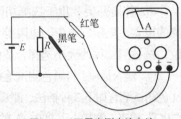

① 用万用表测量直流时，用直流电流挡，量程选择 mA 或 μA 挡，两表笔串接于测量电路中，如图 8-18 所示。

② 红表笔接电源正极，黑表笔接电源负极。如果极性不知，则将转换开关置于 mA 挡的最大处，然后将一根表笔固定一端，另一表笔迅速碰一下另一端，观察指针偏转方向。若正偏，则接法正确；若反偏，则应调换表笔接法。

图8-18　万用表测直流电流

③ 万用表量程为 mA 或 μA 挡，不能测大电流。

④ 根据指针稳定时的位置及所选量程正确读数。

5. 测量电阻

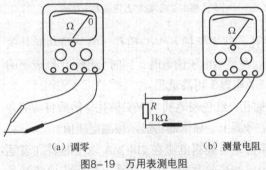

（a）调零　　　　（b）测量电阻

图8-19　万用表测电阻

① 用万用表的电阻挡测量电阻，如图 8-19 所示。

② 测量前应将电路电源断开，如果有大电容，必须充分放电，切不可带电测量。

③ 测量电阻前，先进行电阻调零，即将红、黑两表笔短接，调节 "Ω" 旋钮，使指针对零；若指针调不到零，则表内电池不足，需更换。每更换一次量程都要重复调零一次。

④ 测量低电阻时尽量减少接触电阻，测量大电阻时，不要用手接触两表笔，以免人体电阻并入影响精度。

⑤ 从表头指针显示的读数乘以所选量程的倍率数即为所测电阻的阻值。

8.5.4　数字式万用表的使用

数字万用表采用了集成电路模/数转换器和数显技术，将被测量的数值直接以数字形式显示出来。数字万用表显示清晰、直观，读数正确，与模拟万用表相比，其各项性能指标均有大幅度提高。图 8-20 所示为数字万用表的外形图。

这里以 DT890 型数字万用表为例，其面板结构如图 8-21 所示。

1. 面板说明

① 液晶显示器：数字式万用表的显示位置用 $3\frac{1}{2}$ 位、$4\frac{1}{2}$ 位等表示，其中的 "$\frac{1}{2}$ 位" 指的是显示数的首位只能显示 "0"

图8-20　数字万用表外形图

或 "1" 两个数码，而其余各位都能够显示 0～9 这 10 个完整的十进制数码。最大指示为 1 999 或 -1 999。当被测量超过最大指示值时，显示 "1" 或 "-1"。

② 电源开关：使用时将开关置于"ON"位置，使用完毕置于"OFF"位置。

③ 转换开关：用于选择功能和量程。根据被测的电量（电压、电流、电阻等）选择相应的功能位，按被测量程的大小选择合适的量程。

④ 输入插座：将黑色测试笔插入"COM"插座。红色测试笔有如下 3 种插法，测量电压和电阻时插入"V/Ω"插座，测量小于 200 mA 的电流时插入"mA"插座，测量大于 200 mA 的电流时插入"20 A"插座。

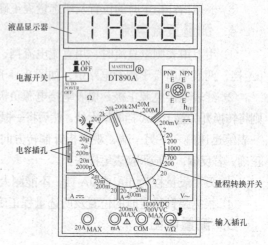

图8-21　数字万用表面板结构

2．数字式万用表的使用说明

将 POWER 按钮按下后，首先检查 9 V 电池的容量，如果电池不足，则显示屏左上方会出现"←"符号，需要更换电池后再使用。

（1）测量直流电压。首先将黑表笔插入 COM 插孔，红表笔插入 V/Ω插孔，然后将功能开关置于 DCV 量程范围，并将表笔并接在被测电压两端。在显示电压读数时，同时会指示出红表笔的极性，如果显示器只显示"1"，表示过量程，功能开关应置于更高量程。

（2）测量交流电压。首先将黑色表笔插入 COM 插孔，红色表笔插入 V/Ω插孔，然后将功能开关置于 ACV 量程范围，并将表笔并接在被测负载或信号源上，显示器将显示被测电压值。

（3）测量直流电流。首先将黑表笔插入 COM 插孔，当被测电流在 200 mA 以下时将红表笔插入 mA 插孔；如果被测电流为 200 mA～20 A，则将红表笔移至 20 A 插孔。然后将功能开关置于 DCA 量程范围，并将表笔串接在被测电路中，在显示电流读数时，同时会指示出红表笔的极性。

（4）测量交流电流。首先将黑表笔插入 COM 插孔，当被测电流在 200 mA 以下时将红表笔插入 mA 插孔；如果被测电流为 200 mA～20 A，则将红表笔移至 20 A 插孔。然后将功能开关置于 ACA 量程范围，并将表笔串接在被测电路中，显示器将显示被测交流电流值。

（5）测量电阻。首先将黑表笔插入 COM 插孔，红表笔插入 V/Ω 插孔（红表笔连接电池的"+"极，黑表笔连接电池的"−"极）。然后将功能开关置于所需量程范围，将测试笔跨接被测电阻上，显示器将显示被测电阻值。

（6）测量二极管。与模拟表不同，数字万用表的红表笔接内部电池的正极，黑表笔接内部电池的负极。测量二极管时，将功能开关置于 ▶◀ 挡，红表笔插入 V/Ω 插孔，这时的显示值为二极管的正向压降，单位为 V；若二极管反偏，则显示为"1"。

（7）测量三极管。测量三体管的 h_{FE} 时，根据被测管类型是 PNP 型还是 NPN 型，将被测管的 E、B、C 3 个脚分别插入面板对应的三极管插孔内。要注意的是，测量的 h_{FE} 只是一个近似值。

（8）检查线路通断。将万用表的转换开关拨至蜂鸣器位置，红表笔插入 V/Ω 插孔。若被测线路电阻低于 20 Ω，蜂鸣器发声，说明电路导通，反之则不通。

测量完毕，应立即关闭电源；若长期不用，则应取出电池，以免漏电。

思考与练习

（1）万用表一般由哪几部分组成？各部分的作用是什么？

（2）将数字式万用表的电源开关拨到"ON"位置，液晶显示器无显示，应如何处理？

技能训练1　交、直流电流、电压的测量

见第1章的实验与技能训练1。

技能训练2　元器件识别与检测

一、实训目的

（1）熟悉并掌握使用万用表测量二极管和三极管的方法。

（2）了解使用万用表判断电感、电容等器件好坏的方法。

二、实训器材

MF500型万用表、各种型号的二极管、三极管，各种参数的电感器、电容器。

三、实训内容

1. 使用万用表测量电阻

见第1章的实验与技能训练2。

2. 使用万用表测试二极管

普通二极管外壳上均印有型号和标记。标记方法有箭头、色点和色环3种，箭头所指方向或靠近色环的一端为二极管的负极，有色点的一端为正极。若型号和标记脱落时，可用万用表的欧姆挡进行判别。主要原理是根据二极管的单向导电性，其反向电阻远远大于正向电阻，如图8-22所示。

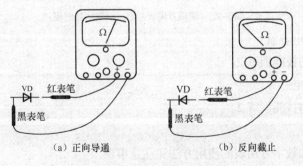

(a) 正向导通　　　　　　　　　(b) 反向截止

图8-22　使用万用表测量二极管

（1）极性的判断。将万用表选在"R×100"或"R×1k"挡，两表笔分别接二极管的两个电极。若测出的电阻值较小（硅管为几百至几千欧姆，锗管为100Ω～1kΩ），说明是正向导通，此时黑表

笔接的是二极管的正极，红表笔接的则是负极；若测出的电阻值较大（几十千欧至几百千欧），为反向截止，此时红表笔接的是二极管的正极，黑表笔为负极。

（2）二极管好坏的判断。可通过测量正、反向电阻来判断二极管的好坏。一般小功率的硅二极管的反向电阻为几百千欧至几千千欧，锗管为 100 Ω～1 kΩ。

（3）硅、锗管的判断。若不知道被测的二极管是硅管还是锗管，可根据硅、锗管的导通压降不同的原理来判别。将二极管接在电路中，当其导通时，用万用表测其正向压降，硅管为 0.6～0.7 V，锗管为 0.1～0.3 V。

3. 使用万用表测试三极管

一般可用万用表的"R×100"和"R×1 k"挡来进行判别。

（1）b 极和管型的判断。黑表笔任接三极管的一极，红表笔分别依次接另外两极。若两次测量中表针均偏转很大（说明三极管的 PN 结已通，电阻较小），则黑表笔接的电极为 b 极，同时该三极管为 NPN 型；反之，将表笔对调（红表笔任接一极），重复以上操作，则也可确定三极管的 b 极，其管型为 PNP 型。

（2）判断集电极。对于 NPN 型管，集电极接正电压时的电流放大倍数 β 才比较大，如果电压极性加反了，则 β 很小。基极确定以后，用红、黑两表笔依次放在假定的集电极上，会有如图 8-23（a）、（b）两种显示，指针摆动较大的一次黑表笔所接的就是集电极，如图 8-23（a）所示。

（3）三极管好坏的判断。若在以上操作中无一电极满足上述现象，则说明三极管已坏。也可用万用表的 h_{FE} 挡判断三极管的好坏，当管型确定后，将三极管插入"NPN"或"PNP"插孔，将万用表置于"h_{FE}"挡判断，若 h_{FE}（β）值不正常（如为零或为大于 300），则说明三极管已坏。

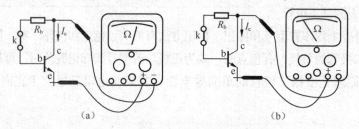

图8-23　使用万用表判断三极管的集电极

4. 使用万用表测电容器

见第 1 章的实验与技能训练 2。

5. 使用万用表测电感

见第 1 章的实验与技能训练 2。

四、预习要求

了解普通万用表和数字万用表的使用方法和注意事项。

五、实训报告

（1）完成各项实验数据的测量与计算。

（2）本次实验的收获与体会。

六、评分标准

成绩评分标准见第 1 章的实验与技能训练 2。

8.6　兆欧表

兆欧表又称摇表，是测量高电阻的仪表，一般用来测量电机、电缆、变压器和其他电气设备的绝缘电阻。设备投入运行前，绝缘电阻应该符合要求。如果绝缘电阻降低（由于受潮、受热、受污、机械损失等因素所致），不仅会造成较大的电能损耗，严重时还会造成设备损伤或人身伤亡事故。图 8-24 所示为兆欧表的外形图。

常用的兆欧表有 ZC-7、ZC-11、ZC-25 等型号，兆欧表的额定电压有 250 V、500 V、100 V、2 500 V 等几种，测量范围有 50 MΩ、1 000 MΩ、2 000 MΩ等几种。

图8-24　兆欧表外形图

8.6.1　兆欧表的工作原理

兆欧表主要由磁电式流比计与手摇直流发电机组成。测量时，实际上是给被测物加上直流电压，测量其通过的泄漏电流，在表盘上读到的是经过换算的绝缘电阻值。

兆欧表的测量原理如图 8-25 所示，可动部分有两个绕向相反且互成一定角度的线圈，它们彼此相交成一定的角度并固定在同一轴上。线圈 1 用于产生转动力力矩，线圈 2 用于产生反作用力力矩，线圈 1 和线圈 2 的内阻分别为 r_1 和 r_2。

在接入被测电阻 R_x 后，构成了两条相互并联的支路，当摇动手摇发电机时，两个支路分别通过电流 I_1 和 I_2，形成了两个回路，一个回路从电源正端经过被测电阻 R_x、限流电阻

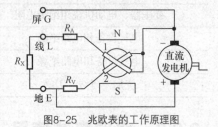

图8-25　兆欧表的工作原理图

R_A 和可动线圈 1 回到电源负端，另一个回路从电源正端经过限流电阻 R_V 和可动线圈 2 回到电源负端。由此可以看出：

$$\frac{I_1}{I_2} = \frac{R_V + r_2}{R_x + R_A + r_1}$$

由于空气隙中的磁感应强度不均匀，因此两个线圈产生的转矩 T_1 和 T_2 不仅与流过线圈的电流 I_1、I_2 有关，还与可动部分的偏转角 α 有关。当 $T_1 = T_2$，可动部分处于平衡状态，其偏转角 α 是两个线圈电流 I_1、I_2 比值的函数（故称为流比计），即

$$\alpha = f\left(\frac{I_1}{I_2}\right) = f\left(\frac{R_V + r_2}{R_x + R_A + r_1}\right) = f(R_x)$$

由于 r_1、r_2、R_A 和 R_V 均为常数，所以可动部分的偏转角 α 只与被测电阻 R_x 有关，也就是说，偏转角 α 能直接反映绝缘电阻的大小，而与电源电压没有直接关系。

当被测电阻 R_x 等于零时，I_1 最大，指针向右偏转到最右端欧姆"0"的位置；当被测电阻 R_x 等于无限大，I_1 等于零，可动部分在 I_2 的作用下，指针偏转到标尺的最左端欧姆"∞"的位置。由此可见，兆欧表的标尺是反向刻度的。

兆欧表的接线端钮有 3 个，分别标有"G（屏）"、"L（线）"和"E（地）"。被测的电阻接在 L 和 E 之间，G 端的作用是为了消除表壳表面 L、E 两端间的漏电和被测绝缘物表面漏电的影响。在进行一般的测量时，把被测绝缘物接在 L、E 之间即可。但测量表面不干净或潮湿的对象时，为了准确地测出绝缘材料内部的绝缘电阻，必须使用 G 端。

8.6.2　兆欧表的选择

选择兆欧表，主要是选择它的额定电压和测量范围。当被测量设备的额定电压在 500 V 以下时，选用 500 V 或 1 000 V 的兆欧表；而对于额定电压在 500 V 以上的被测设备，应选用 1 000 V 或 2 500 V 的兆欧表。

选择兆欧表的测量范围要适应被测绝缘电阻的数值，否则会发生较大的测量误差。表 8-5 所示为兆欧表选用参考表。

表 8-5　　　　　　　　　　　　　兆欧表的选用范围

测 量 对 象	被测设备额定电压	兆欧表额定电压
线圈的绝缘电阻	500 V 以上	500 V
线圈的绝缘电阻	500 V 以下	1 000 V
电动机绕组绝缘电阻	380 V 以下	1 000 V
变压器、电动机绕组绝缘电阻	500 V 以上	1 000～2 500 V
电气设备和电路绝缘	500 V 以下	500～1 000 V
电气设备和电路绝缘	500 V 以上	2 500～5 000 V
瓷瓶、母线、刀闸		2 500 V 以上

8.6.3　兆欧表的使用

1．测量前的准备

① 测量前应正确选择兆欧表的电压及测量范围。电压等级要与被测设备相适应，测量范围不宜过多超出被测绝缘电阻的数值。

② 测量前必须将被测设备电源切断，并对地短路放电，绝不允许设备带电进行测量，以保证人身和设备的安全。用兆欧表测量过的电气设备，也要及时接地放电，方可进行再次测量。

③ 被测物表面要清洁，减少接触电阻，确保测量结果的正确性。

④ 测量前要检查兆欧表是否处于正常工作状态，主要检查其"0"和"∞"两点，即摇动手柄，使电动机达到额定转速，开路时指针应指向"∞"位置。慢慢摇动手柄，兆欧表在短路时指针应指向"0"位置。如果符合上述情况，说明兆欧表是好的，否则不能使用。

⑤ 兆欧表使用时应放在平稳、牢固的地方，且远离大的外电流导体和外磁场。

2. 兆欧表的使用方法和注意事项

① 正确接线。兆欧表接线应用绝缘良好的多股软线。一般被测绝缘电阻都接在"L"、"E"端之间，但当被测绝缘体表面漏电严重时，必须将被测物的屏蔽环或不需要测量的部分与"G"端相连接。一定要注意"L"和"E"端不能接反，正确的接法是："L"线端钮接被测设备导体，"E"地端钮接地的设备外壳，"G"屏蔽端接被测设备的绝缘部分。

② 测量时，转速要均匀，保持 120 r/min 的稳定转速。通常要摇动 1 min 等指针稳定下来后再读数。如果测量电容器、电缆、大容量变压器和电机绝缘时，要先持续摇动一段时间，等指针稳定后再读数，不然读数不准。同时要注意达到一定转速后再将线端接上，测完后先拆去接线，再停止摇动，以免损坏仪表。

③ 兆欧表没有停止转动或被测设备尚未进行放电之前不允许用手接触导体。

④ 测量完毕，应对被测设备进行充分放电，拆线时也不可直接接触连线的裸露部分，以免发生触电事故。

⑤ 不能在雷电时或附近有高压导体的设备上测量绝缘电阻，只有在设备不带电又不会受其他电源干预的情况下才可测量。

思考与练习

（1）怎样检查兆欧表的好坏？

（2）使用兆欧表进行测量时有几种接线方法？它是根据什么采用不同的接线方法的？

（3）使用兆欧表测量绝缘电阻时应注意哪些问题？

技术训练 3　兆欧表对电动机绝缘的检测

一、实训目的

（1）熟悉兆欧表的使用方法。

（2）学会用兆欧表检查电气设备的绝缘电阻。

二、实训器材

（1）500 V、0～500 MΩ兆欧表 1 块。

（2）三相笼型异步电动机 1 台。

（3）常用电工工具，包括试电笔、钢丝钳、剥线钳、螺丝刀、尖嘴钳、斜口钳等。

三、实训内容

（1）选用合适量程的兆欧表。额定电压低于 500 V 的电动机用 500 V 的兆欧表测量，额定电压在 500～3 000 V 的电动机用 1 000 V 的兆欧表测量，额定电压大于 3 000 V 的电动机用 2 500 V 的兆欧表测量。

（2）测量前要先检查兆欧表是否完好。在兆欧表未接上被测物之前，摇动手柄，使发电机达到额定转速（120 r/min），观察指针是否指在标尺的"∞"位置。将接线柱的"线"（L）和"地"（E）短接，缓慢地摇动手柄，观察指针是否指在标尺的"0"位。如果指针不能指到该位置，表明兆欧表有故障，应检修后再用。

（3）对电动机进行停电、放电、验电处理。对于正在运行的电动机应先停电（大型电动机还必须用放电棒对电动机进行对地放电），用验电笔确认无电后，再进行测量。

（4）打开电动机的盒盖，测量三相异步电动机的绝缘电阻。当测量三相异步电动机各相绕组之间的绝缘电阻时，将兆欧表的"L"和"E"分别接两绕组的接线端；当测量各相绕组对地的绝缘电阻时，将"L"接到绕组上，"E"接机壳。接好线后开始摇动兆欧表的手柄，摇动手柄的转速必须保持基本恒定（约120 r/min），摇动1 min后，待指针稳定下来再读数，将测得的数据填入表8-6中。

表8-6　　　　　　　　　　　　　　　电动机绝缘电阻的测量

绝缘电阻类型	测 试 项 目	测 试 结 果	合 格 值	判 断
相间绝缘电阻	U 相—V 相			
	V 相—W 相			
	W 相—U 相			
绕组对地绝缘电阻	U 相对地绝缘电阻			
	V 相对地绝缘电阻			
	W 相对地绝缘电阻			

（5）盖好接线盒盖，整理测量现场。

四、注意事项

（1）测量三相异步电动机绝缘电阻时，绝对不允许设备带电时用兆欧表测绝缘电阻。测量完毕，应对设备进行放电，否则容易引起触电事故。

（2）兆欧表未停止转动之前，禁止用手触及设备的测量部分或兆欧表的接线柱。拆线时，也不可触及引线的裸露部分。

五、预习要求

（1）兆欧表测量前的准备有哪些？

（2）兆欧表的使用方法和注意事项是什么？

（3）测量三相异步电动机绝缘电阻有什么目的？

六、实训报告

（1）根据测量数据填写表格。

（2）叙述仪表使用中遇到的问题和出现问题的原因。

七、评分标准

成绩评分标准如表8-7所示。

表8-7　　　　　　　　　　　　　　　成绩评分标准

序号	主要内容	考核要求	评分标准	配分	扣分	得分
1	兆欧表选择和检查	能正确选用量程和判断表的好坏	兆欧表选择不正确扣10分 兆欧表检查方法不正确和漏测扣1分	20		
2	连线	能正确连线	接错一处扣15分	25		

续表

序号	主 要 内 容	考 核 要 求	评 分 标 准	配分	扣分	得分
3	操作方法	操作方法正确	每错一处扣 15 分	25		
4	读数	能正确读出仪表示数	不能进行正确读数扣 20 分 读数的方法不正确扣 10～20 分 读数结果不正确扣 10～20 分	20		
5	安全文明生产	能保证人身和设备安全	违反安全文明生产规程扣 5～10 分	10		
备注		合计		100		
		教师签字		年　　月　　日		

功率表

8.7.1　功率表的结构与工作原理

功率表又称瓦特表，用 W 表示。功率表是测量某一时刻发电设备、供电设备所发出、传送、消耗的电能（即功率）的指示仪表。

功率表大多由电动式测量机构构成。电动式功率表具有两组线圈，一组与负载串联，反映出流过负载的电流；另一组与负载并联，反映出负载两端的电压，所以适用于测量功率。

使用功率表测量时将匝数少、导线粗的固定线圈与负载串联，从而使通过固定线圈的电流等于负载电流，因而固定线圈又叫做电流线圈；将匝数多、导线细的可动线圈串联附加电阻后与负载并联，从而使加在该支路两端的电压等于负载两端的电压，所以可动线圈又称为电压线圈。功率表使用时的原理电路如图 8-26（a）所示。电动式功率表的符号如图 8-26（b）所示。

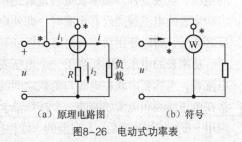

（a）原理电路图　　　（b）符号

图8-26　电动式功率表

通过固定线圈的电流 I_1 就是负载电流，通过可动线圈的电流为 $I_2 = U/R_2$，φ 是 I_1 和 I_2 的相位差，则测量机构的偏转角为

$$\alpha = KI_1I_2\cos\varphi = KI\frac{U}{R_2}\cos\varphi$$

$$\alpha = K_\mathrm{p}IU\cos\varphi = K_\mathrm{p}P$$

式中，K 是一个系数。电动式测量机构测量直流电时，指针的偏转角 α 与两线圈中电流的乘积成正比；电动式测量机构测量交流电时，指针的偏转角 α 不仅与通过两线圈中电流的有效值 I_1、I_2 有关，

还与两电流相位差的余弦 $\cos\varphi$ 有关。

由此可见，电动式功率表的偏转角与被测功率成正比，如果适当选择线圈的形状、尺寸和可动部分的起始位置，使系数 K_p 为常数，则电动式功率表可获得接近完全均匀的标尺刻度。

8.7.2　功率表的量程及扩展

功率表通常做成多量程的，功率量程的扩大是通过电流和电压量程的扩大来实现的，一般有两个电流量程，以及两个或3个电压量程。

电流的两个量程是由电流线圈两个完全相同的绕组采用串联或并联的方法来实现的。如果两个绕组串联时，电流量程为 I_N；两个绕组并联时，电流量程则为 $2I_N$。通过改变两个绕组的连接方式实现绕组的串联或并联，如图 8-27 所示。

改变电压量程的方法和电压表类似，即改变附加电阻的阻值，如图 8-28 所示。

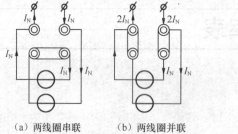

（a）两线圈串联　　（b）两线圈并联

图8-27　用连接片改变功率表的电流量程

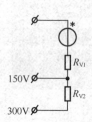

图8-28　功率表电压量程的扩大

8.7.3　功率表的正确接线和读数

1. 功率表的接线规则

功率表通常有两个电流量程和多个电压量程，根据被测负载的电流和电压的最大值来选择不同的电压、电流量程。功率表是否过载是不能仅仅根据表的指针是否超过满偏转来确定的。这是因为当功率表的电流线圈没有电流时，即使电压线圈已经过载而将要烧坏，功率表的读数却仍然为零，反之亦然，所以使用功率表时必须保证其电压线圈和电流线圈都不能过载。

功率表的电压线圈相当于一个电压表，因此应并接在电源两端；功率表的电流线圈相当于一个电流表，当然要串联在电源与负载之间的火线上。为了使接线不致于发生错误，引起仪表反转，通常在电压线圈和电流线圈的一个接线端上标有"＊"的极性符号，称为"发电机端"。将这两个端子应用一根短接线相连后，与电源的火线相接，称为电压线圈前接法，适用于负载阻抗远大于电流线圈阻抗的情况。如果将电压线圈带"＊"端和电流线圈的不带"＊"端接到一起，则称为电压线圈后接法，适用于负载阻抗远小于电流线圈阻抗的情况。这样才能保证两个线圈的电流都从发电机端流入，使功率表指针作正向偏转，如图 8-29 所示。

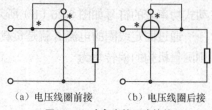

（a）电压线圈前接　　（b）电压线圈后接

图8-29　功率表的正确接线

2. 功率表的读数方法

在多量程功率表中，刻度盘上只有一条标尺，它不标示瓦特数，只标示分格数，因此，被测功率必须按所选量程正确读出。

例如，刻度盘上的标尺格数为 75，而所选取的量程为 $U = 300$ V，$I = 1$ A，所以功率表满量程的读数应为 300 W，因此将读数应乘以 4 才是实际的功率数。

8.7.4　三相有功功率的测量

在实际工程和日常生活中，由于广泛采用的是三相交流供电系统，因此三相功率测量也就成为基本的测量。三相功率的测量仪表大多采用单相功率表，也有的采用三相功率表。其测量方法有如下几种。

1. 一表法

一表法仅适用于测量三相对称负载的有功功率，如图 8-30（a）、（b）所示。此时，用一个单相功率表测得一相功率，由于 3 个单相功率相等，然后乘以 3 即得三相负载的总功率。

当星形连接负载的中性点不能引出，或三角形连接的一相不能断开接线时，则可采用图 8-30（c）所示的人工中点法将功率表接入。其中两个附加电阻 R_N 应与功率表电压支路的总电阻相等，从而使人工中点 N 的电位为零。

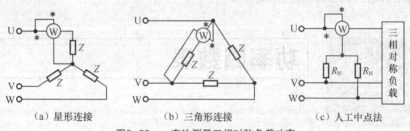

（a）星形连接　　　　　　（b）三角形连接　　　　　　（c）人工中点法

图8-30　一表法测量三相对称负载功率

2. 二表法

二表法适用于三相三线制供电系统的功率测量。此时，不论负载是否对称，也不论负载是星形接法还是三角形接法，二表法都适用，其接线如图 8-31 所示。

图中各功率表的读数并无实际物理意义。如果使用两只单相功率表来测量三相功率，则三相总功率为两个功率表的读数之和。

采用两表法测量三相功率时的接线规则如下。

① 两只功率表的电流线圈分别串联接入任意两根相端线上，使通过线圈的电流为线电流，"*"端接电源侧。

② 两只功率表的电压线圈的"*"端应分别接到各自电流线圈所在的相线上，另一端则共同接到没有接功率表的电流线圈的第三根相线上。

> **注意**　测量时，如果遇到一只功率表的读数为负值，这时应将该功率表电流线圈的两个端钮反接或将极性开关换向，功率表的读数应视为负值，三相电路的总功率就等于两个功率表的读数之差。

3. 三表法

三表法适用于三相四线制供电系统不对称负载的功率测量。因为三相功率等于各相功率之和，故用三只功率表分别测得各相功率，测量结果为各相功率表读数之和。接线方式如图 8-32 所示。

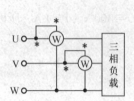
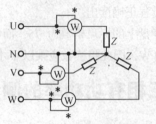

图8-31　两表法测三相三线制负载功率　　　　图8-32　三表法测三相四线不对称负载功率

思考与练习

（1）电动式仪表的工作原理是什么？

（2）用功率表测量功率时，指针出现反偏是什么原因造成的？

（3）画出一表法的接线图，并说明其适用范围。

（4）二表法（瓦特表）的接线规则是什么？

8.8　功率因数表

在交流电路中，功率因数是有功功率 P 和视在功率 S 的比值，即 $\cos\varphi = \dfrac{P}{S}$；功率因数又是电压与电流之间相位差的余弦，即 $\cos\varphi$。功率因数表用来测量电压和电流的相位差或电路的功率因数。

8.8.1　功率因数表的结构

电动式功率因数表是利用电动式比率计的原理制成的，它没有反作用力矩的游丝，其转矩和反作用力矩都是由电磁力产生的。

电动式功率因数表的测量结构如图 8-33 所示，它由两个固定的电流线圈和两个可动的电压线圈组成，其中电流线圈 B 通过的负载电流 I 滞后电源电压 U 的相位角为 φ，电压线圈 A_1 和 A_2 与元件 R_1 和 R_2 组成的电压支路并联跨接在被测电路两端。电压线圈 A_1 中的电流 I_1 滞后电压 U 一定的角度。电流线圈 B 中的电流 I 产生磁场，两个电压线圈中的电流 I_1、I_2 受电磁力的作用产生转动力矩 M_1 和 M_2。因为两个力矩方向相反，当 $M_1 = M_2$ 时，指针的偏转角即指示被测量的大小。

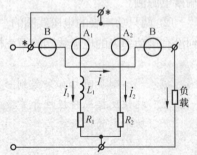

图8-33　单相功率因数表测量原理图

若指针向右偏转，说明负载是电感性的，电流滞后于电压，其相位差和功率因数为正值；若指针向左偏转，说明负载是电容性的，电流超前于电压，其相位差和功率因数为负值。

8.8.2　功率因数的测量

1. 功率因数表的接线

单相功率因数表与功率表类似，也有 4 个接线端子、2 个电流端子和 2 个电压端子（当电流、电压量程不止一个时，则端子更多些，接线时要注意选用）。在电流和电压端子中的一个端子上也分别标有特殊标记，即"发电机端"，它们的接线方式完全与功率表一样，也分为电压线圈前接法和电压线圈后接法两种，如图 8-34 所示。

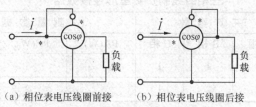

（a）相位表电压线圈前接　　　（b）相位表电压线圈后接

图8-34　单相相位表的接线

2. 使用功率因数表的注意事项

① 选择功率因数表时，应注意电流和电压的量程，务必注意不能低于负载的电流和电压。

② 功率因数表必须在规定的频率范围内使用。

③ 三相功率因数表接线时，相序不能接错。

技能训练 4　功率及功率因数的测量

一、实训目的

（1）学会用功率表测量三相电路功率的方法，掌握功率表的接线和使用方法。

（2）熟悉功率因数表的使用方法，掌握三相交流电路相序的测量方法。

二、实训器材

（1）交流电压表、电流表、功率表和功率因数表。

（2）三相调压输出电源。

（3）含三相电路、30 W 日光灯镇流器、4.7 μF/400 V 电容、4.3 μF/630 V 电容、30 W 日光灯、40 W 白炽灯、30 W 日光灯等。

三、实训内容

（1）采用三相四线制供电，测量负载星形连接（即 Y 接法）的三相功率。

① 用一表法测定三相对称负载三相功率，实验电路如图 8-35 所示，线路中的电流表和电压表用于监视三相电流和电压，不要超过功率表电压和电流的量程。经过指导教师检查后，接通三相电源开关，将调压器的输出由 0 调到 220 V（线电压），按表 8-8 所示的要求进行测量及计算，将数据记入表中。

② 用三表法测量三相不对称负载三相功率，本实验用 3 个功率表分别测量每相功率，实验电路如图 8-36 所示，其步骤与一表法相同，将数据记入表 8-8 中。

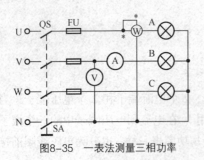

图8-35 一表法测量三相功率

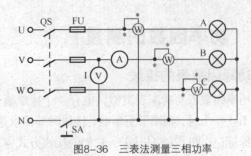

图8-36 三表法测量三相功率

表 8-8 三相四线制负载星形连接数据

负载情况	开灯组数			测量数据			计算值
	A相	B相	C相	PA(W)	PB(W)	PC(W)	P(W)
Y接对称负载	1	1	1				
Y接不对称负载	1	2	1				

（2）采用三相三线制供电，测量三相负载功率。

① 用二表法测量三相负载"Y"连接的三相功率，实验电路如图8-37所示。图中"三相灯组负载"见图8-37（b），经过指导教师检查后，接通三相电源，调节三相调压器的输出，使相电压为220 V，按表8-9所示的内容进行测量计算，并将数据记入表中。

② 将三相灯组负载改成"△"接法，如图8-37（c）所示。重复上面的测量步骤，将数据记入表8-9中。

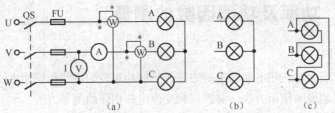

(a)　　　　　(b)　　　　　(c)

图8-37 两表法测量三相功率

表 8-9 三相三线制三相负载功率数据

负载情况	开灯组数			测量数据	计算值	
	A相	B相	C相	P1/W	P2/W	P/W
Y接对称负载	1	1	1			
Y接不对称负载	1	2	1		.	
△接不对称负载	1	2	1			
△接对称负载	1	1	1			

（3）在图 8-38 所示电路中，负载的有功功率 $P = UI\cos\varphi$，其中 $\cos\varphi$ 为功率因数，功率因数角 $\varphi = \arctan(X_L - X_C)/R$。

按图 8-38 接线，阻抗 Z 分别用电阻（220 V/40 W 白炽灯）、感性负载（220 V/40 W 白炽灯和镇

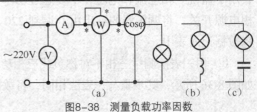

图8-38 测量负载功率因数

流器串联）和容性负载（220 V/40 W 白炽灯和 4.3 μF/630 V 电容串联）代替，如图 8-38（b）、（c）所示，将测量数据记入表 8-10 中。

表 8-10　　　　　　　　　　　测定负载功率因数数据

负 载 情 况	U/V	I/A	P/W	$\cos\varphi$	负载性质
感 性 负 载					
电 阻					
容 性 负 载					

四、注意事项

（1）每次实验完毕，均需将三相调压器旋柄调回零位。

（2）每次改变接线，均需断开三相电源，以确保人身安全。

五、预习要求

复习一表法和二表法测量三相电路有功功率的原理，画出功率表另外两种连接方法的电路图。

六、实训报告

（1）完成数据表格中的各项测量和计算任务，比较一表法和二表法的测量结果。

（2）总结、分析三相电路有功功率和无功功率的测量原理及电路特点。

七、评分标准

成绩评分标准如表 8-11 所示。

表 8-11　　　　　　　　　　　成绩评分标准

序号	主要内容	考 核 要 求	评 分 标 准	配分	扣分	得分
1	单相功率表	能正确选用单相功率表并判断其好坏	功率表的选择不正确扣 10 分 功率表检查方法不正确和漏测扣 10 分	20		
2	连线	能正确连线	接错一处扣 15 分	25		
3	操作方法	操作方法正确	每错一处扣 15 分	25		
4	读数	能正确读出仪表示数	不能进行正确读数扣 20 分 读数方法不正确扣 10~20 分 读数结果不正确扣 10~20 分	20		
5	安全、文明生产	保证人身和设备安全	违反安全、文明生产规程扣 5~10 分	10		
备注			合计	100		
		教师签字		年　月　日		

本章小结

电工仪表的误差分为基本误差和附加误差两种，用绝对误差、相对误差和引用误差表示。一般使用最大引用误差来表示仪表的准确度等级。电工测量的误差分为3类：系统误差、偶然误差和疏失误差。采用合适的方法可消除测量误差。

电流表和电压表的结构是由表头和电阻串并联组成的，其原理是测量机构的偏转角与被测量成正比。测量直流电流、电压通常采用磁电式电流、电压表。测量交流电流、电压主要采用电磁式电流表。可采用万用表测量交、直流电流和电压。

万用表的使用包括使用前的准备和使用中的注意事项。

兆欧表又称摇表，用来测量电气设备的绝缘电阻，由磁电式流比计与手摇直流发电机组成，使用兆欧表应掌握使用方法和注意事项。

功率表又称瓦特表，电动式单相功率表的工作原理是偏转角与被测功率成正比。功率表通常做成多量程的，功率量程的扩大是通过电流和电压量程的扩大来实现的。功率表的接线方法包括电压线圈前接法和电压线圈后接法。三相有功功率的测量有一表法、二表法和三表法。

功率因数表用来测量电压和电流的相位差或电路的功率因数。电动式功率因数表是利用电动式比率计的原理制成，单相功率因数表与功率表的接线方式完全相同。

习题

一、填空题

（1）直读式仪表按工作原理分有_____、_____、_____、_____等。

（2）磁电式仪表主要用于测量_____。

（3）兆欧表是专门用来检测电气设备、供电线路_____的指示仪表。

（4）电气设备和供电线路绝缘材料的好坏对其正常运行和安全供电有着重大影响，绝缘材料性能的重要标志是检测_____的大小。

（5）选用兆欧表，主要是选择兆欧表的电压及其_____。

（6）兆欧表测量范围的选用原则是，不要使测量范围过多地超出被测绝缘电阻的数值，以免读数时产生_____。

（7）测量绝缘电阻前，应对设备和线路_____，以免设备或线路的电容放电危及人身安全和损坏兆欧表。

二、选择题

（1）功率表上读出的读数是（　　　）。

A. 无功功率　　　B. 视在功率　　　C. 复功率　　　　D. 有功功率

（2）准确度为1.0级、量程为250 V的电压表，它的最大基本误差为（　　　）。

A. ±2.5 V　　　B. ±0.25 V　　　C. ±25 V

（3）普通功率表在接线时，电压线圈和电流线圈的关系是（　　　）。

A. 电压线圈必须接在电流线圈的前面

B. 电压线圈必须接在电流线圈的后面

C. 视具体情况而定

（4）用二表法测三相电路功率仅适用于（　　　）。

A. 对称三相负载电路

B. 不对称三相负载电路

C. 三相三线制电路

（5）只能测量直流电的电工仪表是（　　　）。

A. 磁电式仪表　　　　　B. 电磁式仪表　　　　　C. 电动式仪表

（6）用准确度为 2.5 级、量程为 10 A 的电流表在正常条件下测得电路的电流为 5 A 时，可能产生的最大相对误差为（　　　）。

A. 2.5%　　　　　　　　B. 5%　　　　　　　　C. 10%

（7）由于制造工艺技术不精确所造成的电工仪表误差称为（　　　）。

A. 绝对误差　　　　　　B. 相对误差　　　　　C. 基本误差

（8）用兆欧表测量电动机绕组等设备的绝缘电阻时，必须将被测电气设备（　　　）。

A. 与电源脱离　　　　　B. 与电源接通　　　　C. 接地

三、判断题

（1）数字万用表无论测量什么，均要事先经过变换器转化为直流电压量。　　　　　（　　　）

（2）摇动兆欧表时，一般规定的转速是 100 r/min。　　　　　　　　　　　　　（　　　）

（3）万用表的欧姆挡也可用来测量电气设备的绝缘电阻。　　　　　　　　　　　（　　　）

（4）磁电式仪表一般用来测量直流电压和电流。　　　　　　　　　　　　　　　（　　　）

（5）电度表属于磁电式仪表结构。　　　　　　　　　　　　　　　　　　　　　（　　　）

（6）电工仪表测量时的准确度与电表的量程选择无关。　　　　　　　　　　　　（　　　）

（7）理想电压表的内阻无穷大，理想电流表的内阻为零。　　　　　　　　　　　（　　　）

（8）电流表需要扩大的量程越大，其分流器上的电阻应选择越小。　　　　　　　（　　　）

（9）通常选用指针式万用表检测二极管和三极管。　　　　　　　　　　　　　　（　　　）

（10）兆欧表和其他仪表的最大不同点就是兆欧表本身带有高压电源。　　　　　　（　　　）

四、问答题

（1）电动式仪表的工作原理是什么？

（2）二表法（瓦特表）的接线规则是什么？

（3）电工仪表的准确度是如何定义的？共分为哪几级？

（4）试述使用 500 型万用表测量电阻的操作过程。

（5）用兆欧表测量设备的绝缘电阻时各端子应如何连接？

（6）使用兆欧表测量绝缘电阻时应注意哪些问题？

五、计算题

（1）有一台 50 Hz、110 V 的电气设备，其工作电流小于 2 A。用规格为 $U_N = 150$ V，$I_N = 2$ A，$\cos\varphi = 0.5$、刻度为 150 格的功率表测得的功率为 100 W，则其读数为多少格？

（2）某磁电式仪表的表头额定电流为 50 μA，内阻为 1 kΩ，将它并联一个电阻为 0.100 1 Ω 的分流器后，所制成的毫安表的量程是多少？

（3）一个量程为 30 A 的电流表，其最大基本误差为 ± 0.45 A。用该表测量 20 A 的电流时，其相对误差为 2%，求该表的准确度为多少级？

（4）某待测电压为 8 V，现用 0.5 级量程为 0～30 V 和 1.0 级量程为 0～10 V 的两个电压表来测量，使用哪个电压表测量更准确？

第9章
| 照明电路配线及安装 |

利用不同的用电器和控制设备将电能转换成可见光，为生产、生活提供照明等服务，是照明电路的主要功能。其电源一般取自三相四线供电系统的一组相电压。照明线路及设备的安装维修工艺是电气从业人员必须掌握的专业技能。

 照明电路配线

室内配线是指敷设在建筑物、构筑物内的明线、暗线、电缆和电气器具的连接线。通过配电线路将电源、灯具、插座、开关等设备连接，形成完整的电路系统。配电线路由导线、导线支持物、各种低压电器等组成。

| 9.1.1 室内配线的一般要求 |

室内配线应按图施工，并严格执行有关规定。在施工过程中，首先应符合电器装置安装的基本要求，即安全、可靠、经济、方便和美观。

① 配线的布置及其导线型号、规格应符合设计规定。在配线工程施工中，当无设计规定时，导线的最小截面应满足机械强度的要求。

② 所用导线的额定电压应大于线路的工作电压，导线的绝缘应符合线路的安装方式和敷设环境条件。在低压电线和电缆中，线间和线对地间的绝缘电阻值必须大于 0.5 MΩ。

③ 为了减少由于导线接头质量不好引起各种电气事故，导线敷设时，应尽量避免接头。

④ 各种明配线应垂直和水平敷设，并且要求横平竖直。一般导线水平高度不应小于 2.5 m，垂直敷设不应低于 1.8 m，否则应加管槽保护，以防机械损伤。

⑤ 为了防止火灾和触电等事故发生，在顶棚内由接线盒引向器具的绝缘导线应采用可绕金属电线保护管或金属软管等保护，导线不应有裸露部分。

⑥ 管、槽配线应采用绝缘电线和电缆。

⑦ 为了有良好的散热效果，管内及线槽配线其导线的总截面积（包括外绝缘层）不应超过规定的数值。

⑧ 明配线穿墙时应采用经过阻燃处理的保护管保护，穿过楼板时应用钢管保护，其保护高度与楼板的距离不应小于 1.8 m，但在装设开关的位置可与开关高度相同。配线经过建筑物时也应穿管或采取其他保护措施。

⑨ 配线工程采用的管卡、支架、吊钩、拉环、盒（箱）等黑色金属附件均应进行镀锌和防护处理。

⑩ 配线工程施工后，应进行各回路的绝缘检查，绝缘电阻值应符合现行国家标准的有关规定，并应做好记录。

⑪ 配线工程中所有外露可导电部分的保护接地和保护接零应可靠。

⑫ 配线工程施工后，为保证安全，其保护地线连接应可靠。对带有漏电保护装置的线路应作模拟动作试验，并应做好记录。

9.1.2　照明电路配线的工序

① 首先熟悉设计施工图，做好预留预埋工作（其主要内容有电源引入方式的预埋位置，电源引入配电箱的路径，垂直引上、引下以及水平穿越梁、柱、墙等的位置和预埋保护管）。

② 按设计施工图确定灯具、插座、开关、配电箱及电气设备的准确位置，并沿建筑物确定导线敷设的路径。

③ 将配线中所有的固定点用手电钻等打好眼孔，将预埋件（木榫、胀塞等）埋齐，并检查有无遗漏和错位。

④ 装设绝缘支撑物、线夹、线槽或线管及开关箱、盒、木台等。

⑤ 敷设导线。

⑥ 连接导线。

⑦ 将剥削好的导线线头与电器件及设备连接。

⑧ 检验工程是否符合工程设计要求，并用万用表、兆欧表等对线路进行包括绝缘状况、线路连接、线路通断等方面的检测，发现问题应及时解决。未经过检测的线路严禁通电。

⑨ 检测无误后通电实验。

思考与练习

（1）室内配线的要求有哪些？

（2）照明电路配线的工序有哪些？

室内配线形式

9.2.1 塑料护套线配线

塑料护套线是一种将双芯或多芯绝缘导线并在一起，外加塑料保护层的双绝缘导线，具有防潮、耐酸、耐腐蚀及安装方便等优点，广泛用于家庭、办公室等室内配线中。塑料护套线一般用塑料线卡或铝片卡作为导线的支持物，直接敷设在建筑物的墙壁表面，有时也可直接敷设在空心楼板中，但不适用于露天场所明敷，也不适用于大容量电路。

常用护套线如图9-1所示，常用塑料线卡如图9-2所示。

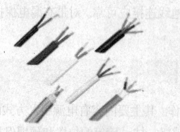

图9-1 常用护套线   图9-2 常用塑料线卡

1. 定位画线

确定起点和终点位置，用弹线袋画线。设定线卡的位置，要求线卡之间的距离为150～300 mm。在距开关、插座、灯具的木台50 mm处及导线转弯两边的80 mm处，都需设置线卡的固定点。

2. 塑料卡和铝片卡的固定

塑料卡和铝片卡的固定应根据具体情况而定。在木质结构、涂灰层的墙上，选择适当的小铁钉或小水泥钉即可将线卡钉牢，在混凝土结构上，可用钢钉钉牢。

3. 敷设导线

护套线的敷设必须横平竖直，敷设时，用一只手拉紧导线，另一只手将导线固定在线卡内。可在直线部分的两端各装一副瓷夹板。敷线时，先把护套线的一端固定在瓷夹内，然后拉直，并在另一端收紧护套线后固定在另一副瓷夹中，最后把护套线依次夹入铝片卡或塑料卡中。护套线转弯时应成小弧形，不能用力硬扭成直角。特殊部位护套线固定如图9-3所示。

4. 塑料护套线敷设时的注意事项

① 护套线线芯截面的确定：室内铜芯线不小于 0.5 mm^2，铝芯线不小于 1.5 mm^2，室外铜芯线不小于 1.0 mm^2，铝芯线不小于 2.5 mm^2。

② 护套线进入接线盒或电器时，护套层必须同时进入。

③ 护套线与接地体、不发热管接近或交叉时，应加强绝缘保护，在容易受损伤的部位用套管保护。

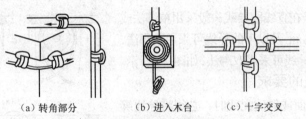

（a）转角部分　　　（b）进入木台　　（c）十字交叉

图9-3　特殊部位护套线固定

9.2.2　绝缘子配线

绝缘子有鼓形、蝶形、针形、悬式等多种。由于它的机械强度大，绝缘性能好，价格低廉，主要用于电压较高、电量较大、比较潮湿的明线或室外配线场所，如发电厂、变电所用得较多。常用绝缘子如图 9-4 所示。

1.　绝缘子的配线方法

① 定位。

② 画线。

③ 凿眼。

④ 安装木榫或埋设缠有铁丝的木螺钉等。

⑤ 瓷瓶的固定。在木结构上安装时，可用木螺丝直接固定。在砖墙或混凝土结构建筑物上可预埋木榫、膨胀螺栓，以及缠有铁丝的木螺钉固定鼓形绝缘子。对于针式、蝶式绝缘子，必须预埋角钢支架。在混凝土和钢结构上也可用环氧树脂固定鼓形绝缘子。绝缘子的固定如图 9-5 所示。

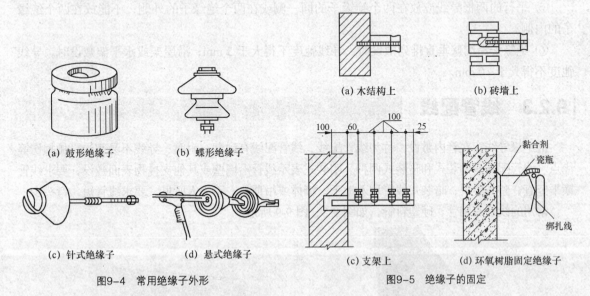

(a) 鼓形绝缘子　　　(b) 蝶形绝缘子

(c) 针式绝缘子　　　(d) 悬式绝缘子

图9-4　常用绝缘子外形

(a) 木结构上　　　(b) 砖墙上

(c) 支架上　　　(d) 环氧树脂固定绝缘子

图9-5　绝缘子的固定

⑥ 导线的敷设与绑扎。在绝缘子上敷设导线，应从一端开始，先将一端的导线绑扎在绝缘子的"颈部"，然后将导线的另一端绑扎固定，最后把中间导线也绑扎固定。导线在绝缘子上绑扎固定的方法如下：导线终端可用回头线绑扎，绑扎线宜用绝缘线。

鼓形和蝶形绝缘子在直线段导线一般采用单绑法或双绑法两种。截面在 6 mm² 及以下的导线可采用单绑法，截面为 10 mm² 以上的导线可采用双绑法，如图 9-6 所示。

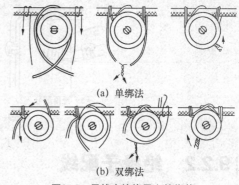

（a）单绑法

（b）双绑法

图9-6　导线在绝缘子上的绑扎

2. 绝缘子配线的要求

① 在建筑物的侧面或斜面配线时，必须将导线绑扎在瓷瓶的上方。

② 导线在同一平面有曲折时，瓷瓶必须装设在导线曲折角的内侧。

③ 导线在不同的平面上曲折时，在凸角的两面应装设两个瓷瓶。特殊位置绝缘子的固定如图 9-7 所示。

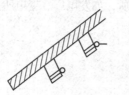
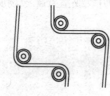

（a）在侧面或斜面　　　（b）在同一平面转弯　　　（c）在不同平面转弯

图9-7　特殊部位绝缘子的固定

④ 导线有分支时，必须在分支点设置瓷瓶，用以支持导线；如果导线互相交叉，应在靠近建筑物表面的那根导线上套瓷管加以保护。

⑤ 平行的两根导线应放在两个绝缘子的同一侧或在两个绝缘子的外侧，不能放在两个绝缘子的内侧。

⑥ 绝缘子沿墙壁垂直排列敷设时，导线弛度不得大于 5 mm；沿屋架或水平架敷设时，导线弛度不得大于 10 mm。

9.2.3　线管配线

把绝缘导线穿在管内敷设，称为线管配线。线管配线有耐潮、耐腐、导线不易遭受机械损伤等优点。线管配线有明装式和暗装式两种。明装式表示线管沿墙壁或其他支撑物表面敷设，要求线管横平竖直、整齐美观；暗装式线管埋入地下、墙体或吊顶内，不为人所见，要求线管短，弯头少。

常用的线管有钢管、硬塑料管，如图 9-8、图 9-9 所示。

图9-8　常用镀锌钢管

图9-9　常用PVC管

1. 线管的选择

根据敷设的场所来选择敷设线管类型，如潮湿和有腐蚀气体的场所采用管壁较厚的白铁管，干燥场所采用管壁较薄的电线管，腐蚀性较大的场所采用硬塑料管。

2. 线管的加工

（1）钢管防锈。对于非镀锌钢管，为了防止生锈，在配管前应对管子的内壁、外壁除锈、刷防腐漆。要在管子内壁除锈，可用圆形钢丝刷，两头各绑一根铁丝，穿过管子，来回拉动钢丝刷，把管内铁锈清除干净；要在管子外壁除锈，可用钢丝刷打磨，也可用电动除锈机。除锈后，将管子的内外表面涂上防腐漆。

（2）线管的切割。在配管前，应根据所需实际长度对线管进行切割。钢管的切割方法很多，管子批量较大时，可以使用型钢切割机（无齿锯），批量较小时可使用钢锯或割管器（管子割刀）。严禁用电、气焊切割钢管。管子切断后，断口处应与管轴线垂直，管口应锉平、刮光，使管口整齐、光滑。

硬质塑料管的切断多用钢锯条，硬质 PVC 塑料管也可以使用厂家配套供应的专用截管器截剪管子。切割时应一边转动管子一边进行裁剪，使刀口易于切入管壁，刀口切入管壁后，应停止转动塑料管（以保证切口平整），继续裁剪，直至管子切断为止。PVC 管剪刀如图 9-10 所示。

（3）线管的套丝。钢管敷设过程中管子与管子的连接，管子与器具以及与盒（箱）的连接，均需在管子端部套丝。套丝可用管子绞板、圆丝板等工具完成，如图 9-11 所示。

图9-10 PVC管剪刀

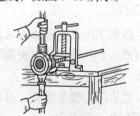

图9-11 钢管套丝图

（4）线管的弯曲。钢管的弯曲有冷煨和热煨两种。冷煨一般采用手动弯管器或电动弯管器。手动弯管器一般适用于直径 50 mm 以下的钢管，且为小批量，如图 9-12 所示；若弯制直径较大或批量较大的管子，可使用滑轮弯管器或电动（或液压）弯管机。用火加热弯管，只限于管径较大的黑铁管。

硬质塑料管的弯曲有冷煨和热煨两种。冷煨法只适用于硬质 PVC 塑料管。如图 9-13 所示，弯管时，将相应的弯管弹簧插入管内需要弯曲处，两手握住管弯处弹簧的部位，用手逐渐弯出所需要的弯曲半径来。采用热煨时，加热的方法可用喷灯、木炭，也可以用电炉子等，但均应注意不能将管烤伤、变色。

图9-12 用弯管器弯管

图9-13 PVC管冷弯曲

3. 线管的连接

钢管与钢管的连接有螺纹连接（管箍连接）、套管连接、紧定螺钉连接等方法。钢管与设备直接连接时，应将钢管敷设到设备的接线盒内。钢管连接常用部分的附件如图9-14所示。

图9-14　钢管连接常用部分的附件

硬质塑料管之间以及与盒（箱）等器件的连接应采用插入法连接，连接处结合面应涂专用胶合剂，接口应牢固密封。PVC管连接常用部分的附件如图9-15所示。

（a）管直通（套筒）　　（b）管弯头　　（c）管三通　　（d）（带盖）管四通圆接线盒

图9-15　PVC管连接常用部分的附件

4. 线管的敷设

敷设明管时，按施工图确定设备安装位置，画线，并埋设支撑线管的紧固件。按敷设要求对线管下料、清洁、弯曲、套丝等加工。在紧固件上固定并连接钢管。将线管、接线盒、灯具或其他设备连接，并将钢管可靠接地。

敷设暗管时，线管不必横平竖直，可尽量走捷径，减少弯头。

5. 线管的穿线

在穿线前应将管中的积水及杂物清除干净。导线穿入钢管时，管口处应装设护线套保护导线；在不进入接线盒（箱）的垂直管口时，穿入导线后应将管口密封。在较长的垂直管路中，为了防止由于导线本身自重拉断导线或拉脱接线盒中的接头，导线应在管路中间增设的拉线盒中加以固定。导线（含绝缘层）总截面积不能大于线管截面积的40%。

6. 线管配线的注意事项

① 金属导管必须可靠接地或接零。

② 所有管口在穿入电线、电缆后应做密封处理。

③ 室外埋地敷设的电缆导管，其壁厚不得小于2 mm，埋深不应小于0.7 m。

④ 室内（外）导管的管口应设置在盒、箱内，在落地式配电箱内的管口，箱底无封的，管口应高出基础面50～80 mm。

⑤ 电线保护管不宜穿过设备或建筑物、构筑物的基础。当必须穿过时，应采取保护措施。在穿过建筑物的伸缩、沉降缝时，也应采取保护措施。

⑥ 为了穿、拉线方便，当电线保护管遇到下列情况之一时，中间应增设接线盒或拉线盒。

* 管长度每超过30 m，无弯曲；
* 管长度每超过20 m，有1个弯曲；

- 管长度每超过 15 m，有 2 个弯曲；
- 管长度每超过 8 m，有 3 个弯曲。

9.2.4　线槽配线

线槽配线一般适用于导线根数较多或导线截面较大且在正常环境的室内场所敷设。线槽分为塑料线槽和金属线槽，由槽底、槽盖、附件等组成。常用线槽如图 9-16、图 9-17 所示。

图9-16　PVC线槽　　　　　　　　　　　图9-17　电工行线槽

线槽敷设工艺流程包括弹线定位、线槽固定、槽内放线、导线连接、线路检查及绝缘检测。

① 按设计图确定进户线、盒、箱等电气器具固定点的位置，从始端至终端（先干线后支线）找好水平或垂直线，用粉线袋在线路中心弹线。

② 线槽配线的预埋件主要是木榫、膨胀螺栓、缠有铁丝的木螺丝、穿墙套管等。

③ 线槽及附件连接处应严密平整，无缝隙，并紧贴建筑物的固定点。敷设时，槽底固定点间距应根据线槽规格而定，当线槽宽度为 20～40 mm，使用单排螺钉固定时，固定点最大间距不大于 0.8 m；当线槽宽度为 60 mm，使用双排螺钉固定时，固定点最大间距不大于 1 m；当线槽宽度为 80～120 mm，使用双排螺钉固定时，固定点最大间距不大于 0.8 m，起始、终端、转角分支等处固定点间的距离不大于 50 mm。

使用塑料线槽布线时，在线路连接、转角、分支及终端处可采用相应的塑料附件。PVC 线槽连接常用部分的附件如图 9-18 所示。

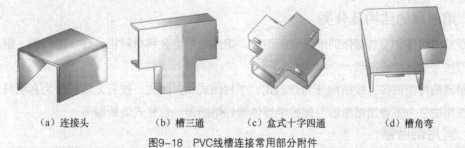

（a）连接头　　　　　　（b）槽三通　　　　　（c）盒式十字四通　　　　　（d）槽角弯
图9-18　PVC线槽连接常用部分附件

④ 导线敷入线槽前，应清扫线槽内残余的杂物，使线槽保持清洁。导线敷设前应检查所选择的线槽是否符合设计要求，绝缘是否良好，导线按用途分色是否正确。放线时应边放边整理，保持平直，不得混乱，并将导线按回路（或系统）用尼龙绑扎带或线绳绑扎成捆，分层排放在线槽内并做好永久性编号标志。

⑤ 导线的规格和数量应符合设计规定。当设计无规定时，包括绝缘层在内的导线总截面积不应大于线槽内截面积的 60%，电线、电缆在线槽内不宜有接头，但在可拆卸盖板的线槽内，包括绝缘

层在内的导线接头处所有导线截面积之和不应大于线槽内截面积的 75%。在不易拆卸盖板或暗配的线槽内，导线的接头位置应在线槽的分线盒内或线槽出线盒内。暗配金属线槽的电线、电缆的总截面（包括外护层）不宜大于槽内截面的 40%。

⑥ 在金属线槽垂直或倾斜敷设时，应采用防止电线或电缆在线槽内移动的措施，确保导线绝缘不受损坏。

⑦ 引出金属线槽的配管管口处应有护口，防止电线或电缆在引出部分遭受损伤。

思考与练习

（1）照明电路常用的配线形式有哪些？各有什么注意事项？

（2）不同配线方式所用的材料有什么不同？如何选用？

9.3 照明电路设备介绍

9.3.1 熔断器

熔断器在照明电路中主要起短路保护作用，用于保护线路。熔断器的熔体串接于被保护的电路中，熔断器以其自身产生的热量使熔体熔断，从而自动切断电路，实现短路保护及过载保护。熔断器具有结构简单、体积小、重量轻、使用维护方便、价格低廉、限流能力良好等优点，因此在照明电路中得到广泛应用。

1. 熔断器的结构及分类

熔断器由熔体和安装熔体的绝缘底座组成。熔体由易熔金属材料铅、锌、锡、铜、银及其合金制成，形状常为丝状或网状。

熔断器的种类很多，按结构分为开启式、半封闭式和封闭式，按有无填料分为有填料式、无填料式，按用途分为工业用熔断器、保护半导体器件熔断器、自复式熔断器等。

2. 常用熔断器

（1）插入式熔断器。插入式熔断器如图 9-19 所示。常用的产品有 RC1A 系列，主要用于低压分支电路的短路保护，因为其分断能力较小，多用于照明电路和小型动力电路中。

（2）螺旋式熔断器。螺旋式熔断器如图 9-20 所示。熔芯内装有熔丝，并填充石英砂，用于熄灭电弧，分断能力强。熔体上的上端盖有一个熔断指示器，一旦熔体熔断，指示器马上弹出，可透过瓷帽上的玻璃孔观察到。常用产品有 RL6、RL7、RLS2 等系列，其中 RL6 和 RL7 多用于机床配电电路中；RLS2 为快速熔断器，主要用于保护半导体元件。

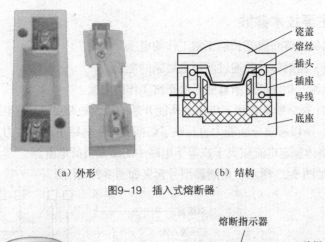

（a）外形　　　　　　　　　　（b）结构

图9-19　插入式熔断器

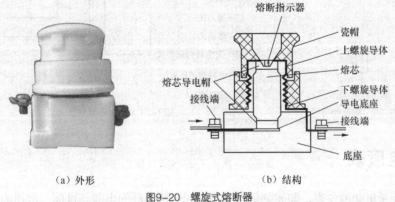

（a）外形　　　　　　　　　　（b）结构

图9-20　螺旋式熔断器

（3）RM10 型密封管式熔断器。RM10 型密封管式熔断器为无填料管式熔断器，如图 9-21 所示，主要用于供配电系统作为线路的短路保护及过载保护，它采用变截面片状熔体和密封纤维管。由于熔体较窄处的电阻小，在短路电流通过时产生的热量最大，先熔断，因而可产生多个熔断点使电弧分散，以利于灭弧。短路时其电弧燃烧密封纤维管产生高压气体，以便将电弧迅速熄灭。

（4）RT 型有填料密封管式熔断器。RT 型有填料密封管式熔断器如图 9-22 所示。熔断器中装有石英砂，用来冷却和熄灭电弧，熔体为网状，短路时可使电弧分散，由石英砂将电弧冷却熄灭，可将电弧在短路电流达到最大值之前迅速熄灭，以限制短路电流。此为限流式熔断器，常用于大容量电力网或配电设备中。常用产品有 RT12、RT14、RT15、RS3 等系列，RS3 系列为快速熔断器，主要用于保护半导体元件。

图9-21　RM10型密封管式熔断器

图9-22　RT型有填料密封管式熔断器

3. 熔断器的主要技术参数

① 额定电压：指保证熔断器能长期正常工作的电压。

② 熔体额定电流：指熔体长期通过而不会熔断的电流。

③ 熔断器额定电流：指保证熔断器能长期正常工作的电流。

④ 极限分断能力：指熔断器在额定电压下所能开断的最大短路电流。在电路中出现的最大电流一般是指短路电流值，所以极限分断能力也反映了熔断器分断短路电流的能力。

在照明电路中，熔体额定电流应大于或等于电路中的最大负荷电流。

熔断器电路符号如图 9-23 所示，熔断器型号含义如图 9-24 所示。

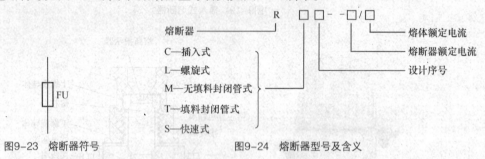

图9-23 熔断器符号　　　　　　图9-24 熔断器型号及含义

9.3.2 电度表

电度表是计量电能的仪表，即能测量某一段时间内所消耗的电能。目前，常用的电度表有感应式和电子式，本小节主要介绍感应式电度表。电度表外形如图 9-25 所示。

（a）单相感应式电度表　　（b）三相感应式电度表　　（c）单相电子式预付费电度表

图9-25 电度表外形

电度表按用途分为有功电度表和无功电度表两种，它们分别计量有功功率和无功功率；按结构分为单相表和三相表。三相电度表分为三相三线和三相四线两种。电度表都有驱动元件、转动元件、制动元件、计数机构等部件。

电度表铝盘的转速与电路实际消耗的功率成正比，电度表的计数机构累计铝盘转过的总圈数，并通过计数器呈现，计数器的单位是千瓦时（kW·h）。两个时间点电度表计数器读数之差即这段时间内电路总的用电量。

电度表的接线即电度表内部电压线圈与电流线圈的接线。电压线圈与负载并联，电流线圈与负载串联。电压线圈匝数多，线芯细，电阻较大；电流线圈匝数少，线芯粗，电阻较小。当线路中电流较大时，可通过电流互感器接线，互感器的一次线圈与负载串联，二次线圈与电度表电流线圈连接。

1．单相有功电度表接线

单相电度表用于单相负载电能的测量。

单相电度表有一组驱动元件，包括一个电压线圈和一个电流线圈，通过接线盒接线。接线时应参阅其自带的接线图正确接线，参考接线如图 9-26 所示。

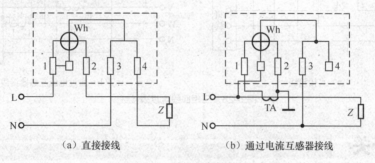

(a) 直接接线　　　　　　　　(b) 通过电流互感器接线

图9-26　单相电度表接线

2．三相三线有功电度表接线

三相三线电度表用于成套的三相对称负载电能的测量。

三相三线电度表有两个电压线圈和两个电流线圈，参考接线如图 9-27 所示。

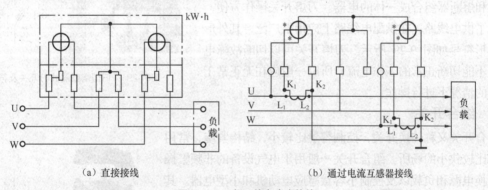

(a) 直接接线　　　　　　　　　　(b) 通过电流互感器接线

图9-27　三相三线电度表接线

3．三相四线有功电度表接线

三相四线电度表用于三相四线供电系统三相不对称负载电能的测量。

三相四线电度表有 3 个电压线圈和 3 个电流线圈，参考接线如图 9-28 所示。

4．电度表的安装和使用要求

① 电度表应按设计装配图规定的位置进行安装，注意不能安装在高温、潮湿、多尘及有腐蚀气体的地方。

② 电度表应安装在不易受震动的墙上或配电箱内，墙面上的安装位置以不低于 1.8 m 为宜。

③ 为了保证电度表工作的准确性，必须严格垂直装设，并定期校验。

④ 电度表装好后，开亮电灯，电度表的铝盘应从左向右转动（正转）。

⑤ 单相电度表的选用必须与用电器的总用电量相适应。

⑥ 使用电流互感器接线时，应注意其极性，并根据互感器变流比，对电度表最终读数进行调整。

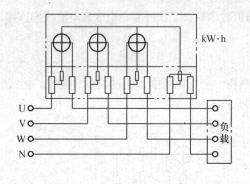

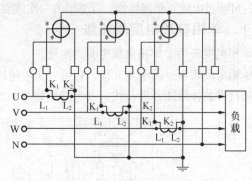

（a）直接接线　　　　　　　　　　　（b）通过电流互感器接线

图9-28　三相四线电度表接线

9.3.3　开关

在照明电路中，开关电器主要用于控制电路的通断，也可用于短路、过载、漏电等保护。

1. HR 型熔断器式刀开关

HR 型熔断器式刀开关也称刀熔开关，它实际上是将刀开关和熔断器组合成一体的电器。刀熔开关操作方便，并简化了供电线路，在供配电线路上应用很广泛，其外形图及图形符号如图 9-29 所示。刀熔开关可以切断故障电流，但不能切断正常的工作电流，所以一般应在无正常工作电流的情况下进行操作。

图9-29　HR型熔断器式刀开关及符号

2. 组合开关

组合开关又称转换开关，控制容量比较小，结构紧凑，常用于空间比较狭小的场所。组合开关一般用于电气设备的非频繁操作、切换电源和负载以及控制小容量感应电动机和小型电器。其外形图及符号如图 9-30 所示。

组合开关由动触头、静触头、绝缘连杆转轴、手柄、定位机构、外壳等部分组成。其动、静触头分别叠装于数层绝缘壳内，当转动手柄时，每层的动触片随转轴一起转动。

图9-30　组合开关外形图及符号

组合开关常用的产品有 HZ5、HZ10 和 HZ15 系列。HZ5 系列是类似万能转换开关的产品，其结构与一般的转换开关有所不同。组合开关有单极、双极和多极之分。

3. HK 型开启式负荷开关

HK 型开启式负荷开关俗称闸刀或胶壳刀开关，由于它结构简单，价格便宜，使用维修方便，故得到了广泛应用。其外形图及符号如图 9-31 所示。

胶底瓷盖刀开关由熔丝、触刀、触点座和底座组成。此种刀开关装有熔丝，可起短路保护作用。

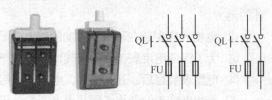

图9-31　HK型开启式负荷开关及符号

闸刀开关在安装时，手柄要向上，不得倒装或平装，以避免由于重力自动下落而引起误动合闸。接线时，应将电源线接在上端，负载线接在下端，这样拉闸后刀开关的刀片与电源隔离，既便于更换熔丝，又可防止可能发生的意外事故。

4. 自动空气开关

自动空气开关又称自动空气断路器，是低压配电网络中一种非常重要的电器。它具有操作安全、使用方便、工作可靠、安装简单、动作值可调、分断能力较高、兼有短路、过载或欠电压等多种保护功能、动作后不需要更换元件等优点。

图9-32　断路器外形

自动空气开关按极数分为单极、双极和三极。按分断时间分为一般式和快速式，按结构形式分为塑壳式、框架式、限流式、直流快速式、灭磁式、漏电保护式等。图 9-32 所示为塑壳式三极断路器外形。

自动空气开关主要由 3 个基本部分组成，即触头、灭弧系统和各种脱扣器（包括过电流脱扣器、失压（欠电压）脱扣器、热脱扣器、分励脱扣器和自由脱扣器）。

图 9-33 所示为断路器工作原理示意图及图形符号。断路器开关是靠操作机构手动或电动合闸的，触头闭合后，自由脱扣机构将触头锁在合闸位置上。当电路发生故障时，通过各自的脱扣器使自由脱扣机构动作，自动跳闸以实现保护作用。分励脱扣器则作为远距离控制分断电路之用。

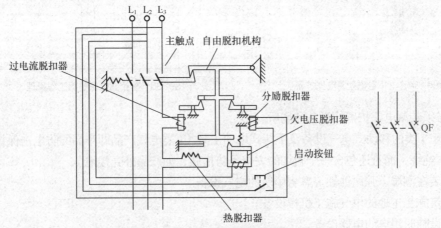

图9-33　断路器工作原理示意图及图形符号

不同断路器的保护是不同的，使用时应根据需要选用。在图形符号中也可以标注其保护方式，如图 9-33 所示，断路器图形符号中标注了失压、过负荷和过电流 3 种保护方式。

选择自动空气开关的注意事项如下。

① 自动空气开关应根据使用场合和保护要求来选择。一般选用塑壳式，短路电流很大时选用限流型，额定电流比较大或有选择性保护要求时选用框架式，控制和保护含有半导体器件的直流电路时应选用直流快速断路器。

② 自动空气开关额定电压、额定电流应大于或等于线路、设备的正常工作电压、工作电流。

③ 自动空气开关极限通断能力应大于或等于电路最大短路电流。

④ 欠电压脱扣器额定电压等于线路额定电压。

⑤ 过电流脱扣器的额定电流大于或等于线路的最大负载电流。

5. 漏电保护器

漏电保护器是一种电气安全装置，主要用来防止由于间接接触和直接接触而引起的单相触电事故，也用于防止由漏电引起的火灾，并用于监测或切除各种一相接地故障。有的还带有过载保护、过压和欠压保护、缺相保护等功能。它有单相的，也有三相的。目前应用广泛的是电流型漏电保护器。

（1）漏电保护器的组成。漏电保护器主要包括检测元件（零序电流互感器）、中间环节（包括放大器、比较器和脱扣器等）、执行元件（主开关）、试验元件等几个部分。按动作结构可分为直接动作式和间接动作式。直接动作式是动作信号输出直接作用于脱扣器使掉闸断电。间接动作式是对输出信号经过放大、蓄能等环节处理后使脱扣器动作掉闸。一般直接动作式均为电磁型保护器，电子型保护器均为间接动作式。图 9-34 所示为单相电磁型漏电保护器外形，图 9-35 所示为其工作原理图。

图9-34 单相电磁型漏电保护器

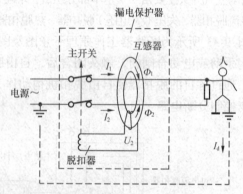

图9-35 单相漏电保护器工作原理

（2）必须装漏电保护器的设备和场所。

① 属于 I 类的移动式电气设备及手持式电动工具（I 类电气产品即产品的防电击保护不仅依靠设备的基本绝缘，而且还包含一个附加的安全预防措施，如产品外壳接地）。

② 安装在潮湿、强腐蚀性等恶劣场所的电气设备。

③ 建筑施工工地的电气施工机械设备。

④ 暂设临时用电的电器设备。

⑤ 宾馆、饭店及招待所的客房内插座回路。

⑥ 机关、学校、企业、住宅等建筑物内的插座回路。

⑦ 游泳池、喷水池、浴池的水中照明设备。

⑧ 安装在水中的供电线路和设备。

⑨ 医院中直接接触人体的电气医用设备。

⑩ 其他需要安装漏电保护器的场所。

（3）漏电保护器额定漏电动作电流的选择。正确合理地选择漏电保护器的额定漏电动作电流非常重要，一方面，在发生触电或泄漏电流超过允许值时，漏电保护器可有选择地动作；另一方面，漏电保护器在正常泄漏电流作用下不应动作，防止供电中断而造成不必要的经济损失。

漏电保护器的额定漏电动作电流应满足以下 3 个条件。

① 为了保证人身安全，额定漏电动作电流应不大于人体安全电流值，国际上公认 30mA 为人

体安全电流值。

② 为了保证电网可靠运行，额定漏电动作电流应躲过低电压电网正常漏电电流。

③ 为了保证多级保护的选择性，下一级额定漏电动作电流应小于上一级额定漏电动作电流。

（4）安装具体要求。

① 被保护回路电源线（包括相线和中性线）均应穿入零序电流互感器。

② 穿入零序互感器的一段电源线应用绝缘带包扎紧，捆成一束后由零序电流互感器孔的中心穿入。这样做主要是消除由于导线位置不对称而在铁心中产生不平衡磁通。

③ 由零序互感器引出的零线上不得重复接地，否则在三相负荷不平衡时生成的不平衡电流不会全部从零线返回，而有部分由大地返回，因此通过零序电流互感器电流的向量和便不为零，二次线圈有输出，可能会造成误动作。

④ 每一保护回路的零线均应专用，不得就近搭接，不得将零线相互连接，否则三相的不平衡电流或单相触电保护器相线的电流将有部分分流到相连接的不同保护回路的零线上，会使两个回路的零序电流互感器铁心产生不平衡磁动势。

⑤ 保护器安装好后通电，按试验按钮进行试跳。

6. 拉线及扳把开关

在照明电路中，拉线及扳把开关作为负荷开关使用，用于直接接通及切断流过电器、灯具的电流。电源相线应先经过开关，再进入用电器。常用开关如图 9-36 所示。

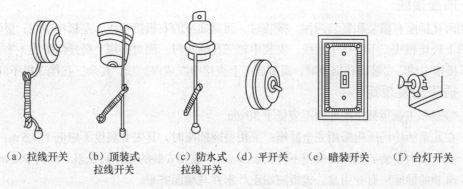

（a）拉线开关　（b）顶装式　　　（c）防水式　（d）平开关　（e）暗装开关　（f）台灯开关
　　　　　　　　拉线开关　　　　　拉线开关

图9-36　常用开关

（1）开关安装规定。

① 拉线开关距地面的高度一般为 2～3 m，距门口为 150～200 mm，并且拉线的出口应向下。

② 扳把开关距地面的高度为 1.4 m，距门口为 150～200 mm；开关不得置于单扇门后。

③ 暗装开关的面板应端正、严密并与墙面齐平。

④ 开关位置应与灯位相对应，同一室内开关方向应一致。

⑤ 成排安装的开关高度应一致，高低差不大于 2 mm，拉线开关相邻间距一般不小于 20 mm。

⑥ 多尘潮湿场所和户外应选用防水瓷制拉线开关或加装保护箱。

⑦ 在易燃、易爆和特别潮湿的场所，开关应分别采用防爆型、密闭型，或安装在其他处所控制。

⑧ 民用住宅严禁装设床头开关。

⑨ 明线敷设的开关应安装在不小于 15 mm 厚的木（塑料）台上。

（2）开关安装。

① 暗装。按接线要求，将盒内引出的导线与开关的面板连接好，将开关推入盒内，对正盒眼，用木螺丝固定牢固。固定时要使面板端正，并与墙面平齐。

② 明装。先将从盒内引出的导线由塑料（木）台的出线孔中穿出，再将塑料（木）台紧贴于墙面，用螺丝固定在盒子、胀塞或木榫上，如果是明配线，木台上的隐线槽应先顺对导线方向，再用螺丝固定牢固。塑料（木）台固定后，将引出的相线、中性线按各自的位置从线孔中穿出，按接线要求将导线压牢。然后将开关或插座贴于塑料（木）台上，对中找正，用木螺丝固定牢。最后再把盖板上好。

9.3.4 插座、插头

插座、插头广泛应用于照明电路，用于电源的连接。照明电路常用单相插座，分为两孔和三孔。两孔插座用于外壳不导电、无须接地的电器，三孔插座用于外壳导电、需接地或接零保护的用电器，四孔插座用于三相负载。单相插座如图9-37所示，三相插座如图9-38所示。

图9-37　单相插座　　　　　　　　图9-38　三相插座

1. 插座接线

单相两孔插座有横装和竖装两种。横装时，面对插座的右极接相线，左极接中线；竖装时，面对插座的上极接相线，下极接中性线。安装单相三孔插座时，面对插座上极接保护线，右下极接相线，左下极接中线。安装四孔插座时，面对插座上极接中线或保护线，其余三孔接3根不同的相线。

2. 插座安装规定

（1）暗装和工业用插座距地面不应低于30 cm。

（2）在儿童活动场所应采用安全插座。采用普通插座时，其安装高度不应低于1.5 m。

（3）同一室内安装的插座高低差不应大于5 mm，成排安装的插座高低差不应大于2 mm。

（4）暗装的插座应有专用盒，盖板应端正严密并与墙面齐平。

（5）落地插座应有保护盖板。

（6）在特别潮湿和有易燃、易爆气体及粉尘的场所不应装设插座。

3. 插座安装

插座安装方法与开关相同。

9.3.5 灯具

1. 白炽灯

白炽灯为热辐射光源，是靠电流加热灯丝至白炽状态而发光的。白炽灯有普通照明灯泡和低压照明灯泡两种。普通灯泡的额定电压一般为220 V，功率为10～1 000 W，灯头有插口和螺口之分，其中100 W以上者一般采用螺纹灯口，用于常规照明。低压灯泡额定电压为6～36 V，功率一般不超过100 W，用于局部照明和携带照明。白炽灯结构及接线原理如图9-39所示。

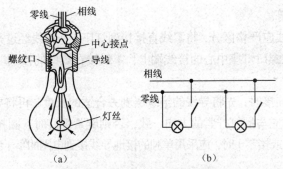

图9-39　螺口白炽灯及接线原理图

白炽灯由玻璃泡壳、灯丝、支架、引线、灯头等组成。在非充气式灯泡中，玻璃泡内抽成真空；而在充气式灯泡中，玻璃泡内抽成真空后再充入惰性气体。白炽灯结构简单，易于制造，价格便宜，但发光效率低，使用寿命较短。

白炽灯照明电路由灯具、开关、导线及电源组成。安装方式一般为悬吊式、壁式和吸顶式。悬吊式又分为软线吊灯、链式吊灯和钢管吊灯。白炽灯必须与配套的灯座一起使用。常用的灯座有吊灯座、平灯座及特殊灯座，如图 9-40 所示。

（a）插口吊灯座　（b）插口平灯座　（c）螺口吊灯座　（d）螺口平灯座　（e）防水螺口吊灯泡　（f）防水螺口平灯座

图9-40　白炽灯常用灯座

白炽灯安装的主要步骤与工艺要求如下。

① 安装木台或塑料台。将接灯线从塑料（木）台的出线孔中穿出，将塑料（木）台紧贴住建筑物表面，塑料（木）台的安装孔对准预埋的木榫、胀塞等，用螺丝将塑料（木）台固定牢固。

② 安装挂线盒。将接灯线穿过挂线盒，把挂线盒固定在塑料（木）台上，然后将伸出挂线盒底座的线头剥去大约 20 mm 绝缘层，分别压接在挂线盒的两个接线桩上。

③ 将平灯座直接固定在塑料（木）台上。吊灯座与挂线盒配合使用，吊灯座与挂线盒之间的连接线应用软线，并在灯座与挂线盒内各打一个结，如图 9-41 所示。

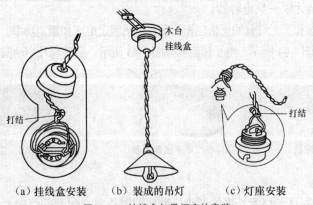

（a）挂线盒安装　　　（b）装成的吊灯　　　（c）灯座安装

图9-41　挂线盒与吊灯座的安装

④ 安装开关、插座等。

⑤ 安装时相线和零线应严格区分，将零线直接接到灯座上，相线经过开关再接到灯头上。对于螺口灯座，相线必须接在螺口灯座中心的接线端上，零线接在螺口的接线端上，千万不能接错，否则就容易发生触电事故。

⑥ 导线与接线螺钉连接时，先将导线的绝缘层剥去合适的长度，再将导线拧紧，以免松动，最后环成圆扣。圆扣的方向应与螺钉拧紧的方向一致，否则旋紧螺钉时，圆扣就会松开。

⑦ 当灯具需要接地（或接零）时，应采用单独的接地导线接到电网的零干线上，以保证安全、可靠。

2. 日光灯

日光灯是气体放电光源。同白炽灯相比，日光灯效率高，寿命长，光线柔和，接近自然光。常用于办公场所、教学场所、商场、家庭等需要长时间照明的环境。其安装方式一般为悬吊式、壁式和吸顶式。

日光灯的点亮需要启动电路。日光灯根据启动电路的不同分为电感式和电子式两种。电感式日光灯由灯管、灯架、电感镇流器、启动器、电容器等组成，接线如图 9-42 所示；电子式日光灯由灯管、灯架、电子镇流器等组成，接线如图 9-43 所示。

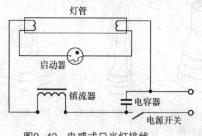

图9-42　电感式日光灯接线

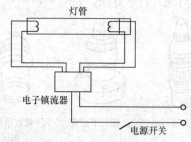

图9-43　电子式日光灯接线

（1）电感式日光灯照明电路的接线。

① 接线时，启动器座上的两个接线桩分别与两个灯座中的一个接线桩连接。一个灯座中余下的一个接线桩与电源的中性线连接，另一个灯座中余下的接线桩与镇流器的一个线头相连，镇流器的另一个线头与开关的一个接线桩连接，开关的另一个接线桩与电源的相线连接。镇流器与灯管串联，用于控制灯管电流。启动器本身是带有时间延迟性的自动开关。电容器并联于氖泡两端，由于镇流器是一个电感性负载，而荧光灯的功率因数很低，不利于节约用电。为了提高荧光灯的功率因数，可在荧光灯的电源两端并联一只电容器。

② 镇流器、启动器和荧光灯管的规格应相配套，包括额定电压和额定功率，否则日光灯无法正常安全工作。电感镇流器如图 9-44 所示，电子镇流器如图 9-45 所示，启动器及启动器座外形如图 9-46 所示。

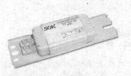

图9-44　电感式镇流器

图9-45　电子式镇流器

图9-46　启动器及启动器座

（2）日光灯的安装。

① 准备灯架。根据日光灯管长度的要求，购置或制作与之配套的灯架。

② 组装灯架。将镇流器安装在灯架的中间位置，电感式日光灯将启动器座安装在灯架的一端，两个灯座分别固定在灯架的两端，中间距离要按所用灯管的长度量好。各部件位置固定后，按电路图接线。

③ 固定灯架。固定灯架的方式有吸顶式和悬吊式。悬吊式又分为金属链条悬吊和钢管悬吊两种。安装前先在设计的固定点打孔，预埋合适的紧固件，然后将灯架固定在紧固件上。

④ 最后把启动器旋入底座，把日光灯管装入灯座，开关等按白炽灯安装方式进行接线，检查无误后，可通电实验。

3. 节能灯具

节能灯又称紧凑型荧光灯，它具有光效高、节能效果明显、寿命长、体积小、使用方便等优点，应用广泛。图 9-47 所示为几种常用节能灯的外形。

图9-47　常用节能灯具外形

节能灯的安装与白炽灯、日光灯基本相同，使用时可参阅其自带的说明书。

常用的节能灯有金属卤化物灯、高压纳灯、自镇流荧光灯等。

4. LED 灯具介绍

LED 灯即由发光二极管构成的新型照明灯具，其应用范围非常广泛。

LED 光源使用低压电源，供电电压为 6～24 V，根据产品的不同而异，所以它是一个比使用高压电源更安全的电源，特别适用于公共场所。消耗能量较同光效的白炽灯减少大约 80%。LED 灯还有适用性强、稳定性高、控制方便、相应时间短、环保、易变色等优点。北京奥运会比赛场馆水立方照明全部采用 LED。图 9-48 所示为 LED 灯，图 9-49 所示为 LED 灯组成的墙幕灯。

图9-48　LED灯

图9-49　LED墙幕灯

5. 工业用灯具

除了各种普通灯具以外，工业生产中还经常使用各种特殊的灯具。

① 在易燃和易爆场所用防爆式灯具。

② 有腐蚀性气体及特别潮湿的场所应采用封闭式灯具。

③ 潮湿的厂房内和户外的灯具应采用有泄水孔的封闭式灯具。

④ 多尘的场所应根据粉尘的浓度及性质，采用封闭式或密闭式灯具。

⑤ 在可能受到机械损伤的厂房内，应采用有保护网的灯具。

⑥ 在灼热多尘场所（如出钢、出铁、轧钢等场所）应采用投光灯。

⑦ 在震动场所（如有锻锤、空压机、桥式起重机等），灯具应有防震措施（如采用吊链软性连接）。

⑧ 除了开敞式以外，其他各类灯具的灯泡功率在 100 W 及以上者均应采用瓷灯座。

图 9-50 所示为常用的几种特殊灯具，由左到右分别是防爆灯、防潮灯、防震灯、投光灯和防水防尘灯。

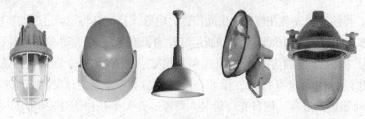

图9-50　常用特殊灯具

思考与练习

（1）照明电路常用的开关电器有哪几种？画出其图形符号。

（2）如何选择自动空气开关？简述其工作原理。

（3）常用的电光源有哪些？各有什么特点？

9.4 临时照明电路安装

家庭、办公、建筑工地、外景地、临时生产等场所有时需要临时照明，电气技术人员应该能根据需要快速、合理、安全地安装临时照明电路。安装临时照明电路的工作原理、安装方法、安装步骤与常规的室内照明电路基本相同。

由于临时照明电路的特殊性，安装应注意以下几点。

① 照明电源要就近引入，并在安全、防雨的地方加装空气开关或有短路保护的刀开关。搬迁或移动用电设备时，应先切断电源。在潮湿等有可能漏电的环境中，应加装漏电保护器。

② 导线要选择绝缘性能优良的正规产品。经常移动的导线应选择软电缆线，并及时检查其绝缘性能。

③ 室内导线高度距离地面 2 m 以上，室外导线高度距离地面 2.5 m 以上，并安装在可靠的支架上，严禁用裸导线绑扎电线。

④ 导线与导线、导线与接线桩之间的连接要采取防拉断措施，两导线直线连接时，可在线头处打结以后再连接。

⑤ 线路中的金属外壳应可靠接地。临时装置需要用到的接地装置尽可能安装在临时配电板附近，接地电阻要小于 10 Ω。

⑥ 安装线路时，应先安装导线、灯具、控制电器等，最后连接电源。

⑦ 拆除线路时，应先切断电源，再拆除其他元件，以防短路及触电。

⑧ 功率较大的灯具要远离易燃、易爆物品。

⑨ 临时电路工作时，应注意观察天气等异常变化，采取相应的措施，防止事故发生。

技能训练 1　塑料护套线配线

一、实训目的

学会塑料护套线配线方法，掌握照明灯具、开关、插座的安装方法。

二、实训器材

电工技能综合实训台、电工工具一套、塑料线卡、两芯及三芯塑料护套线、螺口灯泡、灯座、明装扳把开关、明装两孔插座、插入式熔断器、绝缘胶带、万用表、兆欧表等。

三、实训内容

（1）原理图如图 9-51 所示。在电工技能综合实训台上，按图 9-52 所示进行塑料护套线配线。要求开关 1 控制灯 1，开关 2 控制灯 2，插座不受开关的控制。

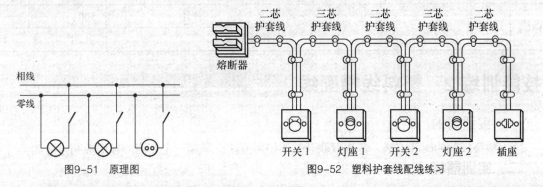

图9-51　原理图

图9-52　塑料护套线配线练习

（2）用兆欧表检测两根线路间的绝缘性能。检测时应将两个开关闭合，两个灯泡取下。测试结果应符合技术要求。

（3）接通开关，分别装上灯泡，不接入电源，在电源端用万用表的欧姆挡检测电路通断及接线情况。

（4）检测一切正常后，接通电源，开启开关，观察灯泡发光是否正常，同时用万用表的交流电压挡检测插座安装是否正确。

四、预习要求

安装前应仔细阅读有关室内配线工序、塑料护套线配线、白炽灯、插座、开关的安装及兆欧表、万用表的使用等内容。

五、实训报告

写清实训任务，以及实训所用设备、工具、器材、实训原理、实训过程、实训中出现的问题、改进措施、体会与总结等。

六、评分标准

成绩评分标准如表 9-1 所示。

表 9-1　　　　　　　　　　成绩评分标准

序号	主要内容	考核要求	评分标准	配分	扣分	得分
1	护套线配线	横平竖直，固定牢固，线头剥削正确	一处不符合要求扣 5 分	20		

续表

序号	主要内容	考核要求	评分标准	配分	扣分	得分
2	开关、插座、灯座、熔断器固定	要求见相关章节内容	一处安装不规范扣5分	30		
3	接线	按规定正确接线	每错一处扣5分	20		
4	通电实验	按控制要求通电实验	一次通电不成功扣10分	20		
5	安全、文明生产	能保证人身和设备安全	违反安全、文明生产规程扣5~10分	10		
备注			合计	100		
			教师签字	年	月	日

技能训练2　塑料线槽配线

一、实训目的

练习塑料线槽的配线方法，掌握双联开关的使用方法，掌握一个灯泡的异地控制方法。

二、实训器材

电工技能综合实训台、电工工具一套、塑料线槽及附件、单股绝缘导线、螺口灯泡、灯座、两个单刀双掷（双联）开关、插入式熔断器、绝缘胶带、万用表、兆欧表等。

三、实训内容

（1）原理图如图9-53所示，在电工技能综合实训台上，自行设计塑料线槽配线实际线路。要求用两个单刀双掷开关控制一盏灯。各电器元件空间布置如图9-54所示。

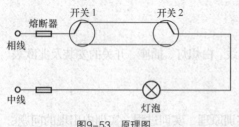

图9-53　原理图

图9-54　各元件在实训台上的位置

（2）用兆欧表检测两根线路间的绝缘性能。检测时将灯泡取下，两个开关应分别拨到相同的位置，将由相线进入灯座的线路接通，测试结果应符合技术要求。

（3）接通开关，装上灯泡，不接入电源，拨动两个开关，在电源端用万用表的欧姆挡检测电路接线及通断情况。

（4）检测一切正常后，接通电源，分别用两个开关控制灯泡，观察灯泡工作是否正常。

四、预习要求

安装前应仔细阅读有关线槽配线、白炽灯、插座、开关的安装及兆欧表、万用表的使用等内容。

五、实训报告

写清实训任务，以及实训所用设备、工具、器材、实训原理、实训过程、实训中出现的问题、改进措施、体会与总结等。

六、评分标准

成绩评分标准如表 9-2 所示。

表 9-2　　　　　　　　　　　　　　　成绩评分标准

序号	主要内容	考核要求	评 分 标 准	配分	扣分	得分
1	塑料线槽配线	横平竖直，正确固定，连接规范，附件正确	一处不规范扣 5 分	30		
2	开关、灯、熔断器固定	要求见相关章节内容	一处不符合要求 5 分	10		
3	接线	能正确按要求接线	每错一处扣 5 分	30		
4	通电实验	按控制要求通电实验	失败一次扣 10 分	20		
5	安全、文明生产	能保证人身和设备安全	违反安全、文明生产规程扣 5～10 分	10		
备注			合计	100		
			教师签字		年　月　日	

技能训练3　白炽灯线路的配线及安装

见第 3 章实验与技能训练 2。

技能训练4　日光灯线路的配线及安装

见第 3 章实验与技能训练 3。

技能训练5　电度表的安装

一、实训目的

练习单相及三相四线有功电度表的接线及安装方法。

二、实训器材

电工技能综合实训台、电工工具一套、单相电度表、三相四线电度表、单股绝缘硬导线、插入式熔断器、三极自动空气开关、两极闸刀开关、瓷夹板或塑料线卡、万用表、兆欧表等。

三、实训内容

（1）按图 9-55 所示的位置，在电工技能综合实训台上固定单相电度表、闸刀开关等电器。

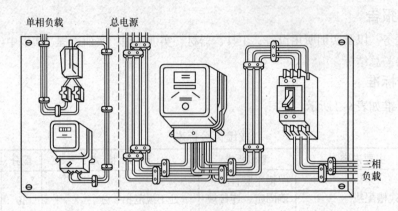

图9-55　电度表实际安装线路

（2）按图9-55所示的位置，固定三相四线电度表、自动空气开关等电器。

（3）固定结束后，按图进行实际接线。

（4）用仪表对所接线路进行检测，一切正常后，接通电源，观察电度表工作是否正常。

四、预习要求

安装前应仔细阅读电度表原理、安装、接线等有关内容。

五、实训报告

写清实训任务，以及实训所用设备、工具、器材、实训原理、实训过程、实训中出现的问题、改进措施、体会与总结等。

六、评分标准

成绩评分标准如表9-3所示。

表9-3　　　　　　　　　成绩评分标准

序号	主要内容	考核要求	评分标准	配分	扣分	得分
1	电度表、开关等固定	按相关章节要求固定	每处不符合要求扣5分	20		
2	导线敷设	用瓷夹板或线卡敷设	一处不规范扣5分	20		
3	接线	按规定正确接线	每错一处扣5分	30		
4	通电实验	按控制要求通电实验	一次通电不成功扣10分	20		
5	安全、文明生产	能保证人身和设备安全	违反安全、文明生产规程扣5～10分	10		
备注			合计	100		
			教师签字		年　　月　　日	

要完成照明线路的安装，首先应该明确配线的具体要求及工序。

塑料护套线配线、瓷瓶配线、线管配线和线槽配线是目前较常用的几种配线方式。线路一般由导线和导线支持物等构成。不同的配线方式适用的环境及注意事项也不同。

在照明电路中，常用的低压电器有熔断器、各种开关电器、电度表、插座等。常用的灯具有白炽灯、日光灯、节能灯、LED 灯、特殊工业用灯等。

临时照明电路的安装有其特殊的要求。

（1）白炽灯、日光灯分别属于什么类型的光源？有什么异同？

（2）根据启动电路的不同，日光灯分为几种？画出其接线图。

（3）工厂常用的特殊灯具有哪几种？各适用于什么环境？

（4）安装临时照明线路，应注意哪些问题？

（5）电度表分为几种类型？画出有功电度表参考接线图。

（6）如何选择自动空气开关？简述其工作原理。

（7）参观学校附近企事业单位，了解其照明线路配线情况，画出其配线图。

Chapter 10

第10章
| 安全用电常识 |

10.1 有关人体触电的知识

10.1.1 人体触电种类和方式

在供电、用电过程中，操作人员必须特别注意用电安全。稍有麻痹或疏忽，就可能造成触电事故，甚至引起火灾或爆炸，给国家和人民带来极大的损失。

人体直接接触或过分接近带电体时引起局部受伤或死亡的现象称为触电。

1. 触电种类

（1）电击。电击是指电流通过人体时所造成的内伤。它能使肌肉抽搐，内部组织损伤，造成发热、发麻、神经麻痹等，严重时将引起昏迷、窒息，甚至死亡。

电击可分为直接电击和间接电击。直接电击是指人体直接触及正常运行的带电体所发生的触电。间接电击则是指电气设备发生故障后，人体触及意外带电部分所发生的触电。

（2）电伤。电伤是指在电流的热效应、化学效应、机械效应以及电流本身作用下造成的人体外伤。常见电伤有灼伤、烙伤、皮肤金属化等现象。

电击和电伤的特征和危害如表10-1所示。

2. 人体触电方式

（1）单相触电。单相触电是指人体的某一部分接触带电体的同时，另一部分又与大地或中性线相接，如图10-1所示。

表 10-1　　　　　　　　　　　　　电击和电伤的特征与危害

名　称		特　征	说明与危害
电击		常会给人体留下较明显的特征，包括电标、电纹、电流斑。电标是在电流出入口处所产生的革状或炭化标记；电纹是电流通过皮肤表面，在其出入口间产生的树枝状不规则的发红线条；电流斑则是指电流在皮肤表面出入口处所产生的大小溃疡	电击是触电事故中最危险的一种，会致使人体产生痉挛、刺痛、灼热感、昏迷、心室颤动或停跳、呼吸困难、心跳停止等现象
电伤	电灼伤	接触灼伤：是发生在高压触电事故时，电流通过人体皮肤的出入口造成的灼伤　　　电弧灼伤：是在误操作或过分接近高压带电体时，产生电弧放电，出现的高温电弧造成的灼伤	高温电弧会把皮肤烧伤，致使皮肤发红、起泡或烧焦和组织破坏；电弧还会使眼睛受到严重伤害
	电烙印	由电流的化学效应和机械效应引起，通常在人体与带电体有良好接触的情况下发生。电烙印有时在触电后并不立即出现，而是隔一段时间后才出现	皮肤表面将留下与被接触带电体形状相似的肿块痕迹。电烙印一般不会发炎或化脓，但往往造成局部麻木和失去知觉
	皮肤金属化	由于极高的电弧温度使周围的金属熔化、蒸发并飞溅到皮肤表层，使皮肤表面变得粗糙坚硬，其色泽与金属种类有关，如灰黄色（铅）、绿色（紫铜）、蓝绿色（黄铜）等	金属化后的皮肤经过一段时间后会自行脱落，一般不会留下不良后果

（2）两相触电。两相触电是指人体的不同部分同时接触两相电源时造成的触电，如图 10-2 所示。人体所承受的线电压将比单相触电时要高，危险性更大。

（3）跨步电压触电。雷电流入地或电力线（特别是高压线）断散到地时，会在导线接地点及周围形成强电场。当人体跨进这个区域，两脚之间出现的电位差称为跨步电压，该区域内的触电称为跨步电压触电，如图 10-3 所示。

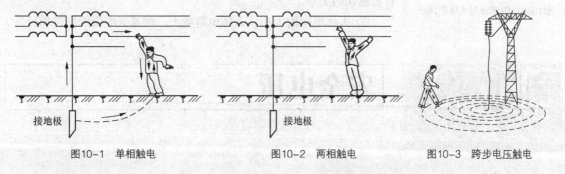

图10-1　单相触电　　　　　　　　　图10-2　两相触电　　　　　　　　图10-3　跨步电压触电

此外，还有悬浮电路上的触电、感应电压触电、剩余电荷触电等形式。

10.1.2　电流伤害人体的主要因素

① 电流的大小。通过人体的电流越大，对人体的伤害越严重（见表10-2）。

② 电压的高低。人体接触的电压越高，流过人体的电流越大，对人体的伤害越严重。

表 10-2　　　　　　不同大小的电流通过人体时的反应

电流（mA）	交流电（50 Hz）	直　流　电
0.6～1.5	手指开始感觉发麻	无感觉
2～3	手指感觉强烈发麻	无感觉
5～7	手指肌肉感觉疼挛	手指感觉灼热和刺痛
8～10	手指关节与手掌感觉痛，手已难于脱离电源，但尚能摆脱	手指感觉灼热，较 5～7 mA 时更强
20～25	手指感觉剧痛，迅速麻痹，不能摆脱电源，呼吸困难	灼热感很强，手的肌肉疼挛
50～80	呼吸麻痹，心室开始震颤	强烈灼痛，手的肌肉痉挛，呼吸困难
90～100	呼吸麻痹，持续 3 s 或更长时间后心脏麻痹或心房停止跳动	呼吸麻痹
>500	延续 1 s 以上有死亡危险	呼吸麻痹，心室颤动，心跳停止

③ 电流频率的高低。40～60 Hz 的交流电最危险。随着频率的增高，危险性将降低。

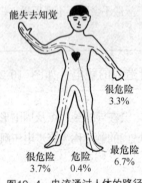

图10-4　电流通过人体的路径

④ 通电时间的长短。通电时间越长，人体电阻降低，通过人体的电流将增加，触电危险也增加。技术上常用触电电流与触电持续时间的乘积（电击能量）来衡量电流对人体的伤害程度。若电击能量超过 150 mA·s 时，触电者就有生命危险。

⑤ 电流通过人体的路径。如图 10-4 所示，电流通过头部可使人昏迷，通过脊髓可能导致瘫痪，通过心脏将造成心跳停止，血液循环中断。

⑥ 人体状况。触电伤害程度与人的性别、健康状况、精神状态等有着密切的关系。

⑦ 人体电阻的大小。人体电阻越大，则遭受电流的伤害越轻。

10.2　安全电压

触电时，人体所承受的电压越低，通过人体的电流就越小，触电伤害就越轻。当低到一定值以后，对人体就不会造成伤害。在不带任何防护设备的条件下，当人体接触带电体时，对各部分组织均不会造成伤害的电压值，叫做安全电压。安全电压值由人体允许电流和人体电阻的乘积决定。安全电压是否安全与人的现时状况、触电时间长短、工作环境、人与带电体的接触面积和接触压力等都有关系。

10.2.1　人体电阻

人体电阻包括体内电阻、皮肤电阻和皮肤电容。皮肤电容很小，可忽略不计；体内电阻基本上不受外界影响，差不多是定值，约 0.5 kΩ；皮肤电阻占人体电阻的绝大部分。通常认为人体电阻为 1～2 kΩ，但皮肤电阻随外界条件的不同可在很大范围内变化。

影响人体电阻的因素很多，除了皮肤厚薄外，皮肤潮湿、多汗、有损伤、带有导电粉尘，对带电体接触面大、接触压力大都将减小人体电阻。人体电阻还与接触电压有关，接触电压升高，人体电阻将按非线性规律下降。另外，人体电阻还会随电源频率的增加而降低。

工作人员正常工作时一般穿戴绝缘手套和绝缘靴，会使人体电阻明显增大。

10.2.2　人体允许电流

人体允许电流是指发生触电后触电者能自行摆脱电源、解除触电危害的最大电流，是人体遭电击后可能延续的时间内不至于危及生命的电流。通常情况下人体的允许电流因性别而异，男性为 9 mA，女性为 6 mA。在装有防止触电的快速保护装置的场合，人体允许电流可按 30 mA 考虑；在容易发生严重二次事故（再次触电、摔死、溺死）的场合，应按不至于引起强烈反应的 5 mA 考虑。

这里所说的人体允许电流不是人体长时间能承受的电流。

10.2.3　安全电压标准值及适用场合

为了使通过人体的电流不超过安全电流值，我国规定工频有效值 12 V、24 V、36 V 3 个电压等级为安全电压级别。

凡手提照明灯具、用于危险环境和特别危险环境的局部照明灯、高度不足 2.5 m 的照明灯及携带式电动工具等，若无特殊安全结构或安全措施，均应采用 24 V 或 12 V 安全电压。

对于金属容器内、隧道内、矿井内等工作地点狭窄、行动不便、湿度大，以及周围有大面积接地导体的环境，应采用 12 V 安全电压。当电气设备采用 24 V 以上的安全电压时，必须采取直接接触电击的防护措施。

即使在规定的安全电压下工作，对于某些特殊情况或某些人，也不一定绝对安全，不可粗心大意。

10.3 接地和接地电阻

10.3.1 接地的概念

电气设备或装置的某一点（接地端）通过接地装置与大地相连，称为接地，如图 10-5 所示。接地的目的是利用大地为正常运行、绝缘损坏或遭受雷击等情况下的电气设备提供对地电流流通回路，保证电气设备和人身的安全。

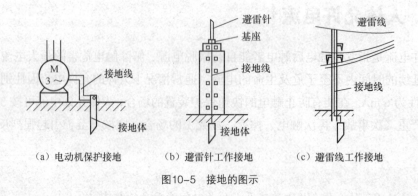

（a）电动机保护接地　　（b）避雷针工作接地　　（c）避雷线工作接地

图10-5　接地的图示

接地装置由接地体和接地线两部分组成。

1. 接地体

接地体是埋入大地并和大地直接接触的导体组，分为自然接地体和人工接地体。

自然接地体是利用与大地有可靠连接的金属构件、金属管道、钢筋混泥土建筑物的基础等作为接地体，例如：

① 敷设在地下的各种金属管道（自来水管、下水管、热力管等），但液体燃料和爆炸性气体金属管道以及包有黄麻、沥青等绝缘材料的金属管道除外；

② 建筑物、构筑物与地连接的金属结构；

③ 敷设在地下且数量不少于两根的电缆金属外皮；

④ 钢筋混凝土建筑物与构筑物的基础等；

在选用这些自然物作为接地体时，应保证导体有可靠的连接，以形成连续的导体，同时应用两根以上的导体在不同地点与接地干线相连。

人工接地体是用型钢（如角钢、钢管、扁钢、圆钢）制成的。为了保证足够的机械强度和防腐蚀的需要，钢质接地体的最小尺寸应满足表 10-3 的要求。一般地区采用垂直敷设，垂直接地体下端加工成尖形，长度为 2～3 m。多岩石地区采取水平敷设。

表 10-3　　　　　　　　　　　钢质接地体的最小尺寸

材料种类		地　上		地　下	
		室　内	室　外	交　流	直　流
圆钢直径/mm		6	8	10	12
扁钢	截面/mm²	60	100	100	100
	厚度/mm	3	4	4	6
角钢厚度/mm		2.0	2.5	4.0	6.0
钢管管壁厚度/mm		2.5	2.5	3.5	4.5

2．接地线

电气设备或装置的接地端与接地体相连的金属导线称为接地线，分为自然接地线和人工接地线两种。接地线截面应与相线载流量相适应，最小尺寸不得小于表 10-4 规定的数值。接地装置的接地线应尽量选用下列自然物：

① 建筑物的金属结构（梁、柱等），并且必须保证整体有可靠的连接，以形成连续的导体。

② 生产用的金属结构、吊车轨道、配电装置的构架等。

③ 壁厚不小于 1.5 mm 的配线用的钢管。

④ 电力电缆的铅包皮或铝包皮也可用作接地线，但要有两根。

⑤ 电压在 1 000 V 以下的电气设备可用金属管道作为接地线（可燃液体管道与可燃或爆炸性气体管道除外）。

3．接地装置的组成形式

（1）单极接地装置。单极接地装置由一支接地体构成，接地线一端与接地体连接，另一端与设备的接地点直接连接，适用于接地要求不太高和设备接地点较少的场所，如图 10-6 所示。

表 10-4　　　　　低压电气设备外露铜、铝接地线的截面积

材料种类	铜/mm²	铝/mm²
明设的裸导线	4	6
绝缘导线	1.5	2.5
电缆接地芯或与相线包在同一保护套内的多芯导线的接地芯	1.0	1.5

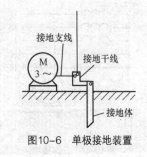

图10-6　单极接地装置

（2）多极接地装置。多极接地装置由两支以上的接地体构成，各接地体之间用干线连成一体，形成并联，从而减小了接地装置的接地电阻，如图 10-7 所示。多极接地装置可靠性强，适用于接地要求较高、设备接地点较多的场所。

（3）接地网络。接地网络是由多支接地体用接地干线将其互相连接形成的网络，如图 10-8 所示。适用于配电所及接地点多的车间、工厂或露天作业等场所，既方便机群设备的接地需要，又加强了接地装置的可靠性，同时减小了接地电阻。

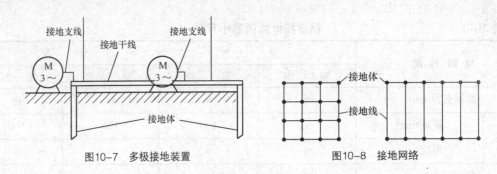

图10-7　多极接地装置　　　　　　　　　　图10-8　接地网络

10.3.2　接地的种类

1．工作接地

为了保证电气设备的正常工作，将电路中的某一点通过接地装置与大地可靠连接，称为工作接地，如图10-9所示。变压器低压侧的中性点、电压互感器和电流互感器的二次侧接地等都是工作接地。

2．保护接地

保护接地是将电气设备正常情况下不带电的金属外壳通过接地装置与大地可靠连接，如图10-10所示，适用于中性点不接地或不直接接地的电网系统。保护接地的作用是，当一相电源碰壳时，电气设备外壳带电，由于人体与接地体并联，人体电阻远大于接地电阻，所以流过接地装置的电流很大，通过人体的电流极小，从而保证了人体安全。

3．保护接零

在中性点直接接地系统中，把电气设备金属外壳等与电网中的零线作可靠的电气连接，称为保护接零，如图10-11所示。当一相绝缘损坏碰壳时，由于外壳与零线连通，形成该相对零线的单相短路，迫使线路上的短路保护装置迅速动作，切断电源，消除触电危险。

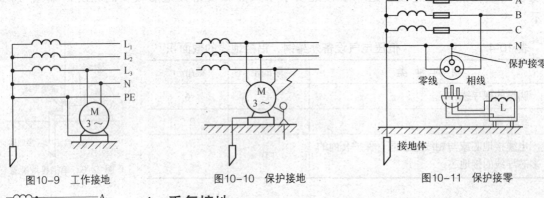

图10-9　工作接地　　　　　图10-10　保护接地　　　　　图10-11　保护接零

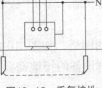

图10-12　重复接地

4．重复接地

三相四线制的零线在多于一处经过接地装置与大地再次连接的情况称为重复接地，如图10-12所示。在1 kV以下的接零系统中，重复接地的接地电阻不应大于10 Ω。重复接地的作用是降低三相不平衡电路中零线上可能出现的危险电压，减轻单相接地或高压串入低压的危险。

10.3.3 接地电阻的测量

接地电阻测定仪又称为接地摇表，是一种携带式指示仪表，主要用于测量电气系统、避雷系统等接地装置的接地电阻和土壤电阻率。

1. 基本结构

ZC-8 型接地电阻测试仪（见图 10-13）由高灵敏度的检流计 G、手摇交流发电机 M、电流互感器 TA 及调节电位器 RP、测量用接地极 E、电压辅助电极 P、电流辅助电极 C 等组成，全部机构装在塑料壳内，外有皮壳，便于携带。附件有辅助探棒、连接线等，装于附件袋内。

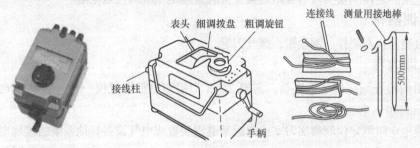

图10-13　ZC-8型接地电阻测试仪及其附件

2. 接地电阻测试仪的使用

（1）接线方式的规定。ZC-8 型接地电阻测试仪有 3 个端钮，E 端钮用 5 m 导线直接接至被测接地电极，P 端钮用 20 m 导线接电压探棒，C 端钮用 40 m 导线接电流探棒，电压探棒、电流探棒插入距离接地体 20 m 和 40 m 的地中，深度约为 400 mm。

当接地电阻大于等于 1 Ω 时可按图 10-14 接线，小于 1 Ω 时可按图 10-15 接线测量。

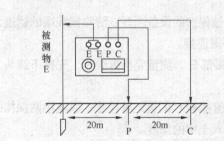

图10-14　接地电阻大于等于1Ω时的测量

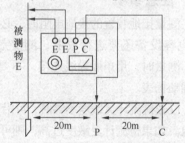

图10-15　接地电阻小于1Ω时的测量

（2）仪表使用方法与注意事项。

① 拆开接地干线与设备的连接点，并清除接地线连接处的锈迹。

② 正确接线。将电压探棒和电流探棒分别插入距离接地体 20 m 和 40 m 的地中，并且接地极、电压探棒和电流探棒三者成一直线。仪表接线桩 E、P、C 分别与接地极、电压探棒和电流探棒用单股导线连接，如图 10-16 所示。

③ 将仪表置于水平位置，对指针机械调零，使其指在标度尺红线上。

④ 估测接地体电阻值，将"倍率开关"置于某一倍率，以

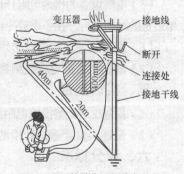

图10-16　接地电阻测定仪的使用

120 r/min 的转速摇动手柄，同时旋动刻度盘，使检流计指针指向红线，指针稳定后，刻度盘上的读数乘上倍率即为被测电阻值。

⑤ 如果刻度盘读数小于 1 时，检流计指针仍未取得平衡，可将倍率开关置于小一挡的倍率重新测量，直至调节到完全平衡为止。

技能训练 1　接地电阻的测量与检测

一、实训目的

用接地电阻测定仪测量实习室或附近某避雷装置接地系统的接地电阻。

二、实训器材

接地电阻测定仪及附件、钢丝钳、螺丝刀等。

三、实训内容

（1）使用前检查测试仪是否完整。需要 ZC-8 型接地电阻测试仪一台，辅助接地极两根，导线 5 m、20 m、40 m 各一根。

（2）用接地电阻测定仪测量实习室或附近某避雷装置或电气设备接地系统的接地电阻，并将有关数据记入表 10-5 中。

表 10-5　　　　　　　　　　接地电阻测量记录

接地装置名称	接地电阻测定仪		探针间距/m			探针入地深度/cm		接地电阻值/Ω
	型号	所用量程	E、P 间	P、C 间	E、C 间	P	C	

四、注意事项

（1）测量接地装置的接地电阻时，必须将接地线路与被保护的设备断开，清除接线端的锈迹，对于大电容设备还要进行放电，测量完毕再将断开处牢固连接。

（2）测量时，用单股导线连接，不要触及引线的金属部分。测量完毕拆线时，先拆下线头，再停止摇动摇表。

（3）仪表检流计灵敏度不够时，可沿电压探棒 P 和电流探棒 C 的接地处注水，以减小两探棒的接地电阻。如果检流计灵敏度过高，则可减小电压探棒插入土中的深度。

（4）仪表检流计指针有抖动现象，可变化摇柄转速消除。

（5）电气设备的接地电阻任何时候都不能大于规定的数值 4 Ω，测量接地电阻一般选择在土壤导电率最低的时期进行，在冬季最冷或夏季最干燥的时候所测的接地电阻小于规定值才算真正符合要求。

（6）携带、使用仪表时必须小心轻放，避免剧烈震动。

（7）禁止在有雷电或被测物带电时进行测量。

五、实训报告

（1）简述 ZC-8 型接地电阻测定仪的使用方法和注意事项。

（2）简述实验楼避雷针接地装置接地电阻的测量步骤。

六、评分标准

成绩评分标准如表 10-6 所示。

表 10-6　　　　　　　　　　　　　成绩评分标准

序　号	主要内容	考核要求	评分标准	配分	扣分	得分
1	接地电阻测定仪的检查	能正确选用和检查判断仪表的好坏	接地电阻测定仪放置不正确扣 5 分 未将接地线路与被保护的设备断开便进行测量扣 10 分 未清除接线端的锈迹扣 10 分	25		
2	操作方法	能正确连线操作方法正确	接线桩接线不正确扣 10 分 探针间距错一处扣 10 分 操作方法每错一处扣 10 分	40		
3	读数	正确读出仪表示数	读数的方法不正确扣 10 分 读数结果不正确扣 10 分	20		
4	安全、文明生产	能保证人身和设备安全	违反安全、文明生产规程扣 10 分	10		
5	时间	30 分钟完成	超过规定时间 5 分钟扣 5 分	5		
备注		合计		100		
		教师签字		年　　月　　日		

10.4　触电原因及预防措施

10.4.1　常见触电原因

常见的触电原因有以下几种情况。

① 缺乏电气安全知识。

② 违反操作规程。

③ 电气设备不合格。

④ 维修不善。

⑤ 偶然因素，如大风刮断的电线恰巧落在人体上等。

10.4.2　触电事故的规律

了解了常见的触电原因后，还需要了解触电事故的一些规律。

① 触电事故的季节性明显。统计资料表明，一年之中第二、第三季度事故较多，6~9 月最集中。这与夏、秋两季多雨、天气潮湿，降低了电气设备的绝缘性能有关。

② 低压触电事故多于高压触电事故。其原因是低压设备多，低压电网广泛，人接触机会多，加上低压设备管理不严等。

③ 单相触电事故多。单相触电事故占总触电事故的70%以上。

④ 发生在线路部位的触电事故较普遍。线路部位触电事故发生在变压器出口总干线上的少，发生在分支线上的多，发生在远离总开关线路部分的更为普遍。这是因为，人们在检修或接线时贪图方便，带电接线，而插头、开关、熔断器、接头等连接部位容易接触不良而发热，造成电气绝缘和机械强度下降，致使这些部位易发生触电事故。

⑤ 误操作触电事故较多。由于电气安全教育不够，电气安全措施不完备，致使受害者本人或他人误操作造成的触电事故较多。

10.4.3 预防触电的措施

1. 预防直接触电的措施

① 绝缘措施。用绝缘材料将带电体封闭起来的措施。

② 屏护措施。采用屏护装置将带电体与外界隔绝开来，以杜绝不安全因素的措施。

③ 间距措施。为了防止人体触及或过分接近带电体，避免车辆或其他设备碰撞或过分接近带电体，防止火灾、过电压及短路事故，为了操作的方便，在带电体与地面之间、带电体与带电体之间、带电体与其他设备之间均应保持一定的安全间距，叫作间距措施。

2. 预防间接触电的措施

① 加强绝缘措施。对电气线路或设备采取双重绝缘。

② 电气隔离措施。采用变压器或具有同等隔离作用的发电机，使电气线路和设备的带电部分处于悬浮状态叫做电气隔离措施。

③ 自动断电措施。在带电线路或设备上发生触电事故或其他事故（短路、过载、欠压等）时，在规定时间内能自动切断电源而起到保护作用的措施叫做自动断电措施。

① 尽量不带电作业，必须带电工作时，应使用各种安全防护工具，如使用绝缘棒、绝缘钳，戴绝缘手套，穿绝缘靴等，并设专人保护。

② 为电气设备装设保护接地装置，在电气设备的带电部位安装防护罩或将其装在不易触及的地点，或者采用联锁装置。

③ 对各种电气设备进行定期检查，如发现绝缘损坏、漏电或其他故障应及时处理，对于不能修复的设备，应予以更换。

④ 在不宜使用380/220 V电压的场所，应使用12~36 V的安全电压。

⑤ 使用、维护、检修电气设备时，应严格遵守有关操作规程。

⑥ 禁止非电工人员随意安装拆卸电气设备，更不得乱接电线。

⑦ 加强用电管理，建立健全安全工作规程和制度，并严格执行。

⑧ 加强技术培训，普及安全用电知识，开展以预防为主的反事故演习。

触电急救

人触电以后，可能由于痉挛或失去知觉等原因而紧抓带电体，不能自行摆脱电源。触电急救最关键的因素是根据患者的现象首先能判断出发生了触电事故，然后按照适当的方法进行及时抢救，假如判断不正确当做生病抢救，施救者也容易发生触电事故。

1. 首先要尽快地使触电者脱离电源

（1）低压触电事故的急救（见图 10-17）。

(a) 拔掉电源插座　(b) 断开开关　(c) 剪断电源线　(d) 将干木板塞入触电者身下

(e) 将触电者拉离电源　　(f) 挑开触电者身上的电线

图10-17　使触电者脱离电源的方法

① 立即拔掉电源插头或断开触电地点附近开关。

② 将电源开关远离触电地点，可用有绝缘柄的电工钳或干燥木柄的斧头分相切断电线，或将干木板等绝缘物塞入触电者身下，以隔断电流。

③ 电线搭落在触电者身上或被压在身下时，可用干燥的衣服、手套、绳索、木板、木棒等绝缘物作为工具，拉开触电者或挑开电线，使触电者脱离电源。

（2）高压触电事故的急救。

① 立即通知有关部门停电。

② 戴上绝缘手套，穿上绝缘靴，用相应电压等级的绝缘工具断开电源。

③ 将裸金属线的一端可靠接地，另一端抛掷在线路上造成短路，迫使保护装置动作切断电源。

（3）脱离电源后的注意事项。

① 救护人员不可以直接用手或其他金属及潮湿的物件作为救护工具，必须采用适当的绝缘工具且单手操作，以防止自身触电。

② 防止触电者脱离电源后可能造成的摔伤。

③ 如果触电事故发生在夜间，应当迅速解决临时照明问题，以利于抢救，并避免扩大事故。

2. 脱离电源后的救护

现场应用的主要救护方法是人工呼吸法和胸外心脏压挤法。

① 如果触电者伤势不重，神智清醒，但是有些心慌、四肢发麻、全身无力，或者在触电的过程中曾经昏迷，这时应当使触电者安静休息，不要走动，严密观察，并请医生前来诊治或送往医院。

② 如果触电者已失去知觉，但仍有心跳和呼吸，应当使触电者平卧，松开其衣领，以利于呼吸；如果天气寒冷，要注意保温，并立即请医生诊治或送医院。

③ 如果触电者呼吸停止或心脏停止跳动或两者都已停止时，应立即实行人工呼吸和胸外压挤法，并迅速请医生诊治或送往医院。

　　急救要尽快地进行，不能等候医生的到来，在送往医院的途中也不能终止急救。

技能训练2　触电急救的操作

一、实训目的

（1）学会根据触电者的触电症状，及时判断出是否触电，并选择合适的急救方法。

（2）熟练掌握两种常用的触电急救方法（口对口人工呼吸法和胸外心脏压挤法）的操作要领。

二、实训器材

投影仪、口对口人工呼吸法和胸外心脏压挤法教学录像、棕垫等。

三、实训内容

（1）组织学生观看口对口人工呼吸法和胸外心脏压挤法的教学录像。

口对口人工呼吸法是在触电者呼吸停止后采用的急救方法（见图10-18），其实施步骤如下。

　　（a）头部后仰　　　（b）捏鼻掰嘴　　　（c）贴紧吹气　　　（d）放松换气

图10-18　口对口人工呼吸法四步骤

① 将触电者抬至通风阴凉处仰卧平躺，迅速松开其衣领和腰带，使胸部能自由扩张。

② 将触电者的头部偏向一侧，清除口腔中的异物，使其呼吸畅通，必要时可用金属匙柄由口角伸入，使口张开。

③ 救护者站在触电者的一边，一只手捏紧触电者的鼻子，另一只手托在触电者颈后使其头部后仰，嘴巴张开。救护者深吸一口气，用嘴紧贴触电者口向内吹气，约2 s。

④ 吹气完毕，松开触电者的鼻子，让气体从触电者的肺部自行排出，约3 s。每5 s吹气一次，重复进行，直到触电者苏醒。

　　（1）当触电者牙关紧闭无法张嘴时，可改为口对鼻人工呼吸法。

　　（2）对儿童采用人工呼吸法时，不必捏紧鼻子，吹气速度也应平稳些，以免肺泡破裂。

胸外心脏压挤法是触电者心脏跳动停止后采用的急救方法（见图 10-19），其实施步骤如下。

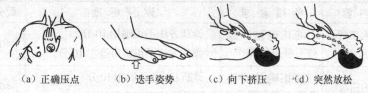

（a）正确压点　　　（b）送手姿势　　　（c）向下挤压　　　（d）突然放松

图10-19　胸外心脏压挤法四步骤

① 使触电者仰卧在平地或木板上，松开其衣领和腰带，使其头部稍后仰（颈部可枕垫软物），抢救者跪跨在触电者的腰部两侧。

② 抢救者将右手掌放在触电者的胸骨处，中指指尖对准其颈部凹陷的下端，左手掌复压在右手背上（对儿童可用一只手）。

③ 抢救者借身体重量向下用力挤压，压下 3～4 cm，突然松开，每分钟挤压 60 次左右，不可中断，直至触电者苏醒为止。

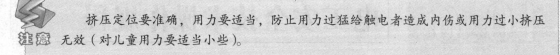

注意　　挤压定位要准确，用力要适当，防止用力过猛给触电者造成内伤或用力过小挤压无效（对儿童用力要适当小些）。

触电者呼吸和心跳都停止时，可同时采用口对口人工呼吸法和胸外心脏压挤法，如图 10-20（c）所示。双人救护时，每 5 s 吹气一次，每秒钟挤压一次，两人同时进行操作。单人救护时，可先吹气 2～3 次，再挤压 10～15 次，交替进行。

（a）口对口人工呼吸法　　　（b）胸外心脏压挤法　　　（c）呼吸法和压挤法同时救护

图10-20　使用呼吸法和压挤法同时救护

（2）实训方法。

① 一名同学模拟停止呼吸的触电者，另一名同学模拟施救者。"触电者"仰卧于棕垫上，"施救者"按口对口人工呼吸急救方法的操作要领进行吹气和换气练习。

② 一名同学模拟心脏停止跳动的触电者，另一名同学模拟施救者。"触电者"仰卧于棕垫上，"施救者"按要求摆好"触电者"的姿势，找准胸外挤压位置，按正确手法和时间要求对"触电者"施行胸外心脏挤压训练。

③ 以上模拟训练两人一组，交换进行练习，认真体会其操作要领。

四、实训报告

（1）简述口对口人工呼吸法的操作步骤。

（2）简述胸外心脏压挤法的操作步骤。

五、评分标准

成绩评分标准如表 10-7 所示。

表 10-7   成绩评分标准

序号	主 要 内 容	考 核 要 求	评 分 标 准	配分	扣分	得分
1	口对口人工呼吸法	能正确按照操作要领进行操作	诊断方法不正确扣10分 操作方法不正确每处扣10分	40		
2	胸外心脏压挤法	能正确按照操作要领进行操作	诊断方法不正确扣10分 操作方法不正确每处扣10分	40		
3	安全、文明操作	能保证人身安全	违反安全、文明操作规程扣5～10分	10		
4	时间	每分钟次数	吹气或按压次数不在范围之内扣10分	10		
备注		合计		100		
		教师签字		年　　　月　　　日		

10.6　电工安全技术操作规程

10.6.1　电工安全工作的基本要求

电工安全工作的基本要求如下。

① 上岗时必须穿戴好规定的防护用品，一般不允许带电作业。

② 工作前详细检查所用工具是否安全可靠，了解场地环境情况，选好工作位置。

③ 认真、严格地执行"装得安全、拆得彻底、检查经常、修理及时"的规定。

④ 在线路、设备上工作时要切断电源并悬挂警告牌，验明无电后才能进行工作。

⑤ 不准无故拆除电器设备上的熔丝及过负荷继电器或限位开关等安全保护装置。

⑥ 机电设备安装或修理完工后在正式送电前必须仔细检查绝缘电阻及接地装置和传动部分防护装置，使之符合安全要求。

⑦ 发生触电事故应立即断电，并采用安全、正确的方法对触电者进行解救和抢救。

⑧ 装接灯头时开关必须控制相线，临时线敷设时应先接地线，拆除时应先拆相线。

⑨ 使用电压高于 36 V 的手电钻时，必须带好绝缘手套，穿好绝缘鞋。使用电烙铁时，安放位置不得有易燃物，不得靠近电气设备，用完后要及时拔掉插头。

⑩ 工作中拆除的电线要及时处理好，带电的线头必须用绝缘带包扎好。

⑪ 高空作业时应系好安全带，扶梯脚应有防滑措施。

⑫ 登高作业时，工具、物品不准随便往下扔，必须装入工具带内吊送或传递。地面上的人员应戴好安全帽，并离开施工区 2 m 以外。

⑬ 雷雨或大风天气时严禁在架空线路上工作。

⑭ 低压架空带电作业时不得同时接触两根线头，不得穿越未采取绝缘措施的导线。

⑮ 在带电的低压开关柜上工作时，应采取防止相间短路及接地等安全措施。

⑯ 电器着火时，应立即切断电源。未断电前，应用四氯化碳、二氧化碳或干沙灭火，严禁用水或普通酸碱泡沫灭火器灭火。

⑰ 配电间严禁无关人员入内。外单位参观时必须经过有关部门批准，由电气工作人员带入。

10.6.2　电气设备上工作的安全技术措施

（1）停电。将电气设备工作范围内各方进线电源都断开（切断电源时，还应切断少油断路器的操作电源），并采取防止误合闸的措施，而且每处至少应有一个明显的断开点，使工作人员在断电范围内工作，并与带电部分保持足够的安全距离。

（2）验电。为确保断电后的电气设备不带电，必须用合格的验电笔检验电气设备上有无电压，确认无电后才能工作。验电应在电气设备的两侧各相分别进行。

（3）装设接地线。把电气设备的金属部分用导线同大地紧密地连接起来。当工作中突然来电时，由于人与接地线并联，电流全部从接地线经过，所以人不会触电。装设接地线必须两人进行。装设时先接接地端，后接导体端，必须接触良好。拆接地线的顺序与上述规定相反。装拆接地线均应使用绝缘棒或戴绝缘手套。接地线应挂在工作人员看得见的地方，但不得挂在工作人员的跟前，以防突然来电时烧伤工作人员。

（4）悬挂标示牌，装设遮拦。线路上有人工作，应在线路开关和刀闸的操作把手上悬挂"禁止合闸，有人工作！"的标示牌；在高压设备内工作，安全距离不够时，应设临时遮拦；在室内高压设备上工作，应在工作地点两旁间隔和对面间隔的遮拦上和禁止通行的过道上悬挂"止步，高压危险！"的标示牌。"禁止合闸"表示运行中设备不许合闸，与"禁止合闸，有人工作！"不能混用。

10.6.3　电气设备安全运行措施

要使电气设备安全运行，必须采取一些措施，例如下述几点。

① 必须严格遵守操作规程，合上电源时，先合上隔离开关，再合上负荷开关；分断电源时，先断开负荷开关，再断开隔离开关。

② 电气设备一般不能受潮，在潮湿场合使用时，要有防雨水和防潮措施。电气设备工作时会发热，应有良好的通风散热条件和防火措施；对于有裸露带电体的设备，特别是高压设备，应有防止小动物窜入造成短路事故的措施。

③ 所有电气设备的金属外壳应有可靠的保护接地。电气设备应有短路保护、过载保护、欠压和失压保护等保护措施。

④ 凡有可能被雷击的电气设备，都要安装防雷措施。

⑤ 需要切断故障区域电源时，要尽量缩小停电范围，尽量避免越级切断电源。

⑥ 对于出现故障的电气设备、装置和线路，必须及时进行检修，以保证人身和设备的安全。

10.6.4　电气设备及线路的保护措施和着火自救

1. 电器火灾产生的原因

电器火灾产生的原因如表 10-8 所示。

表 10-8   引起电器火灾的原因

原因	引 发 方 式
过载	过载是指电气设备或导线的功率和电流超过了其额定值。过载使导体中的电能转变成热能，当导体和绝缘物局部过热，达到一定温度时就会引起火灾
短路电弧和火花	短路是电气设备最严重的一种故障状态，短路时，在短路点或导线连接松弛的接头处会产生电弧或火花。电弧温度高达 6 000℃以上，可以引燃它本身的绝缘材料，还可将它附近的可燃材料蒸气和粉尘引燃
接触不良	接触不良，会形成局部过热，形成潜在的引燃源
烘烤	电热器具（电炉电熨斗等）、照明灯泡在正常通电的状态下，相当于一个火源或高温热源。当其安装不当或长期通电无人监护管理时，就可能使附近的可燃物受高温而起火
摩擦	发电机和电动机等旋转型电气设备的轴承出现润滑不良产生干磨发热或者虽然润滑正常但高速旋转等情况，都会引起火灾

2. 火灾的种类

火灾的种类依据我国国家标准（GB4351）的规定可以分为 5 类。

① 普通火灾（A 类）：由木材、纸张、棉布、塑胶等固体物质引起的火灾。

② 油类火灾（B 类）：由可燃性液体及固体油脂物体引起的火灾，如汽油、石油、煤油等。

③ 气体火灾（C 类）：由可燃气体燃烧、爆炸引起的火灾，如天燃气、煤气等。

④ 金属火灾（D 类）：由钾、钠、镁、锂及禁水物质引起的火灾。

⑤ 电器火灾：由电路线或设备引起的火灾。

3. 电器火灾的预防和紧急处理

（1）预防方法。

① 经常检查电器设备的运行情况。例如，接头是否松动，有无电火花产生；电器设备的过载、短路保护装置性能是否可靠；设备绝缘是否良好等。

② 按场所的危险等级正确地选择、安装、使用和维护电器设备及电气线路，正确采用各种保护措施。

③ 在线路设计上，应充分考虑负载容量及合理的过载能力。

④ 在用电上，禁止过度超载及乱接乱搭电源线。

⑤ 对于需要在监护下使用的电气设备，应"人去停用"。

⑥ 对于易引起火灾的场所，应注意加强防火，配置防火器材。

（2）电器火灾的紧急处理。首先切断电源，同时拨打火警电话 119 报警，然后根据着火电器设备选择合适的灭火器灭火（干粉、二氧化碳或"1211"灭火器），也可用干燥的黄沙灭火。

① 拉闸时用绝缘工具操作，因为火灾发生后，开关设备由于受潮和烟熏绝缘能力降低了。

② 高压下切断电源时应先操作断路器后操作隔离开关，低压下应先操作电磁启动器后操作刀开关，以免引起弧光短路。

③ 切断电源的地点要选择适当，防止切断电源后影响灭火工作。

④ 不同相的电线应在不同的部位剪断，以免造成短路。剪断空中的电线时，剪断位置应选择在电源方向的支持物附近，以防止电线剪断后断落下来造成接地短路或触电事故。

技能训练 3　灭火训练

一、实训目的

使用灭火器对电器设备或线路进行灭火训练。

二、实训器材

干粉灭火器、二氧化碳灭火器、废旧电器设备等。

三、实训内容

（1）组织学生观看灭火的教学录像。

（2）进行灭火器型号和外形的认识练习。

① 灭火器铭牌常贴在筒身上或印刷在筒身上，使用前应详细阅读。

② 了解灭火器型号的规定，如表 10-9 所示。

表 10-9　　　　　　　　　各种灭火器的型号编制方法

组		代　号	特征代号	代号含义	主要参数	
					名　称	单　位
灭火器 M	水 S（水）	MS MSQ	酸碱	手提式酸碱灭火器	灭火剂充装量	L
			清水 Q（清）	手提式清水灭火器		
	泡沫 P（泡）	MP	手提式	手提式泡沫灭火器		L
		MPZ	舟车式 Z（舟）	舟车泡沫灭火器		
		MPT	推车式 T（推）	推车式泡沫灭火器		
	干粉 F（粉）	MF	手提式	手提式干粉灭火器		kg
		MFB	背负式 B（背）	背负式干粉灭火器		
		MFT	推车式 T（推）	推车式干粉灭火器		
	二氧化碳 T（碳）	MT	手提式	手提式二氧化碳灭火器		kg
		MTZ	鸭嘴式 Z（嘴）	鸭嘴式二氧化碳灭火器		
		MTT	推车式 T（推）	推车式二氧化碳灭火器		
	1211Y（1）	MY	手提式	手提式 1211 灭火器		kg
		MYT	推车式	推车式 1211 灭火器		

其中灭火器代号编在型号首位，通常用"M"表示。灭火剂代号编在型号第 2 位，用"P"、"F"、"T"、"Y"、"SQ"等表示。形式号编在型号中的第 3 位，是各类灭火器结构特征的代号，有手提式（包括手轮式）、推车式、鸭嘴式、舟车式和背负式 5 种。阿拉伯数字代表灭火剂重量或容积，一般单位为每千克或升。例如，MFZ/ABC3 为手提贮压式 3 kg ABC 干粉灭火器。

③ 了解常见的灭火器，如图 10-21 所示。ABC 干粉灭火器常用的规格有 1 kg、2 kg、3 kg、4 kg、5 kg、8 kg 等，ABC 推车干粉灭火器的规格有 35 kg、50 kg 等。干粉灭火器内部装有 ABC 干粉灭火剂和氮气，其型号有 MF1、MF2、MF3、MF4、MF5 等。普通干粉又称 BC 干粉，用于扑救液体和气体火灾。多用干粉又称 ABC 干粉，用于扑救固体、液体和气体火灾。

二氧化碳灭火器的规格有 2 kg、3 kg 等，推车二氧化碳灭火器常用的规格有 25 kg 等。

（a）ABC 干粉灭火器　　（b）ABC 推车干粉灭火器　　（c）二氧化碳灭火器

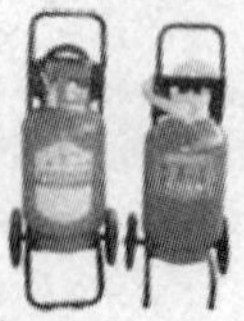

（d）推车二氧化碳灭火器　　（e）水成膜灭火器　　　（f）家（车）用灭火器

图10-21　几种常见的灭火器

水成膜灭火器内部装有 AFFF 水成膜泡沫灭火剂和氮气，能扑灭可燃固体、液体的初起火灾，常用的有 3 L、4 L 等。

家（车）用灭火器常用的规格有水系 480 mL、水系 950 mL、干粉 1 kg、干粉 2 kg 等。

（3）分小组练习干粉灭火器和二氧化碳灭火器的使用方法，如表 10-10 和图 10-22 所示。

表 10-10　　　　　　　　　　　几种灭火器的使用方法

名　称	适　用　范　围	手提式使用方法	推车式使用方法
二氧化碳灭火器	灭火后不留任何痕迹，不导电，无腐蚀性。适用于扑救电气设备、精密仪器、图书、档案、文物等。不能用来扑救碱金属、轻金属的火灾	拔掉保险销或铅封，握紧喷筒的提把，对准起火点，压紧压把或转动手轮，二氧化碳自行喷出，进行灭火	卸下安全帽，取下喷筒和胶管，逆时针方向转动手轮，二氧化碳自行喷出，进行灭火
干粉灭火器	用于扑救石油产品、油漆、可燃气体、电气设备等火灾	撕掉铅封，拔去保险销，对准火源，一手握住胶管，一手按下压把，干粉自行喷出，进行灭火	
1211 灭火器	1211 是一种甲烷的卤代物，灭火效率高，适用于仪表、电子仪器设备及文物、图书、档案等贵重物品的初起火灾扑救。本类灭火器按移动方式分为手提式和推车式两种	撕掉铅封，拔去保险销，对准火源，用力按压把，灭火剂自行喷出，进行灭火	先取出喷管，放开胶管，开启钢瓶上的阀门，双手紧握喷管，对准火源，用手压开开关，灭火剂自行喷出，进行灭火

四、注意事项

（1）二氧化碳灭火器使用注意事项：①灭火时，人员应站在上风处；②持喷筒的手应握在胶质喷管处，防止冻伤；③室内使用后，应加强通风。

（2）干粉灭火器应保持干燥、密封，以防止干粉结块，同时应防止日光曝晒，以防止二氧化碳受热膨胀而发生漏气。

（3）1211 手提式灭火器不能放置在日照、火烤、潮湿的地方，防止剧烈震动和碰撞。应每月检查压力

手提贮压式 ABC 干粉灭火器（1kg）的使用

手提贮压式二氧化碳灭火器（4kg）的使用

图10-22　常见灭火器的使用方法

表，低于额定压力 90%时重新充氮，重量低于标明值 90%时重新灌药。

（4）充油电气设备的油的燃点多在 130℃～140℃，有较大的危险性。如果只在该设备外部起火，可用二氧化碳、干粉灭火器带电灭火。如果火势较大，应切断电源，并可用水灭火。如果油箱破坏，喷油燃烧，火势很大时，除了切断电源外，有事故储油坑的应设法将油放进储油坑，坑内和地面上的油火可用泡沫灭火器扑灭。

（5）发电机、电动机等旋转电机起火时，为了防止轴和轴承变形，可令其慢慢转动，用喷雾水灭火，并使其均匀冷却；也可用二氧化碳或蒸气灭火，但不宜用干粉、沙子或泥土灭火，以免损坏电气设备的绝缘。

五、实训报告

（1）简述电气火灾的预防和紧急处理方法。

（2）简述干粉灭火器和二氧化碳灭火器的使用方法和注意事项。

六、评分标准

成绩评分标准如表 10-11 所示。

表 10-11　　　　　　　　成绩评分标准

序号	主要内容	考核要求	评分标准	配分	扣分	得分
1	灭火器的使用	熟练正确地使用灭火器	灭火器型号规格选错扣 10 分 电器火灾的紧急处理方法选用不当扣 10 分 操作方法不正确每处扣 10 分	60		
2	安全、文明实习	能保证人身和设备安全	违反安全文明生产规程扣 5～10 分	20		
3	时间	20 分钟完成	超过 5 分钟火没熄灭扣 10 分，超过 10 分钟不得分	20		
备注			合计	100		
			教师签字		年　月　日	

本章小结

电工是工业、农业和各项事业必不可少的技能人员，安全用电是每一位电工人员和电气操作人员必须掌握的基本知识。本章主要从人体触电的有关知识、安全电压标准等级、ZC-8 型接地电阻测试仪测量接地电阻的方法和注意事项、预防触电的措施和触电急救、电气火灾的预防和紧急处理、灭火器的使用等几个方面讲述安全用电常识，使大家能够了解电气事故发生的原因，积极预防触电事故，掌握触电急救的两种方法（口对口人工呼吸法和胸外心脏压挤法），在发生电气火灾后能采取正确的方法灭火。

（1）人体触电有哪几种类型？有哪几种方式？

（2）电流伤害人体与哪些因素有关？

（3）什么叫做安全电压？安全电压的 3 个等级是什么？试述各自的适用场合。

（4）接地可以分哪几类？接地装置的组成形式有哪几种？

（5）试述 ZC-8 型接地电阻测试仪的使用方法和注意事项。

（6）在电气操作和日常用电中，常采用哪些预防触电的措施？

（7）有人触电时，可用哪些方法使触电者尽快脱离电源？

（8）口对口人工呼吸法在什么情况下使用？试述其动作要领。

（9）胸外心脏压挤法在什么情况下使用？试述其动作要领。

（10）电气设备上工作的安全技术措施是什么？

（11）电器火灾产生的原因是什么？简述电器火灾的紧急处理措施。

（12）简述干粉灭火器的使用方法和注意事项。

附　录

| Multisim 10.0 简介 |

Multisim 是加拿大图像交互技术公司（Interactive Image Technoligics，简称 IIT 公司）推出的以 Windows 为基础的仿真工具，适用于板级的模拟/数字电路板的设计工作。它包含了电路原理图的图形输入、电路硬件描述语言输入方式，具有丰富的仿真分析能力。

工程师们可以使用 Multisim 交互式地搭建电路原理图，并对电路行为进行仿真。Multisim 提炼了 SPICE 仿真的复杂内容，这样工程师无须懂得深入的 SPICE 技术就可以很快地进行捕获、仿真和分析新的设计，这也使其更适合电子学教育。通过 Multisim 和虚拟仪器技术，PCB 设计工程师和电子学教育工作者可以完成从理论到原理图捕获与仿真再到原型设计和测试这样一个完整的综合设计流程。

Multisim 被美国 NI 公司收购以后，其性能得到了极大的提升，最大的改变就是与 LABVIEB 8 的完美结合。Multisim 10.0 的新特点如下。

- 通过直观的电路图捕捉环境，轻松设计电路。
- 通过交互式 SPICE 仿真，迅速了解电路行为。
- 借助高级电路分析，理解基本设计特征。
- 通过一个工具链，无缝地集成电路设计和虚拟测试。
- 通过改进、整合设计流程，减少建模错误并缩短产品上市时间。

NI Multisim 软件结合了直观的捕捉和功能强大的仿真，能够快速、轻松、高效地对电路进行设计和验证。凭借 NI Multisim，可以立即创建具有完整组件库的电路图，并利用工业标准 SPICE 模拟器模仿电路行为。借助专业的高级 SPICE 分析和虚拟仪器，能在设计流程中提早对电路设计进行迅速验证，从而缩短建模循环。与 NI LabVIEW 和 SignalExpress 软件的集成，完善了具有强大技术的设计流程，从而能够比较具有模拟数据的实现建模测量。

本书将以 Multisim 教育版为演示软件，结合教学的实际需要，简要地介绍该软件的概况和使用方法，并给出几个应用实例。

1. Multisim 概貌

Multisim 软件以图形界面为主，采用菜单、工具栏和热键相结合的方式，具有一般 Windows 应

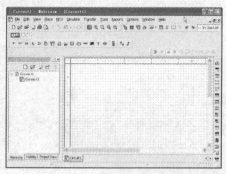

附图1　Multisim的主窗口界面

用软件的界面风格,用户可以根据自己的习惯和熟悉程度自如使用。

(1)Multisim 的主窗口界面。启动 Multisim 10.0 后,将出现如附图 1 所示的界面。

此界面由菜单栏、各种工具栏、电路输入窗口、状态条、列表框等多个区域构成。通过对各部分的操作可以实现电路图的输入、编辑,并根据需要对电路进行相应的观测和分析。用户可以通过菜单或工具栏改变主窗口的视图内容。

(2)菜单栏。菜单栏位于界面的上方,通过菜单可以对 Multisim 的所有功能进行操作,如附图 2 所示。

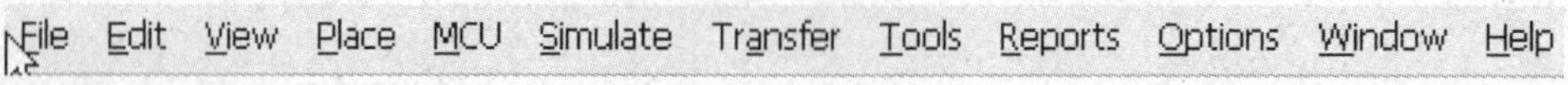

File　Edit　View　Place　MCU　Simulate　Transfer　Tools　Reports　Options　Window　Help

附图2　菜单栏

不难看出,其中有一些与大多数 Windows 平台上的应用软件一致的功能选项,如 File、Edit、View、Options、Help。此外,还有一些 EDA 软件专用的选项,如 Place、Simulate、MCU、Transfer、 Tools 等。

① File 菜单。File 菜单中包含了对文件和项目的基本操作以及打印等命令,如附表 1 所示。

附表1　　　　　　　　　　　　File 菜单中的命令

命　令	功　能
New	建立新文件
Open	打开文件
Close	关闭当前文件
Save	保存
Save As	另存为
New Project	建立新项目
Open Project	打开项目
Save Project	保存当前项目
Close Project	关闭项目
Version Control	版本管理
Print	打印电路
Print preview	打印预览
Print Options	打印选项
Recent Designs	最近编辑过的设计
Recent Project	最近编辑过的项目
Exit	退出 Multisim

② Edit 菜单。Edit 菜单提供了类似于图形编辑软件的基本编辑功能,如附表 2 所示,用于对电路图进行编辑。

附表 2 Edit 菜单中的命令

命　令	功　能
Undo	撤销编辑
Cut	剪切
Copy	复制
Paste	粘贴
Delete	删除
Select All	全选
Orientation/Flip Horizontal	将所选的元件左右翻转
Orientation/Flip Vertical	将所选的元件上下翻转
Orientation/90 ClockWise	将所选的元件顺时针 90° 旋转
Orientation/90 ClockWiseCW	将所选的元件逆时针 90° 旋转
Properties	元器件属性

③ View 菜单。通过 View 菜单可以决定使用软件时的视图，对一些工具栏和窗口进行控制，如附表 3 所示。

附表 3 View 菜单中的命令

命　令	功　能
Toolbars	显示工具栏
Ruler Bars	显示标尺栏
Statusbar	显示状态栏
Grapher	显示波形窗口
Show Grid	显示栅格
Show Page Bounds	显示页边界
Zoom In	放大显示
Zoom Out	缩小显示
Full Screen	全屏显示

④ Place 菜单。通过 Place 菜单可以输入电路图，如附表 4 所示。

附表 4 Place 菜单中的命令

命　令	功　能
Component	放置元器件
Junction	放置连接点
Bus	放置总线
Wire	放置连线
Hierarchical Block form File	读取文件为层次模块

续表

命　　令	功　　能
Connectors	放置连接
Text	打开电路图描述窗口，编辑电路图描述文字
Graphics	放置图形
New Subcircuit	放置新建子电路
Replace by Subcircuit	重新选择子电路，替代当前选中的子电路

⑤ Simulate 菜单。通过 Simulate 菜单可执行仿真分析命令，如附表5所示。

附表5　　　　　　　　　　　Simulate 菜单中的命令

命　　令	功　　能
Run	执行仿真
Pause	暂停仿真
Digital Simulation Settings	设定数字仿真参数
Instruments	选用仪表（也可通过工具栏选择）
Analyses	选用各项分析功能
Postprocess	启用后处理
VHDL Simulation	进行 VHDL 仿真
Auto Fault Option	自动设置故障选项
Use Tolerances	应用器件的误差

⑥ Transfer 菜单。Transfer 菜单提供的命令可以完成 Multisim 对其他 EDA 软件需要的文件格式的输出，如附表6所示。

附表6　　　　　　　　　　　Transfer 菜单中的命令

命　　令	功　　能
Transfer to Ultiboard 10	将所设计的电路图转换为 Ultiboard 10 的文件格式
Transfer to Ultiboard or earlier	将所设计的电路图转换为 Ultiboard 9 或以前的文件格式
Export　to PCB Layout	将所设计的电路图导出为 PCB 文件格式
Backannotate From Ultiboard	将在 Ultiboard 中所作的修改标记到正在编辑的电路中
Export Netlist	输出电路网表文件

⑦ Tools 菜单。Tools 菜单主要提供了对元器件的编辑与管理的命令，如附表7所示。

附表7　　　　　　　　　　　Tools 菜单中的命令

命　　令	功　　能
Components Wizard	新建元器件向导
Database	数据库管理器

续表

命　令	功　能
Variant Management	变量管理器
Circuit Wizard	新建电路向导
Clear ERC Makers	清除 ERC 标识
Update Circuit Component	更新电路元器件

⑧ Options 菜单。通过 Options 菜单可以对软件的运行环境进行定制和设置，如附表 8 所示。

附表 8　　　　　　　　　　Options 菜单中的命令

命　令	功　能
Global Preference	设置全局操作环境
Sheet Properties	设置工作表属性
Customize User Interface	自定义用户界面

⑨ Help 菜单。Help 菜单提供了对 Multisim 的在线帮助和辅助说明，如附表 9 所示。

附表 9　　　　　　　　　　Help 菜单中的命令

命　令	功　能
Multisim Help	Multisim 的在线帮助
Component Reference	元器件参考文献
Release Note	Multisim 的发行声明
About Multisim	Multisim 的版本说明

（3）工具栏。Multisim 提供了多种工具栏，并以层次化的模式加以管理，用户可以通过 View 菜单中的选项方便地将顶层的工具栏打开或关闭，再通过顶层工具栏中的按钮来管理和控制下层的工具栏。通过工具栏，用户可以方便直接地使用软件的各项功能。顶层的工具栏有 Standard（标准）工具栏、Design（设计）工具栏、Zoom（缩放）工具栏和 Component（元器件）工具栏、Instruments（仪表）工具栏和 Simulation（仿真）工具栏。

附图3　Standard工具栏

Standard 工具栏包含了常见的文件操作和编辑操作，如附图 3 所示。

Component 工具栏有 18 个按钮，每个按钮都对应一类元器件，其分类方式和 Multisim 元器件数据库中的分类相对应，通过按钮上的图标就可大致清楚该类元器件的类型。具体的内容可以从 Multisim 的在线文档中获取，如附图 4 所示。

附图4　Components工具栏

Instruments 工具栏集中了 Multisim 为用户提供的所有虚拟仪器仪表，用户可以通过按钮选择自己需要的仪器对电路进行观测，如附图 5 所示。

附图5　Instruments工具栏

Simulation 工具栏可以控制电路仿真的开始、结束和暂停，如附图6所示。

附图6　Simulations工具栏

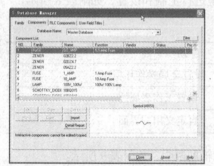

附图7　Database Manager对话框

2.　Multisim 对元器件的管理

EDA 软件所能提供的元器件的多少以及元器件模型的准确性都直接决定了该 EDA 软件的质量和易用性。Multisim 为用户提供了丰富的元器件，并以开放的形式管理元器件，使得用户能够自己添加所需要的元器件。

Multisim 以库的形式管理元器件，通过菜单 Tools|Database|Database Management 打开 Database Management（数据库管理）对话框（见附图7），对元器件库进行管理。

在 Database Management 对话框的 Database 列表中有两个数据库：Multisim Master 和 User。其中，Multisim Master 库中存放的是软件为用户提供的元器件，User 是为用户自建元器件准备的数据库。用户对 Multisim Master 数据库中的元器件和表示方式没有编辑权。当选中 Multisim Master 时，对话框中对库的编辑按钮全部失效而变成灰色。但用户可以通过这个对话框中的 Button in Toolbar 显示框，查找库中不同类别的器件在工具栏中的表示方法。

据此用户可以通过选择 User 数据库，进而对自建元器件进行编辑管理。

在 Multisim Master 中有实际元器件和虚拟元器件，它们之间的根本差别在于：一种是与实际元器件的型号、参数值以及封装都相对应的元器件，在设计中选用此类器件，不仅可以使设计仿真与实际情况有良好的对应性，还可以直接将设计导出到 Ultiboard 中进行 PCB 的设计；另一种器件的参数值是该类器件的典型值，不与实际器件对应，用户可以根据需要改变器件模型的参数值，只能用于仿真，这类器件称为虚拟器件。它们在工具栏和对话框中的表示方法也不同。在 Component 工具栏中，虽然代表虚拟器件的按钮的图标与该类实际器件的图标形状相同，但虚拟器件的按钮有底色，而实际器件却没有。

3.　输入并编辑电路

输入电路图是分析和设计工作的第一步，用户从元器件库中选择需要的元器件放置在电路图中并连接起来，为分析和仿真做准备。

（1）设置 Multisim 的通用环境变量。为了适应不同的需求和用户习惯，用户可以通过菜单 Option|Sheet Properties 打开 Sheet Properties 对话框，其选项卡如附图8所示。

附图8　Sheet Properties对话框

通过该对话框的 6 个选项卡，用户可以就编辑界面颜色、电路尺寸、缩放比例、自动存储时间等内容作相应设置。

以 Workspace 选项卡为例，当选中该选项卡时，Sheet Properties 对话框如附图 9 所示。

在这个对话框中有以下两个选项区。

① Show：可以设置是否显示网格、页边界以及标题框。

② Sheet size：设置电路图页面大小。

其余的选项卡在此不再详述。

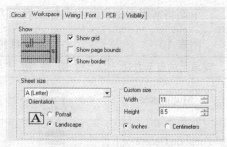

附图9　Workspace选项卡

（2）取用元器件。取用元器件的方法有两种：通过工具栏或菜单命令取用。下面将以 74LS00 为例介绍这两种方法。

① 通过工具栏取用。打开 Component 工具栏，单击 Place TTL 按钮，如附图 10 所示。

附图10　单击Place TTL按钮

这时弹出 Select a Component 对话框，如附图 11 所示。其中包含的参数有 Database（元器件数据库）、Family（元器件类型列表）、Component（元器件明细表）、Model Level-ID（模型层次）等内容。

② 通过菜单命令取用。通过 Place|Component 命令打开 Select a Component 对话框，如附图 11 所示。

③ 选中相应的元器件。在 Select a Component 对话框中，在 Family 列表框中选择 74LS 系列，在 Component 列表框中选择 74LS00，然后单击 OK 按钮即可选中 74LS00。7 400 是

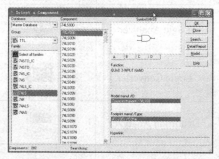

附图11　Select a Component对话框

四/二输入与非门，窗口中的 Section A/B/C/D 分别代表其中的一个与非门，用鼠标选中其中的一个放置在电路图编辑窗口中。

（3）将元器件连接成电路。在将电路需要的元器件放置在电路编辑窗口后，用鼠标就可以方便地将器件连接起来。方法是：用鼠标单击连线的起点并拖动鼠标至连线的终点。注意，在 Multisim 中连线的起点和终点不能悬空。

4. 虚拟仪器及其使用

对电路进行仿真运行，通过对运行结果的分析判断设计是否正确合理，是 EDA 软件的一项主要功能。为此，Multisim 提供了类型丰富的虚拟仪器，可以通过 Instruments 工具栏或菜单命令（Simulation|instrument）选用仪表，如附图 12 所示。在选用后，各种虚拟仪表都以面板的方式显示在电路中。

附图12　Instruments工具栏

下面将常用虚拟仪器的名称及表示方法总结成附表10所示。

附表10　　　　　　　常用虚拟仪器的名称及表示方法

菜单上的表示方法	对应按钮	仪器名称	电路中的仪器符号
Multimeter		万用表	XMM1
Function Generator		波形发生器	XFG1
Wattermeter		瓦特表	XWM1
Oscilloscape		示波器	XSC1
Bode Plotter		波特图图示仪	XBP1
Word Generator		字元发生器	XWG1
Logic Analyzer		逻辑分析仪	XLA1
Logic Converter		逻辑转换仪	XLC1
Distortion Analyzer		失真度分析仪	XDA1
Spectrum Analyzer		频谱仪	XSA1
Network Analyzer		网络分析仪	XNA1

参考文献

［1］刘蕴陶. 电工电子技术[M]. 北京：高等教育出版社，2007.

［2］黄振轩，宋卫海. 电路分析[M]. 济南：山东科学技术出版社，2007.

［3］劳动和社会保障部. 电工基础[M]. 北京：中国劳动社会保障出版社，2006.

［4］唐继跃，房兆源. 电气设备检修技能训练[M]. 北京：中国电力出版社，2007.

［5］贺令辉. 电工仪表与测量[M]. 北京：中国电力出版社，2006.

［6］王善斌. 电工测量[M]. 北京：化学工业出版社，2007.

［7］曾祥富. 电工技能与训练[M]. 北京：高等教育出版社出版，2008.